KB037696

WHISKY & SINGLEMALT

제로부터 배운다! 위스키 & 싱글몰트

〈Mejiro Tanakaya〉 점장_ 구리바야시 고키치 감수
강수연 옮김

Prologue

위스키를 좋아해서 다행이다. 진심으로 그렇게 생각한다.
무엇을 하든 오래가지 못했던 끈기 없는 내가,
지금까지 30년 이상 한눈팔지 않고 위스키 관련 일을 하고 있다.
위스키의 다양성 덕분일까? 20대부터 90대까지,
대학생, 사장, 셰프, 의사, 음악가, 운동선수 등
나이와 직업에 관계없이 훌륭한 사람들을 많이 만났다.
기쁠 때는 모두 모여 맛있는 음식과 함께 위스키를 즐겼다.
슬플 때는 맛있는 음식을 먹을 기분은 나지 않아서,
홀로 위스키 잔을 기울였다.
즐거울 때도 괴로울 때도 위스키는 늘 곁에 있었다.

30여 년 전 손으로 꼽을 수 있을 정도의 브랜드밖에 알지 못했던 내가,
지금은 셀 수 없을 정도로 많은 브랜드에 대한 추억을 갖고 있다.
좋아하는 위스키를 묻는다면,
농담이 아니라 100개 이상의 위스키를 꼽을 수 있다.
줄곧 싱글몰트를 마셔온 사람이라면 알겠지만,
전혀 다른 풍미인데도 싫어하는 위스키가 늘어나기는커녕,
좋아하는 위스키만 계속 늘어나고 있다.

300년 전통을 자랑하는 유럽의 술도가는 이렇게 말했다.
「위스키란 넓고 깊으며, 강하고 유연한 것이다」
세계 곳곳의 다양한 풍토, 다양한 오크통에서 탄생하는 폭넓은 맛.
2년 정도 숙성시킨 어린 위스키부터 경이롭기까지 한 50년 이상 숙성의 위스키까지,
숙성이 주는 깊은 풍미.
뚜껑을 오픈해도 풍미가 오래 지속되는 강력한 알코올의 힘.
스트레이트는 물론 차갑게 또는 따뜻하게, 아니면 탄산수를 섞거나 칵테일을 만드는 등,
다양한 방법으로 마실 수 있는 유연함.

개성도 다양하고 마시는 방법도 여러 가지다.
걱정할 필요 없다.
내게 맞는 위스키, 내게 맞는 마시는 방법이 있다.
그리고 무엇보다 위스키에는 몸을 따스하게 해주는 강한 힘,
마음을 위로해주는 부드러움이 있다.
위스키를 좋아해서 다행이다.
이런 나의 마음을 독자 여러분께 전하고 싶다.

〈Mejiro Tanakaya〉 점장_ 구리바야시 고키치

CONTENTS

스페이사이드 83

롤런드 106

하일랜드 114

STEP 4

재패니즈 위스키

STEP 5

아이리시 위스키 · 아메리칸 위스키 · 캐나디안 위스키 · 그 밖의 위스키

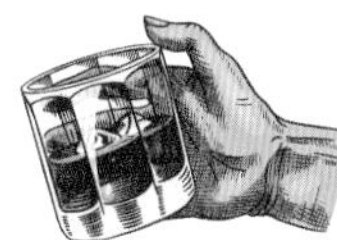

STEP 6

위스키 장인의 세계

이 책을 보는 방법_ 위스키 소개 페이지

각 페이지에서 소개하는 브랜드, 증류소의 특징, 환경과 역사, 위스키를 만드는 자세 등을 설명한다.

추천하는 보틀. 간혹 브랜드의 특징을 설명하기 위해 판매가 종료되었거나 앞으로 발매 예정인 보틀을 선정한 경우도 있다.
표시 가격은 기본적으로 2023년 현재 국내 위스키 판매 사이트에서 검색되는 대략적인 가격이며, 국내 사이트에서 검색되지 않는 위스키는 위스키 베이스(www.whiskybase.com) 등의 평균가격(유로, 파운드)을 표시하였다(단, 일본 위스키의 경우 22년 현재 일본의 권장소비자가격을 표시). 「참고가격」이라고 표시된 것은 판매종료 등의 이유로 가격 검색이 어려운 위스키다.

구라시마 히데아키가 평가한 향과 맛의 요소. p.10의 설명 참조.

스코치 싱글몰트 / 스카치 블렌디드 / 재패니즈 / 아이리시 / 아메리칸 / 캐나디안 / 기타

스모키한 아일레이 몰트가 좋다면 한 번쯤 마셔보자

ARDBEG 아드벡

스코틀랜드 / 아일레이

싱글몰트 위스키

「아드베기안(Ardbegian)」이라는 말이 있다. 아드벡을 사랑해 마지않는 사람을 일컫는다. 그 정도로 이 아일레이 몰트는 강렬한 개성을 지녔다. 증류소가 있는 곳은 아일레이섬 남부, 대서양의 파도에 씻긴 바위가 많은 작은 곳으로, 창업 200년이 넘는 아드벡은 지금까지 여러 차례 WWA에서 세계 최고의 위스키로 선정되었다. 아일레이 몰트 중에서도 유난히 스모키하고 짭짤하며 요오드향이 강하다. 위스키 평론가 짐 머레이(Jim Murray)는 "틀림없이 지구상에서 가장 위대한 증류소. 완벽한 풍미란 이것이다"라고 평했다. 아일레이 몰트에 대해 이야기하려면 반드시 알아두어야 할 브랜드이다.

향
스모키
레몬
바닐라

맛
스모키
청사과
맥아

ARDBEG TEN
아드벡 10년
도수 46% 용량 700㎖ 약 120,000원

One Pick!

200년 군림한 피트 위스키의 왕
역사가 기른 보이지 않는 균이 그렇게 만드는 것일까? 페놀 수치가 더 높은 피티드 위스키는 있어도, 오묘한 과일맛을 머금은 스모키한 풍미의 깊이는 아드벡 10년이 압도적이다. 몰트의 극한, 스모키·요오드의 왕도를 가다.

스모키 / 우디 / 스파이시 / 프루티 / 플로럴 / 시리얼

가벼움 — 무거움
스위트 — 드라이

마시는 방법
온더락 ★★★★
미즈와리 ★★
하이볼 ★★★★

Other Variations

ARDBEG UIGEADAIL(아드벡 우가달)
우가달은 아드벡의 원료용 물을 끌어오는 호수의 이름. 셰리 오크통 숙성에서 비롯된 따스한 단맛이 돋보인다. 도수 54.2% 용량 700㎖ 약 170,000원

ARDBEG CORRYVRECKAN(아드벡 코리브레칸)
프렌치 오크로 만든 새 오크통에서 숙성시킨 원액을 사용. 스파이시하고 강렬한 풍미가 매력. 도수 57.1% 용량 700㎖ 약 200,000원

DATA ● 증류소 아드벡 증류소 ● 창업연도 1815년 ● 소재지 Port Ellen, Islay, Scotland ● 소유자 글렌모렌지사

58

해당 위스키의 향과 맛, 여운에 대한, 위스키 전문가의 테이스팅 코멘트.

〈메지로 타나카야〉 점장_ 구리바야시 고키치

1949년 창업, 알만한 사람은 다 아는 위스키의 전당 〈메지로 타나카야〉 점장. 국내외 300곳 이상의 증류소 방문, 5,000종 이상의 위스키 시음. 국제적인 위스키 콘테스트 「WWA(World Whiskies Awards)」의 심사위원을 2021년까지 15년 동안 역임.

제4대 마스터 오브 위스키_ 구라시마 히데아키

도쿄역에 위치한 〈리커스 하세가와(Liquors Hasegawa)〉 본점 점장. 일본 위스키 문화연구소가 주관하는 위스키 카너서(Connoisseur, 전문 감정사) 자격인정시험에서 가장 높은 단계인 「마스터 오브 위스키」의 칭호를 받았다. 《위스키 걸로어(Whisky Galore)》 잡지의 테이스터. 「Tokyo Whisky and Spirits Competition」 심사위원으로 활약 중.

〈캠벨타운 로크〉 바텐더_ 후지타 준코

도쿄 유라쿠초의 몰트 바 〈캠벨타운 로크〉가 오픈할 때부터 경영에 참여. 〈캠벨타운 로크〉는 스카치 위스키의 성지적인 존재가 되었다. 스코틀랜드를 여러 차례 방문하였으며, 아일레이 페스티벌 노징(Nosing, 마시기 전에 향을 느끼는 것) 콘테스트에서도 여러 번 입상.

위스키 어드바이저_ 요시무라 무네유키

90년대에 아직 일본에는 많이 알려지지 않았던 싱글몰트 위스키를 일찌감치 소개. 전문지 출판에 참여하는 외에, 위스키와 관련된 다양한 이벤트에서 강사로 활약. 현재 리커샵 〈M's Tasting Room〉 점장.

「가벼움~무거움」, 「스위트~드라이」의 2가지 축으로 위스키에 대한 평가를 시각적으로 표현.

오랜 역사를 자랑하는 도쿄 에비스 〈Bar 五〉의 마스터, 니시카와 다이고로가 온더락, 미즈와리, 하이볼 등 어떤 방법으로 마시는 것이 가장 어울리는지 평가. 별 5개가 최고의 궁합이다.

구라시마 히데아키가 테이스팅한 뒤 향과 맛을 레이더 차트로 표현.

우디……목재(오크통)의 차분한 향과 맛.
스파이시……향신료가 알싸하게 느껴지는 상태.
프루티……과일의 달콤한 향과 맛.
스모키……그을린 향. 훈제 같은 구수함. 「피트향」이라고도 한다.
시리얼……보리나 콘플레이크를 연상시키는 풍미. 「곡물향」, 「몰티」라고도 한다.
플로럴……꽃처럼 고급스럽고 산뜻한 단맛.

(일부 페이지의 레이더 차트는 구리바야시 고키치가 담당)

「향」과 「맛」의 표현

아래의 단어는 「향」과 「맛」에 대한 비유로, 위스키 재료로 「초콜릿」이나 「점토」를 사용한 것은 아니다. 「향」과 「맛」의 표현에는 더 많은 단어가 사용되기도 하는데, 이러한 어휘를 늘려가는 것도 위스키 애호가들의 즐거움 중 하나이다.

- 흰꽃 너무 달거나 강하지 않은 꽃향기
- 요구르트
- 시리얼 곡물향. 보리 같은 느낌
- 바닐라
- 버터
- 밀크캐러멜
- 백도 과육이 하얀 복숭아
- 황도 과육이 노란 복숭아. 백도보다 단맛이 약함
- 럼레이즌 럼에 절인 건포도의 풍미
- 오렌지 수입 오렌지 느낌
- 마멀레이드
- 오렌지필 설탕에 졸인 오렌지 껍질
- 자몽
- 레몬
- 시트러스
- 파인애플
- 바나나
- 꿀
- 설탕과자 설탕으로 만든 노랗고 투명한 사탕
- 메이플 메이플 시럽의 향
- 살구
- 리코리스 피안화(서양 감초)
- 서양배
- 망고
- 우디 나무통의 풍미
- 톱밥
- 판지 두껍고 단단한 종이의 풍미
- 건초
- 드라이 달지 않은 술
- 맥아
- 몰트
- 맥아당 몰트 느낌+단맛

- 캐러멜
- 쿠키
- 토스트
- 호밀빵 산미가 조금 있는 빵
- 흑당빵 빵+흑당의 감칠맛
- 와플
- 애플파이
- 시나몬
- 생강 생강의 스파이시한 느낌
- 말린 과일
- 뿌리채소 순무, 당근, 연근 등
- 클로브 정향
- 아니스 약초 아니스의 풍미
- 견과류
- 헤이즐넛
- 아몬드
- 호두
- 오크
- 가구 천연목재로 만든 고급 가구의 향
- 초콜릿
- 카카오
- 코코아
- 밀크코코아
- 코코넛
- 오일리 기름진, 농후한, 감칠맛 나는
- 가죽
- 흑토 부식질이 많은 검은색 기름진 토양
- 흑당
- 스파이스
- 후추

- 숲
- 식물
- 해조류
- 그래시(Grassy) 풀 같은 풍미
- 청사과
- 허브
- 민트
- 멜론
- 바닷바람
- 브라이니(Briny) 바닷물 같은 짠맛
- 약품
- 베리류
- 라즈베리
- 체리
- 무화과
- 패션프루트
- 리치
- 사과
- 카시스
- 제비꽃
- 포도
- 건포도
- 프룬
- 플로럴
- 꽃
- 꽃밭
- 장미
- 스모키
- 점토

STEP 1

위스키의 기초

위스키나 싱글몰트에 대해 조금 아는 사람이든
아직 잘 모르는 사람이든, 일단은 제로부터 배워보자.
술에 대한 기초 지식과 제대로 즐기는 방법을 소개한다.

위스키란?

먼저 「술이란 무엇인가?」에 대해 아주 간단하게 복습하자. 빵을 만들 때도 사용되는 효모균(이스트)은 당을 분해하여 알코올과 이산화탄소를 발생시키는 미생물이다. 이러한 효모균의 작용을 발효라고 하는데, 이때 발생한 알코올을 함유한 음료를 우리는 「술」이라고 부른다. 주세법에서는 알코올 도수 1도(1%) 이상인 음료를 「술」이라고 정의한다.
세계의 술은 제조방법에 따라 크게 3가지로 구분된다.

효모균

발효주(양조주)

효모균으로 발효시켜 그대로 마시는 술. 알코올 도수는 1~18% 정도로 낮다.

증류주

1차 발효된 술을 가열하여 증발시켜 물 등과 분리(증류)한 술. 알코올 도수가 높아져서 40~60% 정도 되는 것도 많다.

와인을 만들 때 거치는 발효 과정.

소형 알코올 증류기. 증발한 액체만 오른쪽 용기로 이동한다.

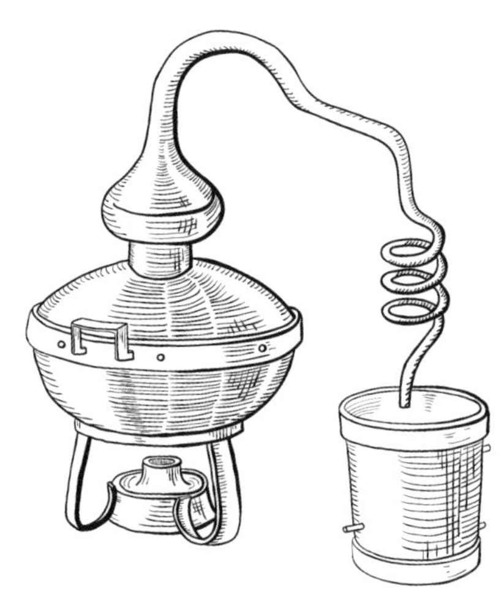

베리 리큐어(혼성주의 일종)

시간이 흐르면 오크통의 색깔이 위스키에 녹아든다.

혼성주

발효주나 증류주에 과일이나 향료, 당분 등의 부재료를 섞어서 만든 술. 예를 들면 매실과 설탕을 넣어 만드는 「매실주」가 있다.

위스키는 위의 3가지 분류 중 증류주에 속한다.
위스키로 인정을 받으려면 다음의 3가지 조건을 충족시켜야 한다.

① 증류주여야 한다.
② 원료로 보리·호밀·옥수수 등의 곡물을 사용해야 한다.
③ 나무통에 저장하고 숙성시켜야 한다.

증류와 숙성 과정은 대개 같은 장소(증류소)에서 이루어진다. 위스키는 오크통 안에서 「숙성」을 거치면서 풍미가 깊어지고, 무색투명했던 색도 호박색으로 변해간다.
숙성 기간에 대해 세계적으로 정해진 기준은 없지만, 위스키의 본고장 영국에는 법적으로 정해진 기준이 있다. 영국의 스카치 위스키 규정에 따르면 스카치 위스키라는 이름을 사용하기 위해서는 몇 가지 조건을 지켜야 하는데, 숙성 기간에 대해서는 「3년 이상 숙성」이라고 정해놓았다. 일본의 경우에도 법률은 아니지만 2021년 일본양주주조조합이 정한 자주기준(自主基準)에 따라, 재패니즈 위스키라는 이름을 사용하기 위해서는 「일본 국내에서 3년 이상 저장(숙성)」해야 한다.

여러 가지 술

증류주

스피릿(Spirits)이라고도 하지만, 보통 스피릿이라고 하면 위스키나 브랜디를 제외한 진, 보드카, 럼 등을 가리키는 경우가 많다. 럼, 위스키, 브랜디 등 특히 알코올 도수가 높은 증류주를 하드 리커(Hard Liquor)라고 부르기도 한다.

위스키 도수 약 40~60%

스카치는 영국 스코틀랜드산 위스키. 버번은 미국산 위스키의 한 종류.

쇼추(일본소주) 도수 약 25%

쌀로 빚은 니혼슈를 증류한 것이 고메쇼추(쌀소주)이다.

아와모리 도수 약 30~40%

쌀을 원료로 만든 류큐제도의 증류주.

브랜디 도수 약 40~50%

원래는 와인을 증류시킨 술. 코냑은 코냑 지방에서 제조된 고급 브랜디이고, 아르마냑(Armagnac)은 아르마냑 지방에서 생산된 브랜디이다.

진 도수 약 40~50%

곡물, 고구마 등을 원료로 베이스가 되는 스피릿을 만든 뒤, 노간주나무 열매(주니퍼베리) 등 보테니컬(식물 성분) 재료를 넣어서 다시 증류한 술.

럼 도수 약 40%~

사탕수수 당밀이나 즙을 원료로 증류한 술. 오크통 등에서 숙성한다. 카리브해의 여러 나라들이 본고장이다.

보드카 도수 약 40%~

고구마나 보리, 옥수수 등의 곡물을 원료로 하며, 증류한 뒤 자작나무숯으로 여과한다. 러시아의 국민술.

테킬라 도수 약 40%

아가베(용설란)의 줄기에서 채취한 수액으로 만든, 멕시코 고유의 증류주.

진, 보드카, 럼, 테킬라를 세계 4대 스피릿이라고 부른다.

발효주

효모균으로 원료를 발효시켜서 그대로 마시는 술.

니혼슈 도수 약 15%

주원료는 쌀, 누룩, 물. 일본 주세법상 대개 「세이슈(일본식 청주)」로 분류된다. 세이슈는 정미 비율이나 특징에 따라 긴조슈, 다이긴조슈, 준마이슈, 혼조조슈 등으로 구분한다. 제조법에 따라 겐슈·나마자케·다루자케·고슈·기조슈 등으로 구분하는 방법도 있다. 이에 비해 여과 과정을 거치지 않는 것이 「도부로쿠」, 「니고리자케」 등의 탁주 종류이다.

막걸리 도수 약 6~8%

쌀을 원료로 만든 한국의 전통술. 탁주의 한 종류이다

시드르(Cidre) 도수 약 2~8%

사과를 발효시킨 술. 프랑스가 원산지로 유명하다. 영어로는 사이더.

미드(Mead) 도수 약 7~15%

벌꿀술. 허니 와인이라고 부르기도 한다.

와인 도수 약 10~15%

껍질이 붙어 있는 적포도의 과즙으로는 레드와인을, 껍질을 벗긴 청포도로는 화이트와인을 만든다(로제도 보통 적포도를 사용). 탄산이 들어 있는 와인을 스파클링 와인이라고 하는데, 샴페인은 프랑스 샹파뉴 지방에서 생산된 스파클링 와인이다.

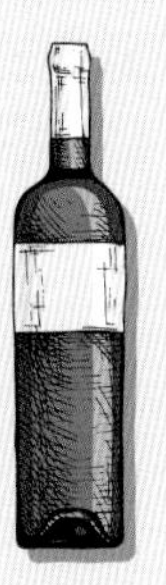

황주 도수 약 14~18%

쌀을 원료로 만든 중국의 발효주. 사오싱주[紹興酒]가 대표적이다. 오래 숙성시킨 황주를 라오주[老酒]라고 한다.

맥주, 발포주 도수 약 4~5%

나라에 따라 기준은 다르지만, 원료와 맥아의 비율에 따라 맥주인지 발포주인지 구분한다. 맥주나 발포주와는 다른 원료나 제조법으로 만든 맥주 풍미의 알코올음료를 제3의 맥주, 제4의 맥주라고 부른다.

혼성주

발효주나 증류주에 부재료를 섞어서 만든다. 재제주(再製酒)라고도 한다.

셰리주 도수 약 15%

화이트와인의 양조 과정에서 알코올(주정)을 첨가하여 알코올 도수를 높인 술.

합성 청주 도수 약 10~16%

알코올에 당류나 아미노산, 소금 등을 섞어서 청주와 비슷한 풍미로 만든다.

베르무트(Vermouth) 도수 약 14~20%
상그리아(Sangría) 도수 약 6%

두 가지 모두 와인에 허브와 향신료를 배합한, 플레이버드(Flavored) 와인의 한 종류.

미림 도수 약 13%

원료는 쇼추(또는 양조 알코올)와 찹쌀, 누룩.

위스키의 기본 분류

위스키에도 여러 종류가 있는데, 우선 기본 중의 기본인 원재료의 차이에 따른 분류법부터 알아보자.

맥아(몰트)

몰트 위스키

발아시킨 보리의 맥아(몰트)를 원료로 만든 위스키. 풍미의 개성이 조금 강하다.

그레인 위스키

주로 옥수수나 호밀 등의 곡물을 원료로 만든 위스키. 개성이 강하지 않고 경쾌한 풍미다.

블렌디드 위스키

몰트와 그레인을 블렌딩하여 만든 위스키. 적당히 섞어서 만든 술이라고 생각하면 큰 오산이다. 여러 원액을 조합하여 풍미가 깊고, 또한 각 원액의 개성이 중화되어 마시기 편하다. 지식과 경험이 풍부한 블렌더(Blender)가 배합 비율을 결정한다.

호밀
옥수수
보리

싱글몰트란?

몰트 위스키 중 같은 증류소의 몰트 원액만으로 만든 위스키를 **싱글몰트 위스키**라고 부른다. 각 증류소의 개성이 강하게 나타나기 때문에 시음하면서 비교하는 재미가 있어서, 싱글몰트는 요즘 많은 인기를 모으고 있다.

그런데 이러한 싱글몰트보다 한 단계 높은 것이 **싱글캐스크**이다. 같은 증류소 내의 다른 오크통과도 섞지 않는다. 평균화하지 않고 한 오크통(캐스크)의 원액만을 그대로 병입하여 만든다. 단, 발매량이 많지 않아서 시중에서 쉽게 구할 수 없다.

즉, 최소 단위는 싱글캐스크이고, 같은 증류소의 싱글캐스크끼리 섞으면 싱글몰트가 된다.

그리고 싱글몰트나 싱글캐스크를 다른 증류소의 몰트 원액과 섞으면 **블렌디드 몰트 위스키**가 된다. 만약 그레인 위스키도 함께 섞는다면 「몰트」라는 표현을 사용하지 않고 그냥 **블렌디드 위스키**라고 부른다.

참고로 퓨어 몰트 위스키는 100% 몰트로 만들었다는 점을 강조하기 위해서 홍보용으로 만든 표현으로, 싱글몰트와 블렌디드 몰트에 모두 사용된다.

한 오크통에서 탄생한 것이
싱글캐스크.

한 증류소에서 탄생한 것이
싱글몰트.

여러 가지 위스키

세계 5대 위스키

스코틀랜드, 아일랜드, 캐나다, 미국, 일본.
이 5개 나라에서 만든 위스키를 「세계 5대 위스키」라고 부른다.

스카치 위스키

세계에서 가장 생산량이 많은 지역인 스코틀랜드산 위스키. 특징은 피트(이탄)향.
맥아를 건조시킬 때 피트라고 부르는 「탄화도가 가장 낮은 석탄」을 태워서 그 연기를 이용하는데, 위스키가 완성되어도 그 향이 남아 있다. 사람에 따라 호불호가 있기는 하지만, 이러한 피트향이 스카치 특유의 「스모키한 풍미」의 근원이다.

유명한 브랜드 조니 워커, 더 맥캘란, 밸런타인 등

아일레이 위스키

스카치의 한 종류. Step 3에서 자세히 소개하겠지만, 스카치 위스키는 산지가 크게 6곳으로 나뉘며, 그중 아일레이 지방에서 만든 것을 아일레이 위스키라고 부른다. 아일랜드산 위스키와 혼동하지 않도록 주의한다.

웰시(Welsh) 위스키

잉글랜드 서쪽에 위치한 웨일스 지역에서 생산된 위스키. 지금도 제조되지만, 1894~2000년까지는 명맥이 끊겼었다.

독립병입 위스키

증류소에서 원액을 사들여 독자적으로 숙성, 병입 작업을 한 뒤 판매하는 전문업자가 있다. 독립병입자라고 부르는 이들이 판매하는 위스키를 독립병입(IB, Independant Bottling) 위스키라고 한다. 증류소가 직접 상품화한 공식병입(OB, Official Bottling) 위스키보다 종류가 많다.

아이리시 위스키

아일랜드산 위스키. 영국령인 북아일랜드도 포함한다. 몇몇 브랜드를 제외하고 스카치와는 달리 피트를 사용하지 않으며, 숙성 기간도 조금 짧은 경향이 있다. 개성이 강하지 않고 경쾌한 풍미.
위스키의 발상지가 스코틀랜드라는 설도 있지만, 아일랜드라는 설이 더 유력하다.

유명한 브랜드 제임슨

포트 스틸 위스키

아일랜드의 독특한 제조법으로 만든 위스키. 발아하지 않은 보리도 원료로 사용한다. 스카치 위스키가 2번 증류를 기본으로 하는데 비해, 아이리시 위스키는 단식 증류 3번을 기본으로 한다. 싱글 포트 스틸 위스키, 퓨어 포트 스틸 위스키라고 부르기도 한다. 목넘김과 혀에 닿는 감촉이 「오일리」하다.

WHISKY / WHISKEY

위스키에는 2가지 철자가 있다. 스카치의 전통을 이어받은 것이 「WHISKY」, 아이리시의 전통을 이어받은 것이 「WHISKEY」라고들 하는데, 반드시 그렇다고 할 수는 없다.

캐나디안 위스키

생산량 세계 2위의 캐나다산 위스키. 블렌디드 위스키가 대부분을 차지한다. 5대 위스키 중 가장 라이트한 것이 특징. 다만 「연해서 향이나 특징도 없다」라는 평가를 받기도 한다.

유명한 브랜드 캐나디안 클럽

아메리칸 위스키

미국산 위스키. 맥아가 아니라 옥수수를 원료로 사용하는 경우가 많다. 풍미는 달콤하고 순하다. 오크통향이 강한 것도 특징.

버번 위스키

켄터키주(아래 지도의 화살표)의 버번 카운티를 중심으로 생산되는 아메리칸 위스키의 한 종류. 원료의 51% 이상이 옥수수다.

유명한 브랜드 짐 빔, 와일드 터키, I.W.하퍼, 얼리 타임즈

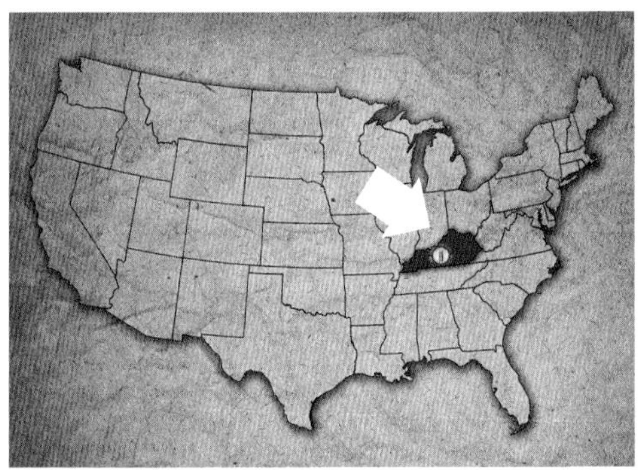

테네시 위스키

켄터키 바로 아래, 테네시주에서 생산되는 위스키. 버번과의 차이는 원액을 오크통에 담기 전, 사탕단풍나무 숯으로 여과시키는 것이다.

유명한 브랜드 잭 다니엘스

콘 위스키

옥수수가 원료의 80% 이상인 위스키로, 숙성시키지 않고 출하할 수 있다.

위트(Wheat) 위스키

밀이 원료의 51% 이상인 위스키. 밀 대신 호밀을 사용하면 라이 위스키가 된다.

재패니즈 위스키

일본산 위스키. 증류 등 제조 과정이 모두 일본 내에서 이루어진다. 수입 원료는 사용할 수 있지만 수입 원액은 섞으면 안 된다.

예전부터 유명한 브랜드 가쿠빈, 레드, 올드, 로열, 토리스(산토리) / 슈퍼니카(니카) / 로버트 브라운(기린)

최근에 유명해진 브랜드 히비키, 야마자키, 하쿠슈(산토리) / 다케쓰루, 쓰루(니카) / 후지산로쿠(기린)

월드 블렌디드 위스키

일본 국내외의 위스키 원액을, 일본에서 블렌딩하여 만든 블렌디드 위스키.

크래프트 위스키

정의가 아닌 일반적인 개념으로, 소량 생산하여 생산자의 생각이나 개성이 반영된 위스키를 말한다. 예전에는 「로컬 위스키」라고 부르기도 하였다.

유명한 브랜드 이치로즈 몰트(벤처 위스키)

라이스 위스키

쌀을 주원료로, 맥아를 사용하여 당화하고 발효시켜 증류 및 숙성한 것. 이 책에서는 자세히 다루지 않는다.

타이완 위스키

최근 좋은 평가를 받고 있다. 「제6의 위스키」로 명성을 쌓아가는 중.

타이 위스키

타이산 증류주. 현재로서는 위스키 스타일의 향을 입힌 소주의 일종이다.

위스키를 마시는 방법

마시는 방법 ①

물 · 얼음과 함께

기호품인 위스키를 반드시 이렇게 마셔야 한다고 정해진 룰은 없지만, 기본적인 방법과 맛있게 마시는 비결을 소개한다.

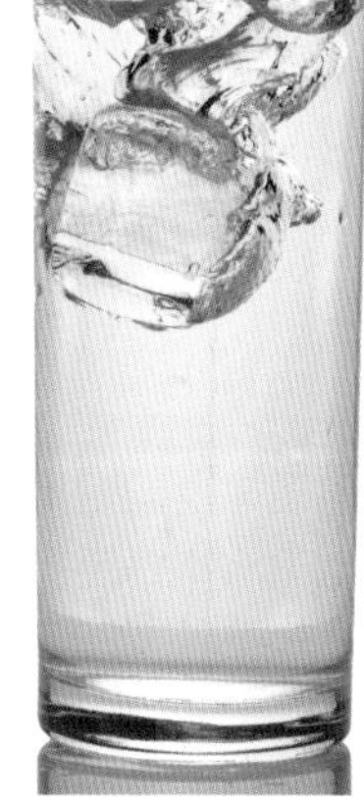

스트레이트

물도 얼음도 넣지 않고 그대로 마신다. 따르는 양은 사람마다 다르지만, 일반적인 바에서 위스키를 시키면 대개 싱글(손가락 1개 두께의 분량. 약 30㎖)로 나온다. 향이 있는 싱글몰트나 오래 숙성된 위스키를 마실 때 추천하는 방법이다. 다만, 〈메지로 타나카야〉 구리바야시 점장은 몇 방울이라도 상온의 물을 떨어뜨려서 마시는 방법을 추천한다. 그것만으로도 향이 한층 풍부해지기 때문이다.

글라스 바닥부터 손가락 1개 두께의 분량이, 싱글(원 핑거)로 약 30㎖. 손가락 2개 두께의 분량이 더블(투 핑거)이다.

체이서(Chaser)

영어로 「추적자」라는 뜻. 약한 술 뒤에 마시는 독한 술, 또는 그 반대를 체이서라고 한다. 차가운 물 등으로 가끔 입안의 향이나 감각을 리셋(Reset)하면서 위스키를 즐기는 방법이다. 위스키를 스트레이트로 마시고 싶다면, 체이서를 추천한다.

단, 물이 아니어도 관계없다. 탄산수, 진저에일, 우유, 또는 상급자라면 커피나 맥주를 마셔도 좋다. 안주가 아니라 체이서로 채소 스틱을 준비하는 사람도 있다.

온더락

블렌디드 위스키나 숙성 연수가 짧은 위스키를 마실 때 추천하는 방법. 글라스에 커다란 얼음을 넣고 위스키를 적당량 따른 뒤 살짝 섞는다. 포인트는 차가워야 한다는 것. 글라스도 가능하면 얼음물로 차갑게 식혀둔다. 또 기왕이면 얼음도 맛있는 것을 고르자. 수돗물을 얼린 얼음은 추천하지 않는다. 녹는 속도가 빨라 순식간에 맛이 옅어지기 때문이다. 시판 중인 온더락용 얼음은 700~800g에 6,000원 정도.

온더락에 위스키와 같은 양의 물을 넣어서 마시는 방법을 하프락이라고 한다.

미즈와리

기본적인 비율은 위스키 1에 생수 2~3.

사용하는 물은 경수보다 연수를 추천한다. 페트병이라면 성분 표시란에 「경도: 약 ● ㎖/L」라고 표시되어 있다. 이 숫자가 100 미만인 것을 찾으면 된다. 수돗물도 경도가 약 60으로 연수지만, 맛을 위해 되도록 피하는 것이 좋다. 블렌디드 위스키나 숙성 연수가 짧은 위스키를 마실 때 추천하는 방법이다.

트와이스 업(Twice Up)

글라스에 위스키를 적당량 따르고, 위스키와 같은 양의 생수(상온)를 넣는다. 얼음은 넣지 않는다.

향을 느끼는 데 가장 좋은 방법으로, 위스키 애호가나 전문가 중에는 이 방법으로 마시는 사람이 많다.

싱글몰트나 오래 숙성한 위스키를 마실 때 추천하는 방법이다. 가능하면 다리가 있는 글라스로 시음하는 것이 좋다.

핫 위스키(오유와리)

위스키 적당량을 글라스에 따르고, 3배 정도 되는 양의 따뜻한 물을 부어 가볍게 섞는다. 향이 진해진다.

토핑으로 레몬, 라임 등의 감귤류, 시나몬 스틱이나 클로브, 바질 등의 허브류, 잼 등 궁합이 좋은 것이 많아서 다양하게 즐길 수 있다.

미스트

미스트는 「안개」라는 뜻. 글라스에 하얀 안개 같은 물방울이 맺히고 김이 서려서 시원해 보이기 때문에, 여름에 추천하는 방법이다. 글라스에 크러시드 아이스(잘게 부순 얼음)를 가득 넣고 위스키를 적당량 따른다. 싱글몰트나 버번보다는 블렌디드 위스키나 숙성 연수가 짧은 위스키에 적합한 방법이다.

위스키 플로트 (Whishkey Float)

같은 잔 안에서 맛의 변화를 즐기는 방법. 글라스에 얼음을 넣고 물을 절반 정도 채운다. 그런 다음 머들러(Muddler, 음료를 휘젓는 막대)나 스푼을 사용하여 소량의 위스키를 넣는데, 되도록 위스키와 물이 섞이지 않도록 수면 위에 살짝 띄우는 느낌으로 천천히 넣어야 한다.

물과 위스키의 비율은 대개 7 : 3 ~ 6 : 4 정도. 위스키의 비중은 물보다 살짝 가볍다.

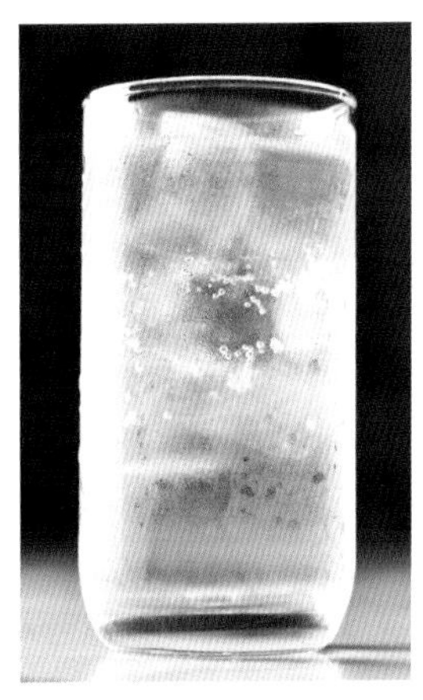

마시는 방법 ②

집에서 마실 때

탄산수, 콜라, 토마토주스에 우유까지. 위스키와 섞으면 맛있는 음료가 의외로 많다. 비율은 물론 제각각이지만 굳이 공통된 기준을 찾는다면 「1 : 3」 정도.

탄산 종류

진저에일 하이볼

같은 진저에일이라도 예를 들면 캐나다 드라이보다 윌킨슨이 더 드라이해서, 좀 더 자극적인 진저에일 하이볼이 된다. 맛이 더 진한 진저에일을 사용해도 좋다.

하이볼

위스키에 감미료를 넣지 않은 탄산수를 섞어서 마신다. 위스키 1에 탄산수 2~3 정도의 비율이 적당. 위스키 본래의 풍미에 상쾌함이 더해져 훨씬 마시기 편하다. 탄산수에도 연수와 경수가 있는데, 역시 연수가 좋다. 레몬이나 라임이 있으면 즙을 조금 짜서 넣는다.
숙성 연수가 짧거나 합리적인 가격의 위스키에 적합한 방법이다.

코크 하이볼(위스키 콕)

탄산수 대신 코카콜라를 사용한 코크 하이볼. 적당한 비율은 역시 1 : 3 ~ 1 : 4 정도. 콜라 외에도 사이다, 스프라이트, 레몬소다 등 맛이 가미된 탄산음료는 위스키와 잘 어울려서 자주 사용된다. 환타 오렌지도 위스키와 잘 어울린다.
다만 다소 화학적인 맛이나 인공감미료 맛이 나는 펩시나 제로 콜라 종류는, 위스키와 잘 어우러지지 않는다.

주스 종류

오렌지주스

위스키와 주스류를 섞을 때도 1 : 3 ~ 1 : 4 정도의 비율을 기준으로 삼으면 좋다. 감미료를 첨가하지 않은 과즙 100% 주스를 추천한다. 오렌지주스나 자몽주스도 어울리고 사과주스를 섞기도 한다. 칼피스(유산균 음료)를 위스키에 조금 섞어서 마셔도 맛있다. 또한 주스를 섞은 뒤 다시 탄산수를 섞기도 한다.

토마토주스

토마토주스도 위스키 1에 토마토주스 3~4 정도의 비율로 섞는다. 일본 이자카야에서도 많이 사용하는 방법. 참고로 스카치 위스키와 토마토주스를 섞어서 만든 칵테일을 배넉번(Bannockburn)이라고 한다. 의외라고 생각하는 사람도 있겠지만, 토마토주스는 여러 술과 궁합이 좋으며, 위스키와의 궁합도 매우 좋다. 여기에도 탄산수를 넣어 토마토 하이볼을 만들어도 좋다.

기타

커피

컵에 커피를 70% 정도 채운 뒤 위스키를 싱글 분량 정도 넣어본다. 뜨거운 커피도 아이스커피도 모두 가능하다. 위스키의 여운에 커피의 쓴맛이 더해진다. 유명한 아이리시 커피 칵테일에는 생크림을 올린다.

우유

위스키 1 : 우유 3 정도의 비율로 섞고 설탕을 조금 넣어도 좋다. 위스키와 우유는 상당히 궁합이 잘 맞는다. 서로 충돌하지 않으며, 우유가 위스키의 독특한 향과 알코올 느낌을 완화시킨다. 위스키에 우유를 넣은 칵테일로 밀크펀치, 카우보이 등이 있다.

녹차

페트병에 든 녹차도 괜찮다. 위스키 1 : 녹차 3 정도. 뒷맛이 산뜻하고 일본요리에도 잘 어울린다. 사용하는 녹차에 따라 떫은맛이 거슬릴 수도 있는데, 그럴 때는 물을 섞어서 완화한다.

홍차(위스키 티)

티백으로 우린 따뜻한 홍차에 위스키(싱글 정도의 분량)를 섞어서 마신다. 물론 설탕을 넣어도 좋다. 많이 사용하는 방법이다.

맥주

위스키 1에 맥주 2.5 정도가 적당하며, 위스키는 버번 종류가 잘 어울린다. 맥주와 위스키를 섞은 폭탄주 칵테일을 보일러 메이커(몸이 보일러처럼 뜨거워진다)라고 한다.

매실주

위스키 2 : 매실주 3. 찐득한 단맛에 목넘김은 산뜻하다. 탄산수를 넣으면 매실 하이볼이 된다.

마시는 방법 ③

바에서 마실 때

바에서 많이 마시는, 위스키를 베이스로 한 대표적인 칵테일도 몇 가지 소개한다. 알코올 도수와 섞을 때의 대략적인 비율도 적어놓았지만, 가게에 따라 달라지기도 한다.

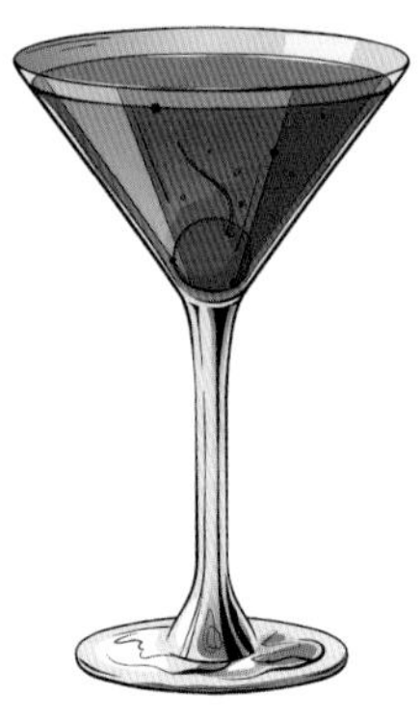

맨해튼(Manhattan)

마릴린 먼로의 영화에 등장하며 유명해진 칵테일의 여왕. 위스키 2 : 스위트 베르무트 1, 그리고 앙고스투라 비터스 1방울을 믹싱 글라스에 넣어 섞는다(스터링). 칵테일 글라스에 따르고 레드 체리로 장식하면 완성. 위스키는 캐나디안 위스키를 주로 사용한다.

도수 약 31%

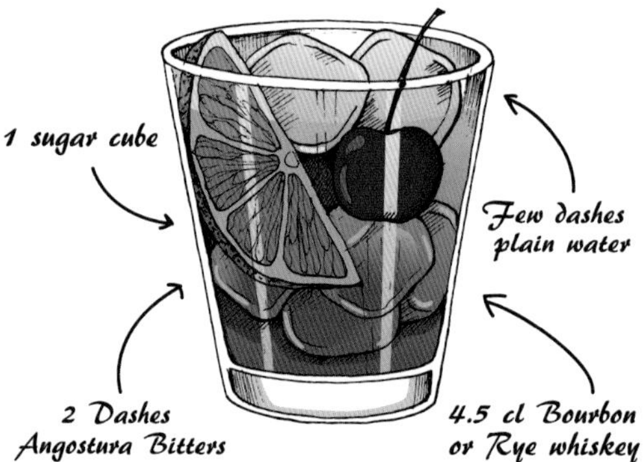

올드 패션드(Old Fashioned)

마시는 사람의 입맛에 맞게 완성하는, 이름 그대로 고전적인 스타일의 칵테일. 온더락 글라스에 각설탕을 넣고 앙고스투라 비터스(리큐어)를 뿌려 스며들게 한다. 얼음을 넣고 버번 위스키를 따른 뒤 오렌지, 레몬, 라임 등의 슬라이스로 장식한다.

도수 약 36%

버번 벅(Bourbon Buck)

「버번 벅」은 여름에 상쾌하게 즐기는 대표적인 칵테일. 글라스에 얼음을 넣고 버번 위스키 2 : 레몬주스 1, 진저에일 적당량을 넣어 가볍게 섞는다. 레몬을 곁들이면 완성. 버번 특유의 달콤한 향과 진저에일의 알싸한 풍미가 잘 어울린다.

도수 약 10%

러스티 네일(Rusty Nail)

이름은 「녹슨 못」이라는 뜻이다. 얼음을 넣은 온더락 글라스에 위스키와 드람뷰이(Drambuie)를 넣어 섞는다. 비율은 대개 3 : 1. 드람뷰이는 스카치 위스키에 꿀과 허브, 향신료를 배합한 리큐어인데, 드람뷰이를 사용한 칵테일에는 역시 스카치 위스키가 잘 어울린다.

도수 약 39%

로브 로이(Rob Roy)

런던의 고급 호텔 「더 사보이」의 바텐더가 만든 영국식 「맨해튼」. 스카치 위스키 2 : 스위트 베르무트 1, 앙고스투라 비터스 몇 방울을 믹싱 글라스에 넣고 섞는다. 칵테일 글라스에 따르고 레드 체리를 장식한다.

도수 약 32%

갓파더(God Father)

1972년 영화 《대부》가 개봉된 지 얼마 안 되어, 소설의 이미지를 바탕으로 뉴욕에서 만든 칵테일이다. 얼음을 넣은 온더락 글라스에 스카치 위스키와 아마레토(Amaretto)를 1 : 1로 부은 뒤 섞는다. 대부가 이탈리아계 이민자라는 설정이어서, 이탈리아산 리큐어인 아마레토를 사용한다.

도수 약 35%

민트 줄렙(Mint Julep)

《007 골드핑거》에도 등장하는 칵테일. 글라스에 설탕과 민트잎 몇 장, 소량의 물을 넣는다. 민트잎을 으깨면서 설탕을 녹인다. 그런 다음 크러시드 아이스를 가득 넣고 버번을 따른 뒤 섞는다. 마지막에 민트잎을 장식한다. 비율은 물 1 : 위스키 2 정도. 더할 나위 없이 청량한 칵테일로, 더운 여름에 제격이다.

도수 약 30%

아이리시 커피(Irish Coffee)

p.23에서 소개한 것처럼 위스키와 커피는 잘 어울린다. 내열 글라스에 설탕을 넣고 조금 진하게 내린 커피를 70% 정도 채운다. 아이리시 위스키를 넣고 가볍게 섞은 뒤 생크림을 올린다. 추위가 심한 아일랜드에서 만든 달콤하고 뜨거운 음료로, 몸속 깊은 곳부터 따스해진다.

도수 약 18%

버번 사이드카(Bourbon Sidecar)

셰이커를 사용하여 만드는 쇼트 칵테일의 기본. 「사이드카」는 원래 브랜디 베이스의 칵테일인데, 버번을 베이스로 만들기도 한다. 버번 위스키 2 : 화이트 큐라소(White Curacao) 1 : 레몬주스 1을 셰이킹하여 칵테일 글라스에 따른다.

도수 약 26%

위스키 사워(Whisky Sour)

위스키 2 : 레몬주스 1 정도, 약간의 슈거시럽을 넣고 셰이커로 섞는다. 글라스에 따르고 레몬과 체리로 장식한다.

도수 약 25%

마시는 방법 ④

비교 테이스팅

온더락, 미즈와리, 하이볼 등 자신에게 맞는 마시는 방법을 찾았다면, 다음은 마시는 방법에 잘 어울리는 위스키를 찾아보자.

예를 들어 온더락으로 마실 때는 블렌디드 위스키가 특히 잘 어울린다. 여러 가지 원액이 섞인 블렌디드 위스키는 얼음이 녹아 농도가 달라질 때마다, 다양한 원액의 특징이 모습을 드러내면서 그 변화를 즐길 수 있다. 그야말로 글라스 속 만화경이라 할 수 있다.

물론 블렌디드 위스키도 여러 종류가 있으므로 몇 가지 시도해보고, 더 맛있게 느껴지는 것을 찾아서 마음에 드는 위스키를 점점 늘려가면 된다.

1위 스프링뱅크 18년 (p.82)

2위 하일랜드 파크 18년 (p.71)

3위 보모어 18년 (p.59)

스트레이트

1위 밸런타인 17년 (p.144)

2위 더 발베니 더블우드 12년 (p.96)

3위 야마자키 (p.177)

온더락

위스키를 샀는데 「실패했다」라는 생각이 들 때도 있다. 그럴 때는 그 위스키에 적합한 다른 방법으로 마셔본다. 어지간히 입에 맞지 않는 위스키라도, 진저에일 하이볼이나 코크 하이볼로 마시면 괜찮은 경우도 있다.
그렇다고 서둘러서 콜라를 사러 가지 않아도 된다. 증류주인 위스키는 잘 부패하지 않기 때문에, 뚜껑을 제대로 꽉 잠그고 직사광선이 닿지 않는 곳에 두면 냉장고에 넣을 필요도 없다.

위스키를 선택할 때 참고할 수 있도록 마시는 방법별로 추천하는 위스키 브랜드를 아래에 소개한다. 물론 이 리스트가 만능은 아니다. 같은 위스키를 마셔도 진하다고 느끼는 사람이 있는가 하면 묽다고 느끼는 사람도 있는 것처럼, 사람에 따라 느끼는 맛이 다르기 때문이다.

어떤 위스키를 어떻게 마시는 것이 좋을까. 자기 나름의 마시는 방법, 자기 나름의 브랜드를 찾아보자. 그것도 위스키를 즐기는 방법 중 하나다.

1위 더 글렌리벳 12년 (p.99)

2위 히비키 재패니즈 하모니 (p.175)

3위 시바스 리갈 18년 (p.146)

미즈와리

1위 하쿠슈 (p.176)

2위 스카파 스키렌 (p.74)

3위 글렌모렌지 (p.120)

하이볼

글라스를 고르는 방법

위스키를 맛있게 마시려면 어떤 글라스를 골라야 할까.
스트레이트파인지 또는 하이볼파인지, 그에 따라 선택은 달라진다.

스트레이트파

테이스팅 글라스(글렌케언 글라스)

시음회에서도 자주 사용된다. 향을 만끽할 수 있는 튤립 모양의 글라스로, 입에 닿는 부분이 얇다. 다리 부분을 잡으면 내용물에 필요 없는 열(체온)이 전달되지 않으며, 반대로 윗부분을 잡으면 열을 전달할 수도 있다. 와인 글라스처럼 빙글빙글 돌리는 스월링(Swirling)도 가능하다. 이처럼 매우 기능이 많은 글라스로, 스트레이트뿐 아니라 트와이스 업으로 마실 때도 사용할 수 있다. 맛을 비교하는 테이스팅용으로도 적합하다.

하이볼파 또는 미즈와리파

(맥주용) 금속제 텀블러

금속제 텀블러 중에서도 특히 보냉력이 있는 티타늄으로 만든 텀블러를 추천한다.

최근 프로즌 하이볼이 인기를 끌고 있다. 글라스와 위스키병 모두 냉동실에서 영하로 차갑게 식힌 뒤, 하이볼을 즐긴다(위스키는 가정용 냉동고의 온도에서는 얼지 않는다. 단, 차갑게 식힌 금속제 텀블러에 손가락이 달라붙을 수 있으니 주의한다).

보냉 텀블러에도 여러 종류가 있는데, 마찬가지로 입에 닿는 부분이 두꺼운 텀블러는 추천하지 않는다.

어떤 글라스든 모두 입에 닿는 부분의 유리가 얇은 것을 추천한다. 니혼슈나 맥주도 마찬가지지만,
입에 닿는 부분이 얇으면 술이 훨씬 맛있게 느껴진다.
얇으면 쉽게 깨질까 걱정된다면
특별한 위스키를 즐길 때만 사용하는 것도 방법이다.

온더락파

온더락 글라스

올드 패션드 글라스라고도 한다. 묵직한 안정감이 특징으로, 커다란 얼음도 쉽게 들어간다. 열혈 온더락파라면 계속 냉장고에 넣어둘 수 있는 모양이나 크기의 글라스를 고르면 좋다. 내열 글라스는 냉각에 따른 온도 변화에도 강하다. 참고로 일반 글라스의 경우, 두꺼운 것이 온도 변화에는 약하다.

아이스볼 메이커

정통 바에서는 공모양 아이스볼을 사용하기도 한다. 같은 양의 물을 사각 얼음 4개로 얼린 것에 비해, 아이스볼은 표면적이 3/4이다. 따라서 잘 녹지 않는다. 요즘은 가정에서도 아이스볼을 쉽게 만들 수 있는 아이스볼 메이커가 많이 나와 있어서, 아이스 커피를 마실 때도 활용할 수 있다.

벽난로를 바라보며 불멍을 하듯이,
위스키의 표정과 색감의 변화를 감상한다.
온더락파라면 투명한 글라스를 추천한다.
물론 장식용 조각 같은 무늬는 있어도 괜찮다.
손이 미끄러지는 것을 막아주기도 한다.

안주를 고르는 방법

위스키를 어떤 요리나 안주와 함께 즐길까.
위스키는 알코올 도수가 높기 때문에 일반적으로 견과류나 치즈, 말린 과일 등과 함께 식전·식후에 즐기는 이미지가 강하다. 하지만 농도를 조절하기 쉽고 마시는 온도도 자유로운 술이므로, 다양한 요리와 함께 마리아주할 수 있다.
예를 들어 중국 요리에는 블렌디드 위스키를 미즈와리나 오유와리로 곁들이면 좋고, 향신료를 사용하는 동남아시아나 아프리카 요리에는 버번이나 아이리시 위스키의 하이볼이 어울린다.
담백한 일본요리에는 블렌디드 위스키를 온더락이나 미즈와리로 곁들이면 좋고, 튀김이나 생선구이에는 하이볼이 잘 맞는다. 재패니즈 위스키 중에는 「일본요리와의 조화」를 콘셉트로 만든 것도 많아서 선택의 폭이 넓다.

가라아게(닭튀김)
하이볼과 가라아게의 조합은 최강이다. 원래 가라아게는 탄산음료와 찰떡궁합이다. 탄산이 입 안의 기름기를 없애주기 때문이다. 같은 이유로 피자나 육즙과 기름이 많은 소시지에 하이볼을 곁들이는 사람도 있다.

닭꼬치

피트향이 느껴지는 위스키의 하이볼이나 버번 미즈와리도 닭꼬치의 고소한 맛과 잘 어울린다. 소스를 발라서 구운 간이나, 지방이 많은 꼬리뼈 부위의 고기 등이 위스키와 궁합이 좋다. 스파이시한 향의 탈리스커 10년도 닭꼬치의 풍미를 돋워준다.

스시

생선회나 스시 같은 담백하고 섬세한 요리에는, 맛이 부드럽고 균형이 잘 맞는 블렌디드 위스키의 온더락이나 미즈와리, 하이볼 등이 잘 어울린다. 또한 싱글몰트 위스키와도 궁합이 좋다.

굴

해산물과 위스키는 궁합이 매우 좋다. 특히 바다의 감칠맛이 응축된 기름진 굴이나 말린 전갱이 등에는 쿨일라 12년, 라가불린 16년 등 달콤하면서 스모키한 싱글몰트가 의외로 잘 어울린다.

애플파이

초콜릿이나 디저트는 커피나 홍차뿐 아니라 위스키와 함께 즐겨도 매우 맛있다. 애플파이처럼 과일의 향과 맛이 풍부한 디저트에는 달콤한 맛과 드라이한 맛의 균형이 잘 맞는, 강한 몰트 풍미의 위스키가 좋다.

스코틀랜드요리

스카치 위스키가 마음에 든다면 본고장 스코틀랜드의 요리도 함께 먹어보자. 추천 요리는 하기스(Haggis). 양의 내장을 갈아서 다진 허브, 양파 등과 함께 양의 위에 채운 뒤 삶은 요리다. 다양한 향신료와 어우러진 맛이 농후해서, 스모키한 스카치 위스키와 함께 즐기면 절묘한 풍미를 자아낸다.

(사진 오른쪽이 하기스. 매시트포테이토 등과 세트로 나오는 경우가 많다.)

STEP 2

마음에 드는 위스키를 찾아서

「위스키 맛의 차이를 잘 모르겠다.」
「애초에 같은 위스키인데 맛의 차이가 있을까?」
이런 사람을 위한 테이스팅 가이드.
마음에 드는 위스키를 찾는 지름길로 안내한다.

테이스팅으로 위스키의 깊은 풍미를 찾는다

테이스터_ 구라시마 히데아키

위스키의 정의는 각 나라의 법률에 따라 다르지만, 대략적으로 정리하면 「곡물을 원료로 매싱(당화), 발효, 증류하여 나무통에 담아 저장, 숙성시킨 술」이다. 위스키의 복잡한 향과 맛은 이러한 과정에 의해 만들어지며, 몇 년~몇십 년에 걸친 오크통 숙성 중에 일어나는 다양한 화학반응에 의해 변화한다.

● 테이스팅 가이드

1 테이스팅의 기본은 스트레이트

위스키를 온더락이나 하이볼로 즐기는 사람이 많은데, 테이스팅할 때는 스트레이트로 마시는 것이 좋다. 양은 10~15㎖ 정도. 집에서 마신다면 전용 테이스팅 글라스를 준비해두면 좋다.

향과 맛을 표현할 때 전문가가 사용하는 테이스팅 용어

몰티(malty)	맥아나 밀, 호밀 등의 향과 맛을 느낄 때 사용한다.
우디(woody)	오크통에서 비롯된 향과 맛. 오크통의 종류와 사이즈, 이력 등에 따라 표현이 달라진다.
피티(peaty)	피트에서 유래된 향과 맛. 스모키함과 요오드 느낌도 포함된다.
에스테리(estery)	프루티, 플로럴 같은 화려한 뉘앙스를 표현한다.
그래시(grassy)	풀이나 허브 같은 향과 맛. 초원, 건초, 식물 느낌 등의 뉘앙스를 표현한다.
브라이니(briny)	바닷물(소금) 같은 뉘앙스. 짠맛을 표현할 때 사용된다.

2 부드러운 것부터 순서대로

마시는 순서는 맛이 부드러운 것부터 시작하고, 강한 것은 나중에 마신다. 블렌디드 위스키보다 싱글몰트가 개성이 강하며, 피티드 위스키는 독특한 향과 맛이 있으므로 나중에 마시는 것이 좋다. 또한 버번 오크통 숙성 위스키보다는 타닌의 함유량이 많은 셰리 오크통 숙성 위스키를 나중에 마시는 것이 좋다. 참고로 알코올 도수도 풍미의 강도와 어느 정도 비례한다.

3 성분 변화에서 생긴 복잡한 향과 맛을 찾는다

화학 변화에 의해 생기는 위스키의 향과 맛은 1가지가 아니어서, 와인과 마찬가지로 많은 단어를 사용하여 그 복잡함을 표현한다. 위스키를 마주하는 횟수가 늘어날수록, 표현할 수 있는 향과 맛도 늘어난다.

향과 맛의 차이가 생기는 이유

피티드인가 언피티드인가

스카치, 아이리시, 재패니즈 위스키 등은 원료인 맥아를 건조시킬 때 피트(이탄)를 사용하는 경우가 있다. 피트향이 스며든 위스키를 「피티드」라고 부르고, 피트향이 없는 위스키는 「언피티드」, 「논피트」라고 부른다. 피티드 위스키는 상당히 강한 임팩트를 주기 때문에 초보자는 놀랄지도 모르지만, 그 독특함을 좋아하는 애호가가 많이 있다. 또한 기호가 바뀌어 피티드를 좋아하게 되거나, 반대로 논피트로 갈아타는 사람도 있다.

피티드

Single Malt Scotch Whisky
ARDBEG 10 years old
아드벡 10년
아드벡은 피트 레벨을 나타내는 페놀 수치가 50~65ppm으로 높다.

언피티드

Single Malt Scotch Whisky
GLENMORANGIE ORIGINAL
글렌모렌지 오리지널
피트 처리한 맥아를 사용하지 않고, 버번 오크통에서 10년 동안 숙성시킨 「오리지널」. 오크통에 대해서는 p.43 참조.

원료로 사용된 곡물의 차이

위스키의 원료는 「곡물」이지만, 종류에 따라 주로 사용하는 곡물이 다르다. 예를 들면 같은 위스키여도 스카치 몰트 위스키의 원료는 맥아뿐인 데 비해, 아메리칸 버번은 옥수수가 51% 이상이고, 그 밖에 맥아, 호밀, 밀 등이 사용된다. 또한 몰트 위스키라도 사용하는 보리의 품종에 따라 맛이 달라진다.

맥아만 사용

Single Malt Scotch Whisky
GLENFIDDICH SPECIAL RESERVE 12 years old
글렌피딕 스페셜 리저브 12년
스코틀랜드의 경우 싱글몰트 위스키의 원료는 맥아만 사용하도록 법으로 정해져 있다.

옥수수 등을 사용

Bourbon Whiskey
WILD TURKEY 8 years old
와일드 터키 8년
미국의 경우 버번 위스키에 옥수수를 51% 이상 사용하도록 법으로 정해져 있다.

오크통의 차이, 숙성 환경과 연수 등

오크통 숙성에 의한 위스키의 향과 맛의 변화는 오크통을 만든 나무에서 리그닌(Lignin), 폴리페놀, 당과 아미노산 등이 배어 나오면서 일어난다. 어떻게 변화하는지는 오크통의 재질, 사이즈, 이력, 저장할 때 통을 놓는 방향이나 저장고의 기온, 습도, 숙성 연수 등 복합적인 요인에 따라 달라지기 때문에 한마디로 설명할 수 없다. 이 신비로운 변화야말로 위스키 애호가들을 매료시키는 요소 중 하나이다.

설비, 제조 과정의 차이

각 증류소는 어떤 특징을 가진 원액을 만들지 생각하고, 그렇게 만들기 위한 설비나 제조 과정을 결정한다. 그에 맞추어 원료를 분쇄, 당화, 여과하며, 발효용 효모를 정하고 발효 시간 등을 설정한다. 발효조나 포트 스틸(증류기) 등 각 설비의 형태, 크기, 재질의 차이도 위스키의 향과 맛에 영향을 미치며, 증류 방법과 횟수, 증류할 때 가열하는 방법, 2차 증류기에서 처음과 마지막에 나오는 증류액을 제거하고 얻어낸 「중류(미들 컷)」의 비율 등에 의해서도 달라진다. 처음과 마지막 증류액을 제거하는 이유는, 증류소가 원하는 특징에 가장 적합한 원액을 추출하기 위해서이다. 생산자의 이러한 집념이 다양한 향과 맛을 탄생시킨다.

테이스팅 ①

싱글몰트와 블렌디드를 즐긴다

블렌디드 위스키는 싱글몰트와 그레인 위스키를 블렌딩해서 만든다. 제 4대 마스터 오브 위스키 구라시마가 가격과 품질 면에서 추천하는 화이트 호스 12년과, 키몰트(Key-Malt, 핵심 원액)로 사용된 싱글몰트 2종을 선택하였다.

Blended Scotch whisky

WHITE HORSE aged 12 years

화이트 호스 12년

과일의 향과 맛, 피트가 알맞게 느껴지는 12년

「파인 올드」가 많이 알려져 있지만, 여기서는 일본 시장 전용으로 개발된 화이트 호스 12년을 소개한다. 향은 온화하지만 감귤류 계열의 과일 풍미와 바닐라 풍미, 몰티한 향과 맛 속에 피트가 제대로 스며들어 맛도 밸런스도 뛰어나다. 널리 알리고 싶은 브랜드. 키몰트로 라가불린 외에 p.37에서 소개하는 글렌 엘긴과 크라이겔라키도 사용한다.

블렌디드 위스키의 밸런스를 잡아주는 그레인 위스키

그레인 위스키는 맥아 외에 옥수수나 밀, 발아하지 않은 보리 등을 원료로 사용하여, 주로 연속식 증류기로 만드는 위스키이다. 여러 가지 싱글몰트와 블렌딩해서 블렌디드 위스키를 만들 때, 다른 위스키를 돋보이게 하면서 전체적인 맛을 균형 있게 조절해주는 숨은 조력자 같은 역할을 담당한다. 그레인 위스키 「치타」와 「후지」도 함께 시음하면서 맛을 비교해보자.

Single Malt Scotch Whisky

GLEN ELGIN aged 12 years

글렌 엘긴 12년

균형감이 좋고, 부드러운 단맛이 퍼진다

글렌 엘긴은 화이트 호스의 키몰트 중 하나이다. 알코올 도수는 43%. 입안에 머금으면 기분 좋은 과일의 향과 맛, 꿀처럼 화려한 감칠맛, 그리고 셰리 오크통에서 숙성한 원액을 효과적으로 배팅(Vatting)하여 생긴 부드러운 단맛이 균형 있게 퍼진다. 유명 브랜드가 많은 스페이사이드 지역에서는 많이 알려지지 않았지만, 다른 브랜드에 뒤지지 않는 양질의 위스키다.

Single Malt Scotch Whisky

CRAIGELLACHIE aged 13 years

크라이겔라키 13년

중후한 맛을 즐길 수 있다

마찬가지로 화이트 호스의 키몰트 중 하나다. 버번 오크통에서 숙성된 원액에서 비롯된 바닐라, 꿀, 향신료의 뉘앙스와 우디함이 느껴진다. 알코올 도수는 46%로, 공식 병입 싱글몰트 중에서는 높은 편이다. 냉각여과를 하지 않아(Non-chill filtered), 지나치게 깔끔하지 않으며 중후하다. 글렌 엘긴과 비교해도 묵직한 풍미.

Suntory Whisky

CHITA

치타

옥수수 등을 원료로 만든 「치타」는 입안에서 느껴지는 경쾌함과, 은은하게 퍼지는 부드러운 곡물의 달콤한 맛이 특징이다. 특징이 다른 3종류의 그레인 원액을 만들고, 화이트 오크통과 스패니시 오크통, 와인 오크통 등 다채로운 오크통에서 숙성시켜 블렌딩한다.

Kirin Single grain Whisky

FUJI

후지

「후지」는 알코올 도수 46%. 종류가 다른 3가지 증류기에서 각각 그레인 원액을 만들며, 오크통에서 숙성시킨다. 바디감이 묵직하며, 감귤류의 향과 맛, 호밀 같은 구수함 등이 느껴지는 뚜렷한 풍미로, 싱글몰트를 좋아하는 사람에게도 추천하는 위스키다.

세월에 따른 변화를 즐긴다

100% 셰리 오크통 숙성의 글렌파클라스와 개성적인 향과 맛을 지닌 탈리스커를 선택하였다. 오크통을 만든 목재의 성분이 배어 나올 뿐 아니라, 에스테르(Ester, 산과 알코올의 화합물) 성분 생성, 산화 반응 등 화학적인 변화에 따라 위스키의 맛과 향은 더 복잡해지고 부드러워진다. 오크통 숙성 연수에 따른 풍미의 차이를 즐겨보자.

글렌파클라스 Glenfarclas

Single Malt Scotch Whisky
GLENFARCLAS
aged 12 years

글렌파클라스 12년

셰리 오크통에서 비롯된 온화한 향과 맛

글렌파클라스는 숙성시킬 때 올로로소(Oloroso, 스페인 셰리의 대표적인 스타일) 셰리 오크통만 사용하는 증류소이며, 공식병입 보틀 중에서도 다양한 숙성 연수의 보틀을 구할 수 있는 보기 드문 브랜드이다. 12년의 알코올 도수는 43%. 바닐라나 오렌지 같은 향과 맛 외에 셰리 오크통에서 비롯된 말린 과일의 뉘앙스가 있으며, 오크통향은 그리 강하지 않다. 오크통향의 차이는 다른 보틀과 비교하면서 시음하면 더 잘 느껴진다.

Single Malt Scotch Whisky
GLENFARCLAS
aged 15 years

글렌파클라스 15년

15년 숙성 클래스 중에서도 빼어난 안정감

올로로소 셰리 오크통 특유의 향, 과일의 향과 맛, 향신료와 나무 향의 기분 좋은 밸런스를 즐길 수 있다. 여기서 소개한 4가지 보틀 중에서 15년만 알코올 도수가 46%인데, 15년은 46%가 맛있다고 말하는 듯한, 증류소의 강한 집념이 느껴진다. 15년 클래스의 보틀 중에서도 안정감이 훌륭하다.

Single Malt Scotch Whisky

GLENFARCLAS

aged 21 years

글렌파클라스 21년

너무 강하지 않은 오크통향과 뛰어난 밸런스

12년, 15년, 21년으로 진행할수록 오크통향이 강해지는 것을 느낄 수 있다. 알코올 도수가 43%여서 15년만큼 농후하지는 않지만, 21년은 오래 숙성했음에도 가볍게 계속 마실 수 있는 위스키다. 과일향이 느껴지는 달콤한 맛과 나무향의 밸런스가 잘 맞기 때문이다. 변화를 쉽게 느낄 수 있도록 15년 다음으로 21년을 골랐는데, 대표 상품으로 17년도 있다. 흥미 있는 사람은 한 번 시음해보자.

마지막으로!

Single Malt Scotch Whisky

GLENFARCLAS

aged 25 years

글렌파클라스 25년

장기 숙성에 의한 오크통의 확실한 존재감

우디하고 프루티한 특징이 보다 강렬해졌다. 더 복잡하고 순해졌으며, 여운은 더 길게 이어진다. 오크통 숙성 연수에 따른 차이를 분명히 느낄 수 있다. 다만 단순하게 「오크통의 품질×연수」만큼 증가하는 것이 아니라, 오크통에서 배어나오는 성분에 증류한 원액의 풍미가 곱해지는 것이므로, 짧게 숙성해도 훌륭한 위스키가 있는가 하면 오래 숙성해도 기대에 못 미치는 위스키가 있다는 점이 흥미롭다.

먼저 이것부터!

Single Malt Scotch Whisky

TALISKER

aged 10 years

탈리스커 10년

바닷바람의 향과, 꿀과 향신료의 풍미

탈리스커는 기본적으로 몰트와 향신료의 풍미, 피트향이 뚜렷하며, 복잡하고 깊이 있는 맛이다. 바닷바람 같은 향과 졸인 꽃꿀의 뉘앙스, 검은 후추가 스며든 듯한 향과 맛도 있는, 골격이 튼튼한 위스키. 10년은 후추맛과 꿀의 단맛이 강하며, 피트향도 있어서 뚜렷한 개성이 느껴진다

Single Malt Scotch Whisky

TALISKER

aged 18 years

탈리스커 18년

보다 부드럽고 풍부하게 승화한 개성

18년 숙성시킨 탈리스커를 입안에 머금으면, 더 복잡해진 오크통의 뉘앙스가 전면에 부각된다. 10년에서는 뚜렷하게 느껴졌던 하나하나의 요소가 둥글둥글해져서, 보다 부드러워진 바닷바람 뉘앙스, 복숭아와 서양배의 과일 풍미, 폭신한 몰티함이 느껴진다. 그 뒤로 클로브와 생강의 스파이시한 느낌이 계속되며, 여운이 길게 이어진다.

테이스팅 ③

원산국의 차이를 즐긴다

원산국이 다른 위스키를 비교하면서 시음하면, 각 나라의 법률에 따른 제조방법의 차이나 기후에 의한 숙성의 차이를 즐길 수 있다. 블렌디드 재패니즈 위스키 외에, 포트 스틸 아이리시 위스키, 버번, 2개의 싱글몰트를 선택하였다.

일본
Blended Japanese Whisky

HIBIKI JAPANESE HARMONY

히비키 재패니즈 하모니

먼저 이것부터!

섬세한 감각과 기술을 담은 위스키

재패니즈 위스키의 기반을 쌓은 산토리의 몰트 원액과 그레인 원액을 블렌딩한 「재패니즈 하모니」. 꽃처럼 화려한 향, 꿀, 오렌지, 초콜릿 등의 풍미가 퍼지며, 이름대로 기분 좋게 아름다운 하모니를 연주하는 위스키다. 산토리의 섬세한 감각과 뛰어난 블렌딩 기술이 느껴진다.

아일랜드
Pot Still Irish Whiskey

REDBREAST aged 12 years

레드브레스트 12년

전통적인 제조방법으로 만든 아이리시 위스키

「포트 스틸 아이리시 위스키」는 법률로 정의된, 예로부터 전해지는 아일랜드의 독자적인 제조방법으로 만든 위스키다. 뉴 미들턴 증류소의 레드브레스트는 그 대표적인 위스키로, 아이리시다운 오일리함이 감도는 독특한 과일의 향과 맛이 특징이다. 위스키 애호가들 사이에서도 인기 있는 브랜드.

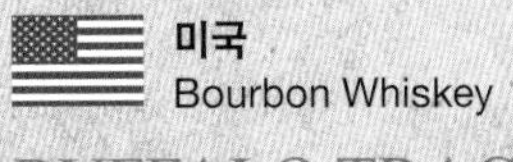

미국
Bourbon Whiskey

BUFFALO TRACE

버팔로 트레이스

클래식한 향과 맛의 정통파 버번

현재 조업 중인 미국의 증류소 중 가장 오랜 역사를 지닌 버팔로 트레이스는 고정팬이 많다. 원료는 옥수수를 중심으로 곡물을 사용하는데, 버번답게 새로운 오크통에서 비롯된 바닐라와 꿀, 토피(Toffee, 설탕, 버터, 물을 함께 끓여 만든 것) 등의 뉘앙스가 부드럽게 퍼져 나온다.

스코틀랜드
Single Malt Scotch Whisky

HIGHLAND PARK VIKING HONOUR 12 year old

하일랜드 파크 바이킹 아너 12년

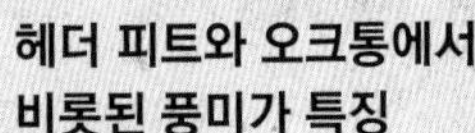

헤더 피트와 오크통에서 비롯된 풍미가 특징

하일랜드 파크는 스카치를 대표하는 브랜드 중 하나로, 바이킹 문화가 남아 있는 오크니(Orkney)제도에 증류소가 있다. 12년은 100% 셰리 오크통에서 숙성한 원액을 사용하며, 현지에서 기른 헤더(Heather)라는 야생화가 포함된 피트로 건조시킨 맥아를 사용하기 때문에, 헤더꿀, 과일, 피트의 향 등으로 이루어진 풍미가 있어서 특별한 인상을 주는 위스키다.

타이완
Single Malt Taiwanese Whisky

KAVALAN DISTILLERY SELECT No. 2

카발란 디스틸러리 셀렉트 No.2

카발란 원액의 역량이 느껴지는 위스키

2005년에 설립된 타이완 최초의 증류소 카발란은 매입한 오크통을 다시 굽는, 리차링(Re-Charring)이라는 오크통의 개성이 뚜렷하게 느껴지는 제조방법으로 높은 평가를 받고 있다. 리필 버번 캐스크에서 숙성한 원액을 배팅한 「No.2」는, 오크통향은 강하지 않지만 과일의 향과 맛이 황홀해서 원액의 역량을 느낄 수 있다.

각 나라의 기후나 기온차가 위스키의 숙성 속도에 영향을 준다

각 나라의 기후는 위스키의 숙성 속도나 천사의 몫(증발에 의해 오크통 안의 액체량이 줄어드는 현상)에 큰 영향을 미친다. 하일랜드 파크 증류소가 있는 오크니제도의 메인랜드섬은 연평균기온이 8℃ 정도이고 기온의 변화도 크지 않다. 그렇기 때문에 천사의 몫은 연간 1% 정도. 반면, 카발란 증류소가 있는 타이완 이란현의 연평균기온은 21℃ 정도이고, 기온의 변화도 크기 때문에 천사의 몫이 연간 15%나 된다. 또한 온난한 기후인 동시에 기온차가 큰 지역은 매츄레이션 피크(Maturation Peak, 숙성의 최고점)가 빨리 찾아올 가능성이 있다. 이에 맞춰서 병입할 타이밍을 정하는 것도 생산자의 실력이다.

테이스팅 ④

숙성하는 오크통의 차이를 즐긴다

버번 오크통에서 숙성한 위스키와 셰리 오크통에서 숙성한 위스키 중 어느 쪽이 좋은지는, 위스키 애호가들 사이에서도 의견이 갈린다. 이번에는 버번 오크통에서 숙성한 원액을 주로 사용하는 브랜드와 셰리 오크통에서 숙성한 원액을 주로 사용하는 브랜드, 그리고 버번 오크통에서 숙성시킨 뒤 와인 오크통에서 추가 숙성하는 브랜드를 선택하였다.

Bourbon Casks

버번 오크통 숙성 원액 중심

Single Malt Scotch Whisky
AULTMORE
aged 12 years

올트모어 12년

버번 오크통다운 과일맛과 보리 느낌 등

버번 오크통에서 숙성한 원액만으로 이루어진 논피트 위스키다. 단맛과 산미의 밸런스가 잘 맞으며, 처음에는 시트러스를 연상시키다가 바나나와 살구 같은 과일의 향과 맛, 플로럴한 향과 맛, 풍부한 보리 느낌, 오크의 순하고 복잡한 여운으로 이어진다.

Single Malt Scotch Whisky
KILCHOMAN MACHIR BAY

킬호만 마키어 베이

버번 오크통의 향과 맛, 피트의 하모니

마키어 베이는 올트모어와 마찬가지로 버번 오크통에서 숙성한 원액이 중심이지만, 셰리 오크통에서 숙성한 원액도 포함되어 있으며, 피트 레벨 50ppm의 헤비 피트 위스키이다. 오크통에서 비롯된 바닐라와 꿀의 뉘앙스, 시트러스, 서양배 등의 향과 맛에 아일레이 피트가 제대로 스며들었다.

Single Malt Scotch Whisky
TAMDHU
aged 15 years

탐듀 15년

셰리 오크통에서 숙성한 리치한 위스키

글렌파클라스가 그렇듯이 셰리 오크통은 위스키에 말린 과일이나 베리류, 카카오 등의 리치한 향과 맛을 더해준다. 재질과 이력이 다른 여러 개의 올로로소 셰리 오크통에서 숙성시킨 원액으로만 만드는 탐듀는, 최근 주목 받는 브랜드 중 하나이다.

Single Malt Scotch Whisky
GLENDRONACH
aged 18 years

글렌드로낙 18년

오크통이 주는, 비터 초콜릿을 닮은 강렬한 향과 맛

12년, 21년이 올로로소와 페드로 히메네스(Pedro Ximenez, 같은 이름의 포도 품종으로 만든 스페인의 셰리)라는 2종류의 셰리 오크통에서 숙성한 원액을 배팅한 것인데 반해, 18년의 원액은 100% 올로로소 셰리 오크통에서 숙성한다. 오크통향이 강하며 비터 초콜릿 같은 드라이함과 단맛, 숙성감이 있는 농후한 풍미를 즐길 수 있다.

Single Malt Scotch Whisky
GLENMORANGIE NECTAR D'OR SAUTERNES CASK FINISH

글렌모렌지 넥타 도르
소테른 캐스크 피니시

소테른 오크통에서 비롯된 달콤함을 만끽

글렌모렌지 증류소는 오크통 숙성에 신경쓴 제품을 많이 발매하여, 「오크통의 선구자」라고 불린다. 이 위스키는 대표 상품인 「오리지널」에 사용하는 버번 오크통에서 10년 동안 숙성시킨 원액을, 단맛이 풍부한 소테른 와인(귀부 와인)을 재웠던 오크통에 옮겨서 짧게 추가 숙성한 것이다. 과일시럽, 라임, 크림 등의 뉘앙스가 매끄럽게 퍼져나온다.

Single Malt Scotch Whisky
GLENMORANGIE THE QUINTA RUBAN PORT CASK FINISH
aged 14 years

글렌모렌지 퀸타 루반 14년
포트 캐스크 피니시

레드 포트와인 오크통의 관능적인 단맛과 떫은맛

사용하는 원액은 넥타 도르와 같지만, 이 위스키는 주정강화와인 중 하나인 레드 포트와인 「루비 포트」의 오크통에서 추가 숙성한 것이다. 원액의 프루티하고 고급스러운 단맛에, 오크통에서 비롯된 산미가 동반된 베리류의 단맛과 타닌이 어우러져, 관능적인 향과 맛을 자아낸다. 와인 오크통을 메인으로 사용하는 경우는 별로 없으며, 대부분 추가 숙성할 때 사용한다

테이스팅 ⑤

과일의 향과 맛을 즐긴다

과일의 향과 맛을 표현할 때는 프루티, 에스테리(estery), 트로피컬 같은 단어를 사용한다. 위스키의 복잡한 향과 맛을 하나의 과일로 표현하기는 어렵지만, 그중에는 「뚜렷한 복숭아맛」, 「바나나 같은 숙성감」이 느껴지는 것도 있다. 과일의 향과 맛이 느껴지는 위스키를 찾아보자.

Single Malt Scotch Whisky

GLEN MORAY aged 12 years

글렌 모레이 12년

부드러운 과일맛이 가득한 위스키

버번 오크통에서 숙성한 뒤 마지막에 슈냉 블랑 오크통에서 추가 숙성한 위스키. 과일 풍미가 전면에 나타나는 것이 특징이며, 연한 시트러스, 살구, 바나나 같은 과일맛이 가득하다. 은은하면서 부드러운, 하지만 존재감이 뚜렷한 위스키.

Single Malt Scotch Whisky

BENRIACH THE ORIGINAL 10

벤리악 디 오리지널 10년

3종류의 오크통에서 비롯된 과일 풍미

2021년에 라인업을 새롭게 리뉴얼했다. 시바스 리갈의 키몰트 중 하나로 오렌지와 살구, 파인애플 같은 즙이 많은 과일의 특징이 나타나는 위스키. 버번 오크통, 셰리 오크통, 버진 오크통(새 오크통)에서 숙성한 3종류의 원액을 배팅한다.

Single Malt Scotch Whisky

BOWMORE aged 18 years

보모어 18년

익은 과일의 향과 맛이 인상적인 18년

빈티지에 따라서는 열대과일의 향과 맛이 두드러지는 보모어. 셰리 오크통에서 숙성한 원액으로 이루어진 18년은 잘 익은 과일의 향과 맛이 특징이며, 복숭아와 서양배의 뉘앙스, 망고와 파인애플 등 열대과일의 향과 맛이 퍼져 나온다. 과일 느낌이 뚜렷하고, 피트향도 적당하다.

테이스팅 ⑥

피트향을 즐긴다

피트를 태운 연기로 건조시킨 맥아를 사용한 위스키는 상당히 강한 임팩트가 있다. 그런데 이렇게 강한 피트향도 증류소에서 만든 원액과 하모니를 이루면, 천차만별로 다른 개성을 갖게 된다. 비교하면서 시음하면 같은 피트 위스키라도 향과 맛은 매우 다르다는 것을 알 수 있다.

Single Malt Scotch Whisky

ARDBEG 10 years old

아드벡 10년

투명한 과일의 향과 맛, 강렬한 피트향

스코틀랜드 아일레이섬은 피티(Peaty)한 위스키를 만드는 증류소가 많기로 유명하다. 그중 하나가 아드벡인데 피트향이 강하지만, 플로럴하고 투명한 과일의 향과 맛이 인상적이다. 라프로익과 비교하면서 시음해도 재미있다.

Single Malt Scotch Whisky

HIGHLAND PARK 12 year old

하일랜드 파크 12년

헤더가 퇴적된 피트에서 비롯된 향과 맛

하일랜드 파크 증류소는 아일레이섬이 아니라 오크니 제도의 메인랜드섬에 있지만, 피트를 이야기할 때 절대 빼놓을 수 없는 브랜드이다. 야생화인 헤더가 축적되어 생긴 피트에서 비롯된 플로럴한 향과 맛, 꿀 같은 뉘앙스를 즐길 수 있다.

Single Malt Scotch Whisky

LONGROW

롱 로우

아일레이 계열과 다른 달콤함과 스모키한 풍미

아일레이섬 이외의 스카치 피티드 위스키도 소개하기 위해, 캠벨타운 지역의 롱 로우를 선택하였다. 아드벡이나 라프로익 같은 해양성 뉘앙스는 없으며, 크리미한 단맛과 스모키하고 남성적인 피트의 강렬함이 느껴진다.

바를 이용하는 방법

바를 방문해서 여러 가지 위스키를 마셔보고 싶은 초보자들을 위해, 바를 이용하는 방법을 간단하게 소개한다.

바는 「조용하게 술을 즐기는 곳」이다. 그러니 혼자 가도 물론 괜찮다. 다만 지나치게 캐주얼한 복장으로 가는 것은 좋지 않다. 고급 호텔의 바에는 정해진 드레스 코드가 있는 곳도 있다.
예산은 대개 1인당 3~5만 원 정도. 대략적으로 1시간 반 동안 3잔을 즐긴다고 생각하면 된다. 물론 바에 따라 다르며, 마시는 브랜드에 따라서도 가격은 달라진다. 일본의 경우 카드가 안 되는 곳도 있으므로 현금을 많이 가져가는 것이 좋다.
바의 입구를 찾았다면 주저하지 말고 들어간다. 자리로 안내를 받으면 바텐더와 대화를 해보자. 예를 들어 "위스키에 별로 익숙하지 않은데 몇 가지 마셔보고 싶어서……" 등과 같이 바에 온 이유를 이야기하는 것도 좋다.
위스키를 주문할 때는 되도록 구체적인 희망을 전달한다. 예를 들면 "되도록 적당한 가격으로, 과일맛이 나는 위스키" 또는 "스모키한 스카치를 좋아합니다" 등등.

위스키 종류를 골고루 갖춘 바를 「몰트 바」라고 부르기도 한다. 판매가 종료되어 보기 힘든 위스키만 모아놓은, 「올드 보틀 바」도 있다.

「커버 차지(Cover Charge)」 또는 「테이블 차지(Table Charge)」라고 부르는, 식음료 비용 외의 봉사료를 받는 바도 있다. 위스키를 1잔도 마시지 않았더라도 테이블 차지는 발생한다. 1인당 5천 원 정도부터 비싼 가게는 2만 원 정도 하는 곳도 있다.

아무런 설명도 없이 무작정 "추천하는 브랜드로 주세요"라고 하면 바텐더도 곤란하다. 그리고 스트레이트, 온더락, 미즈와리 등 어떤 방법으로 마시기를 희망하는지도 이야기해야 한다. 스트레이트로 마신다면 체이서로 마실 물 등도 부탁하자.

바에서는 보통 술의 양에 「샷」이라는 단위를 사용한다. 몇 ㎖가 1샷인지 엄격하게 정해져 있는 것은 아니다. 나라에 따라서도 다르고, 술에 따라서도 다르다. 위스키의 경우 1샷은 대개 30㎖(1온스) 정도다. 1샷을 「싱글」이라고도 하며, 2배를 원할 때는 「더블」이라고 하면 된다.

심플하게 원하는 위스키를 주문하려면 "야마자키 더블을 미즈와리로" 또는 "맥캘란, 원 샷, 스트레이트로" 등과 같이, ①브랜드 ②양 ③마시는 방법의 3요소를 전달하면 된다.

하프 샷의 주의점

1샷의 절반을 의미하는 「하프 샷」도 있다. 여러 위스키를 마셔보고 싶을 때는 하프 샷으로 주문하는 것이 좋을 수도 있다. 하지만 하프 샷은 어디까지나 예외적인 주문 방법으로, 가게에 따라서는 받지 않는 곳도 있다. 레스토랑에 비유하자면 요리를 절반만 만들어 내놓는 셈이기 때문이다. 어디까지나 「1샷」이 기본 단위다.

ARDBEG

STEP 3

스카치 위스키

재패니즈 위스키 등 새로운 세력의 맹추격을 받으면서도,
「위스키는 스카치」라는 확고부동한 자리를 지켜온
스카치 위스키의 대표적인 브랜드를 소개한다.

스카치 위스키의 역사

무색투명한 밀주를 오크통에 숨긴 결과…….

영국(유나이티드 킹덤)은 잉글랜드, 스코틀랜드, 북아일랜드, 웨일스라는 4개의 나라로 구성된 「연합왕국」이다. 따라서 영국을 영어로 「잉글랜드」라고 알고 있다면 크게 잘못된 것이다.

그렇다면 위스키는 어디에서 탄생했을까? 이에 대해서는 여러 가지 이야기가 있는데, 아일랜드에서 탄생했다는 이야기가 가장 유력하다. 1170년, 원정길에 아일랜드를 방문한 잉글랜드 국왕이 현지인들이 위스키 비슷한 술을 마시는 것을 보았다는 이야기가 전해진다.
「위스키」라는 이름도 옛날 아일랜드 주변에 살았던 켈트인(게일인)의 말 「생명의 물(우스게 비히, Uisge Beatha)」에서 유래된 것으로 알려져 있다.
그러나 스코틀랜드인도 그들대로 "우리야말로 위스키의 원조"라고 주장하며 전혀 양보하지 않는데, 1494년 왕실 기록에 몰트로 만든 증류주 「아쿠아 비타(Aqua Vita, 라틴어로 생명의 물이라는 뜻)」에 대한 내용이 남아 있다.
아마도 비슷한 시기에 아일랜드와 스코틀랜드에 위스키 제조법이 전해지며, 지역 고유의 술로 사랑받게 된 것 아닐까.
참고로 스코틀랜드에서는 위스키를 「WHISKY」, 아일랜드에서는 「WHISKEY」라고 쓰는데, 이는 서로가 원조 자리를 양보하지 않는 데서 비롯되었다고 한다.

영국의 역사 이야기로 돌아가 보자. 잉글랜드, 스코틀랜드, 아일랜드. 이들 이웃 국가들은 아주 오래전부터 연합하거나 독립하는 등 분쟁을 계속해왔다. 그리고 1707년 스코틀랜드와 잉글랜드 왕국이 합병하면서 「**그레이트브리튼왕국**」이 탄생하였다.
그리고 잉글랜드 정부는 스코틀랜드 위스키에 무거운 세금을 부과한다. 일설에 의하면 그때까지보다 무려 15배나 많은 세금을 부과했다고 한다.

"장난하나. 이걸 누가 받아들이겠어!"
양조업자들은 산속으로 도망쳐 몰래 술을 만들었고, 그 결과 여러 가지 변화가 일어났다.
"시골의 깨끗한 물로 만들었더니 위스키가 훨씬 더 맛있어졌어!"
"몰래 만들어서 팔다 남은 위스키를 셰리 오크통에 숨겨두었더니, 위스키가 호박색으로 물들고 맛도 순해졌어!"
사실 그때까지는 바로 만든 투명한 액체 상태의 위스키를 마셨다. 그런데 이처럼 위스키를 몰래 만들게 되면서 「오크통 숙성」이라는 과정이 새롭게 자리를 잡았다.
그리고 1801년에는 아일랜드까지 합병하여 「**그레이트브리튼 및 아일랜드 연합왕국**」이 탄생하였다.
아일랜드인이나 스코틀랜드인들 중에는 잉글랜드의 지배에서 벗어나기 위해 미국으로 건너간 사람도 있었는데, 특히 아일랜드인들은 이주한 곳에서도 위스키를 열심히 만들었고 그 덕분에 버번 위스키가 탄생하였다. 그래서 버번 위스키의 철자는 「WHISKEY」이다.
1820년대가 되자 정부는 위스키 제조를 허가제로 바꾸고 합법화하였다. 세율도 낮췄다. 밀주였던 스카치와 아이리시 위스키는 당당히 밝은 양지로 돌아왔다. 게다가 「오크통 숙성」에 의해 몇 배나 맛있어졌다.
물론 몰트 위스키여서 아직 개성이 조금 강하고 호불호가 갈리는 술이기는 했다. 하지만 1830년대에 그레인 위스키, 그리고 블렌디드 위스키가 만들어지면서 맛을 조절할 수 있게 되었고, 위스키는 전 세계에서 사랑받는 존재가 되었다.

세계 위스키의 70%가 스카치 위스키

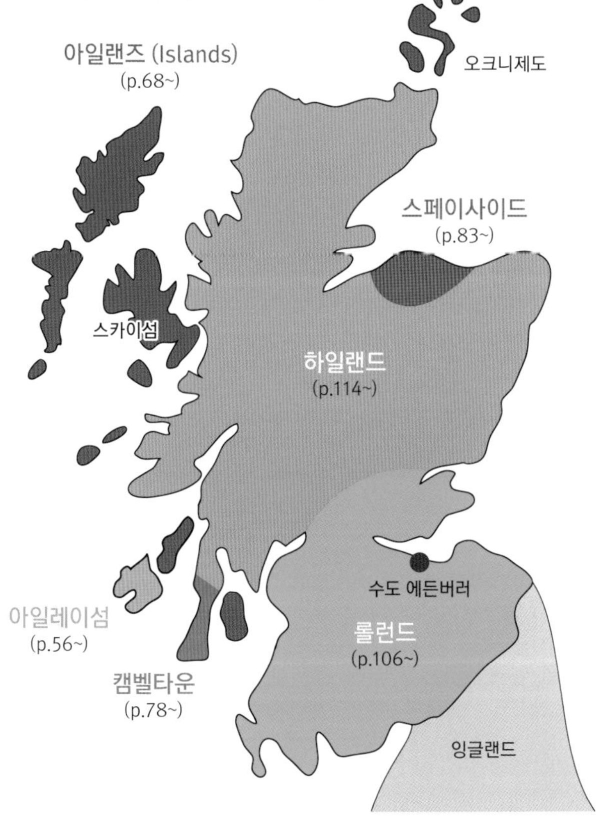

세계 5대 위스키 산지 중에서도 가장 많은 증류소와 브랜드 수를 자랑하는 스코틀랜드. 그 생산량은 전 세계의 약 70%를 차지한다. 지리적으로는 그레이트브리튼섬의 북쪽 1/3과 790개 이상의 섬들로 이루어져 있으며, 위도에 비해 기후가 그리 험하지 않아 1년 내내 지내기 좋다. 북쪽의 산악지대인 하일랜드는 빙하에 깎인 언덕과 피오르(빙하의 침식으로 생긴 골짜기에 바닷물이 들어와서 생긴 좁고 긴 만)가 얽혀 있어 북유럽과 비슷한 분위기다. 또한 황량한 습지대에는 피트라고 불리는 이탄이 쌓여 있고, 그 대지를 통과한 맑은 물, 냉랭한 기후 등 위스키 제조에 적합한 조건을 갖추고 있다.

스카치 위스키는 이 「**하일랜드**」를 필두로, 스카이섬과 오크니제도 등의 섬들을 포함한 「**아일랜즈**

하일랜드 서부의 로카버(Lochaber) 지역에 길게 뻗어 있는 그램피언(Grampian)산맥. 최고봉은 벤 네비스(Ben Nevis)산이다.

스코틀랜드 북동쪽의 오크니제도.

롤런드 지방은 완만한 저지대로 한가로운 전원 풍경이 펼쳐진다

(Islands)」, 동북부의 「**스페이사이드**」, 남부의 「**롤런드**」, 서부 아일레이섬의 「**아일레이**」, 남서부의 반도에 위치한 「**캠벨타운**」 등 6개의 주요 산지에서 생산된다.

각 산지의 증류소는 각각 독자적인 방법과 설비를 이용하여 위스키를 만들며, 거기에 지리적·기후적 조건 등이 더해진다. 그래서 어떤 위스키는 피트에서 비롯된 강렬한 스모키함이 느껴지고, 어떤 위스키는 해안가 특유의 바다 풍미가 느껴지며, 또한 어떤 위스키는 화려한 과일맛이 나는 등 하나하나의 위스키가 저마다 다른 개성을 갖고 있다. 그렇기 때문에 스카치 위스키의 싱글몰트는 매우 심오하고 끝없이 흥미로운 존재다.

대표적인 스카치

스코틀랜드의 6개 산지에서 1가지씩 선택하였다. 개성 넘치고 맛있다고 평가되는 위스키가 많은 싱글몰트 스카치이다. 구하기 쉬운 공식병입 보틀과 비교하면서 시음하면, 어느 증류소가 자신의 취향에 맞는지 쉽게 파악할 수 있다.

롤런드
Single Malt Scotch Whisky
GLENKINCHIE
12 year old

글렌킨치 12년

섬세하고 화려한 곡물과 풀꽃의 풍미

스코틀랜드 본토의 동부에 있는 던디(Dundee) 마을과 서부의 그리녹(Greenock)을 잇는 선보다 남쪽을 롤런드라고 부른다. 글렌킨치 증류소는 수도 에든버러보다 25㎞ 정도 동쪽에 있다. 원액은 조니 워커 등의 키몰트로 사용되며, 그 풍미는 섬세하고 화려하다. 풍부한 곡물, 귀여운 꽃과 풀의 뉘앙스가 느껴지는 좋은 브랜드.

하일랜드
Single Malt Scotch Whisky
CLYNELISH
aged 14 years

클라이넬리시 14년

해풍의 짭짤함을 머금은 묵직한 향과 맛

하일랜드는 동서남북에 증류소가 있어서 다양한 개성을 느낄 수 있는 지역이다. 클라이넬리시 증류소는 하일랜드 동북부에 위치한다. 맥아에서 비롯된 몰티한 단맛, 오일리한 감칠맛과 함께 바닷바람 같은 짭짤한 뉘앙스, 오렌지 등 감귤류의 풍미가 퍼져 나오고, 기분 좋은 여운이 남는다. 애호가들 사이에서도 인기가 많은 브랜드 중 하나이다.

스페이사이드
Single Malt Scotch Whisky
THE MACALLAN
SHERRY OAK CASK
12 years old

더 맥캘란 셰리 오크 캐스크 12년

화려한 풍미와 오크통에서 비롯된 뉘앙스

스코틀랜드 본토의 북쪽 하일랜드에 흐르는 스페이강 주변을 스페이사이드라고 부르는데, 화려한 풍미의 위스키 원액을 만드는 증류소가 많은 지역으로 유명하다. 그 유명한 맥캘란도 이 지역에 증류소가 있으며, 고급스럽고 화려한 특징을 지닌 스페이사이드다운 품질을 자랑한다. 셰리 오크 12년은 100% 셰리 오크통에서 숙성시킨 원액을 사용한다. 말린 베리류, 카카오, 향신료와 나무의 뉘앙스가 느껴진다.

위스키 브랜드 6

캠벨타운
Single Malt Scotch Whisky
SPRINGBANK aged 10 years

스프링뱅크 10년

과일향과 바닷물을 머금은 달콤한 위스키

스코틀랜드 남서부, 킨타이어(Kintyre)반도에는 증류소가 3개 있는데, 남단에 있는 스프링뱅크 증류소도 그중 하나다. 과일향이 나면서 다층적이고 묵직한 풍미로, 바닐라, 백도 등의 단맛, 항구도시의 증류소다운 바다 뉘앙스, 적당한 피트향이 균형 있게 조화를 이룬다. 스프링뱅크 증류소는 이밖에도 3번 증류하는 논피트 위스키 헤이즐 번(Hazel Burn)과 2번 증류하는 헤비 피트 위스키 롱로우를 만든다.

아일랜즈
Single Malt Scotch Whisky
HIGHLAND PARK 12 year old

하일랜드 파크 12년

야생화 헤더의 꿀을 머금은 피트의 향기

아일랜즈(Islands)는 스코틀랜드 본토의 서쪽 연안에 펼쳐진 섬들을 통틀어 부르는 명칭으로, 본토나 아일레이섬과 마찬가지로 매력적인 브랜드가 많이 있다. 오크니제도의 메인랜드섬에서 만드는 하일랜드 파크는 스카치를 대표하는 브랜드 중 하나로, 셰리 오크통에서 숙성한 원액에 헤더를 포함한 피트의 향이 더해진 플로럴한 풍미가 특징이다. 스카이섬의 탈리스커, 아란섬의 아란, 멀섬의 토버모리 등 다른 섬들의 스카치와 비교하면서 시음해도 좋다.

아일레이
Single Malt Scotch Whisky
LAGAVULIN 16 years old

라가불린 16년

다층적인 풍미와 피트의 임팩트

라가불린 16년은 카카오맛이 강한 초콜릿, 시나몬과 캐러멜, 바닷바람, 뿌리채소 같은 뉘앙스 등 다층적인 풍미가 특징으로, 피트향과 함께 강렬한 임팩트를 준다. 아일레이섬에는 피트향이 강한 인상적인 브랜드가 많으니, 아드벡, 라프로익, 보모어 등 같은 섬의 다른 브랜드와도 비교하며 시음하면 좋다.

공식병입 보틀로 증류소의 개성을 파악한다

주류 판매점에서 취급하는 공식병입 보틀의 싱글몰트는 증류소의 정체성을 보여준다. 증류소의 여러 오크통에서 숙성한 원액을 배팅하고, 블렌더의 감성과 기술로 동일한 품질을 유지한다. 스코틀랜드에는 130여 개의 증류소가 있으니 천천히 그 세계를 탐색해보자.

아일레이섬 독특한 스모키함과 피트향이 특징

스카치 위스키의 성지

라가불린 증류소

라가불린의 양파모양 포트 스틸. 왼쪽 2대는 1차 증류기, 오른쪽 2대는 2차 증류기.

스코틀랜드 북서쪽 바다에 줄지어 있는 헤브리디스(Hebrides)제도의 최남단에 위치한 아일레이섬. 면적 600㎢, 인구 3,500명 정도의 아담한 섬이지만, 현재 8개의 증류소가 조업을 하고 있고, 2개의 증류소가 새롭게 조업 및 출하를 준비 중이다.

이처럼 8개의 증류소와 10개 정도의 브랜드밖에 없는 아일레이섬이지만, 다른 섬들(아일랜즈)과 묶지 않고 독립적인 「아일레이」로 분류하며, 「스카치의 성지」로 불리기도 한다. 그 이유는 이곳에서 만드는 위스키가 매우 개성적인데다, 라프로익, 아드벡, 보모어 같은 유명 브랜드가 이 섬에 모여 있기 때문이다.

아드벡 증류소

아일레이 몰트의 특징인 스모키한 풍미를 만드는 피트(이탄).

아일레이섬에서 만드는 아일레이 몰트의 **가장 큰 특징은 스모키한 풍미**다. 섬의 1/4이 피트(이탄)로 덮여 있고, 이 피트를 이용하여 몰트(맥아)를 건조시키면서 특유의 스모키한 풍미가 생긴다. 요오드나 약품 냄새로 비유되는 이 향을 싫어하는 사람도 있지만, 한번 빠지면 헤어나지 못하는 피트 마니아도 많다. 다만 모든 제품이 강렬하게 스모키한 것이 아니라 라프로익과 아드벡은 강한 편이고, 부나하번과 브룩라디는 비교적 가벼우며, 보모어는 그 중간쯤이다.

스모키한 아일레이 몰트가 좋다면 한 번쯤 마셔보자

ARDBEG 아드벡

스코틀랜드 / 아일레이

싱글몰트 위스키

「아드베기안(Ardbegian)」이라는 말이 있다. 아드벡을 사랑해 마지않는 사람을 일컫는다. 그 정도로 이 아일레이 몰트는 강렬한 개성을 지녔다. 증류소가 있는 곳은 아일레이섬 남부, 대서양의 파도에 씻긴 바위가 많은 작은 곳으로, 창업 200년이 넘는 아드벡은 지금까지 여러 차례 WWA에서 세계 최고의 위스키로 선정되었다. 아일레이 몰트 중에서도 유난히 스모키하고 짭짤하며 요오드향이 강하다. 위스키 평론가 짐 머레이(Jim Murray)는 "틀림없이 지구상에서 가장 위대한 증류소. 완벽한 풍미란 이것이다"라고 평했다. 아일레이 몰트에 대해 이야기하려면 반드시 알아두어야 할 브랜드이다.

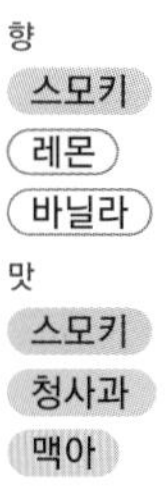

ARDBEG TEN

아드벡 10년

도수 46% **용량** 700㎖ 약 120,000원

200년 군림한 피트 위스키의 왕

역사가 기른 보이지 않는 균이 그렇게 만드는 것일까? 페놀 수치가 더 높은 피티드 위스키는 있어도, 오묘한 과일맛을 머금은 스모키한 풍미의 깊이는 아드벡 10년이 압도적이다. 몰트의 극한, 스모키·요오드의 왕도를 가다.

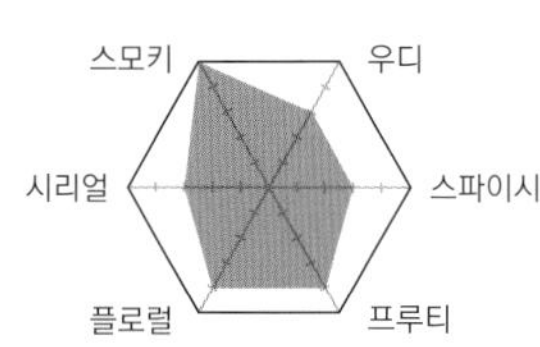

마시는 방법	
온더락	★★★★☆
미즈와리	★★★☆☆
하이볼	★★★★☆

Other Variations

ARDBEG UIGEADAIL(아드벡 우가달)

우가달은 아드벡의 원료용 물을 끌어오는 호수의 이름. 셰리 오크통 숙성에서 비롯된 따스한 단맛이 돋보인다. **도수** 54.2% **용량** 700㎖ 약 170,000원

ARDBEG CORRYVRECKAN(아드벡 코리브레칸)

프렌치 오크로 만든 새 오크통에서 숙성시킨 원액을 사용. 스파이시하고 강렬한 풍미가 매력. **도수** 57.1% **용량** 700㎖ 약 200,000원

DATA ● **증류소** 아드벡 증류소 ● **창업연도** 1815년 ● **소재지** Port Ellen, Islay, Scotland ● **소유자** 글렌모렌지사

바다향이 상쾌하고, 생굴과 최고의 마리아주

BOWMORE 보모어

스코틀랜드 / 아일레이

싱글몰트 위스키

1779년 현지에서 장사를 하던 데이비드 심슨(David Simpson)이 설립한, 아일레이에서 가장 오래된 증류소. 보모어란 게일어로 「커다란 암초」라는 뜻이다. 실제로 해변에 위치한 증류소는 암초처럼 온전히 파도를 맞고 있어, 증류소 안이 바다향으로 가득하다. 보모어에서는 예전부터 내려오는 전통적인 플로어 몰팅(Floor Malting)을 고집스럽게 지속하고 있어서, 몰트 맨(Malt Man)이라고 불리는 장인이 수작업으로 맥아를 만든다. 한편 아일레이섬은 굴산지로도 유명한데, 생굴에 보모어를 몇 방울 떨어뜨려 먹으면 정말 맛있다. 시도해보자.

BOWMORE aged 18 years

보모어 18년

도수 43% **용량** 700㎖ 약 250,000원

프루티하고 스모키한

자몽과 파파야, 망고 같은 매력적인 과일 풍미를 발산하며, 바닷바람과 파도, 해초 같은 바다 뉘앙스도 느껴진다. 풍미는 스위트와 드라이의 균형이 잘 맞고, 복잡하게 얽힌 과일 풍미와 스모키한 풍미의 하모니를 즐길 수 있다.

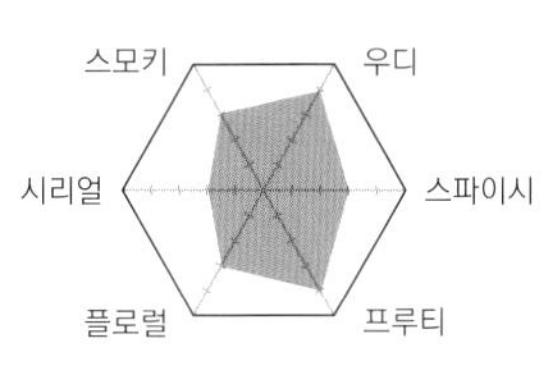

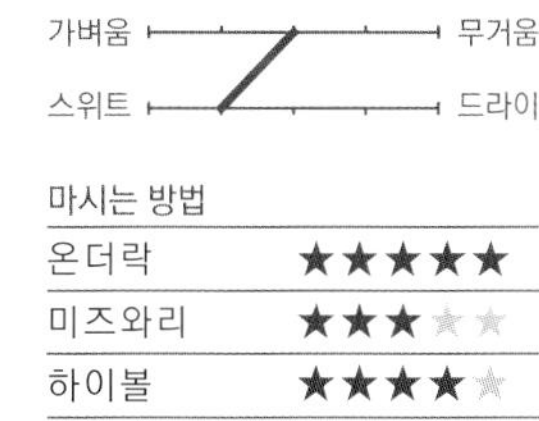

마시는 방법

온더락	★★★★★
미즈와리	★★★☆☆
하이볼	★★★★☆

Other Variations

BOWMORE aged 12 years(보모어 12년)

보모어의 스탠더드. 미디엄 바디로 다크 초콜릿을 연상시키는 감칠맛을 즐길 수 있다. **도수** 40% **용량** 700㎖ 약 100,000원

BOWMORE aged 15 years(보모어 15년)

버번 오크통에서 12년 숙성시킨 원액을 올로로소 셰리 오크통에서 3년 숙성. 우디하면서 감미로운 풍미. **도수** 43% **용량** 700㎖ 약 200,000원

DATA ● **증류소** 보모어 증류소 ● **창업연도** 1779년 ● **소재지** Bowmore, Islay, Scotland ● **소유자** 빔 산토리사

아일레이섬의 테루아를 중시하는 자세

BRUICHLADDICH 브룩라디 스코틀랜드 / 아일레이

싱글몰트 위스키

「브룩라디」는 게일어로 「해변의 언덕」이라는 뜻. 1881년에 창업했지만 1994년에 일시적으로 생산을 중단하였다. 2001년에 재개장한 뒤 여러 상을 수상하고 세계적인 인기를 누리게 된 것은, 헤드 디스틸러 짐 맥퀴안(Jim McEwan) 덕분이다. 지금도 여전히 빅토리아 왕조 시대의 증류 설비를 사용하여, 전자기기에 의존하지 않고 장인들의 손으로 직접 위스키를 만들고 있다. 와인생산자 못지않게 테루아를 중시하는 맥퀴안은, 2014년 위스키 매거진 「명예의 전당」에 이름을 올렸다.

향: 시트러스, 몰트, 바닷바람

맛: 레몬, 바닐라, 맥아

BRUICHLADDICH THE CLASSIC LADDIE

브룩라디 더 클래식 라디

도수 50% **용량** 700㎖ 약 130,000원

심혈을 기울인 논 피트

피트를 전혀 사용하지 않은 「논 피트」 위스키. 100% 스코틀랜드산 보리를 사용하며, 주로 아메리칸 오크통에서 숙성한다. 굴곡이 없는 매끄러움, 깨끗하고 신선하며 생기 넘치는 느낌, 오크와 보리의 완벽한 하모니를 느낄 수 있다. 브룩라디의 대표 상품.

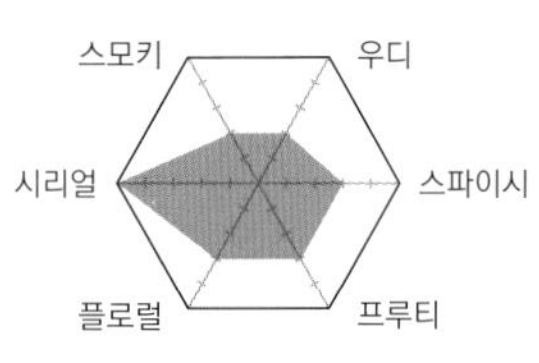

마시는 방법	
온더락	★★★★☆
미즈와리	★★★★☆
하이볼	★★★★☆

Other Variations

PORT CHARLOTTE 10(포트 샬롯 10년)
우아함과 바비큐 연기 같은 스모키함을 훌륭하게 융합시킨 주력 상품.
도수 50% **용량** 700㎖ 약 150,000원

OCTOMORE ISLAY BARLEY 12.3(옥토모어 아일레이 발리 12.3)
월등한 스모키함과 보리의 테루아를 추구. 재배지마다 다른 보리의 특징을 살렸다. **도수** 62.1% **용량** 700㎖ 약 600,000원

DATA ● **증류소** 브룩라디 증류소 ● **창업연도** 1881년 ● **소재지** Bruichladdich, Islay ● **소유자** 레미 쿠앵트로사

아일레이에서는 이색적인, 라이트 바디와 섬세한 꽃향기

BUNNAHABHAIN 부나하번 스코틀랜드 / 아일레이

싱글몰트 위스키

아일레이 몰트는 보통 피티(Peaty)하지만 부나하번은 예외다. 논피티드 맥아로 만들기 때문에, 라이트 바디에 피트향도 느껴지지 않는다. 또한 입안에 닿는 감촉도 부드러우며 마시기 편해서, 「부드러운 아일레이 위스키」로 알려져 있다. 이런 특징은 부나하번에서 사용하는 물의 수원(水源)인 마가데일 스프링(Margadale Spring) 때문이다. 증류소에서 북서쪽으로 1마일 떨어진 곳에서 솟아나는 천연수를, 피트의 영향을 받지 않도록 파이프를 이용해 증류소까지 옮긴다. 맑고 차가운 상태 그대로 사용함으로써, 부나하번만의 풍미를 실현하는 것이다. 부나하번은 게일어로 「하구(강어귀)」를 의미한다.

향: 바닷바람, 건포도, 시나몬

맛: 오렌지, 캐러멜, 초콜릿

부나하번 12년

도수 46.3% **용량** 700㎖ 약 110,000원

One Pick!

조용한 남자의 술

이 술의 너티하고 달콤한 맥아향에서는 해변의 오두막에 들어선 것 같은 향수가 느껴진다. 도시의 화려함과는 확연히 다르다. 매캐하진 않지만 바닷물의 풍미와 황설탕 같은 단맛이 있다. 혼자 있고 싶은 밤에 한 잔하기 좋은 술이다.

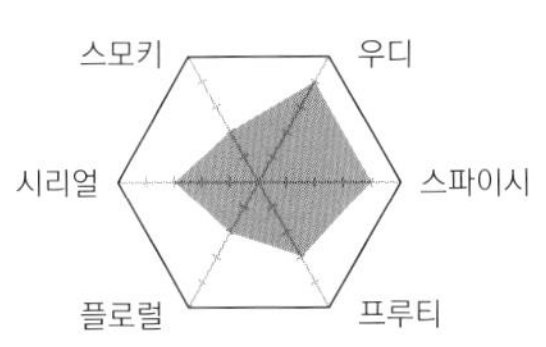

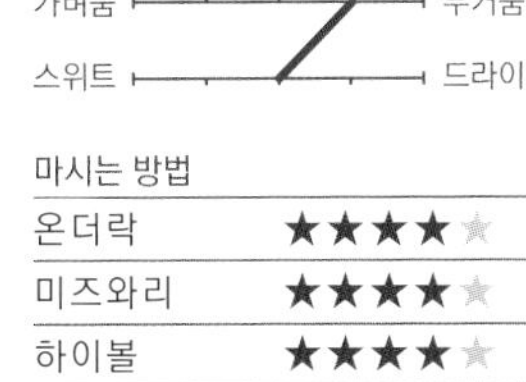

마시는 방법	
온더락	★★★★☆
미즈와리	★★★★☆
하이볼	★★★★☆

Other Variations

BUNNAHABHAIN 25 years old (부나하번 25년)
캐러멜로 만든 디저트를 방불케 하는 향기. 달콤한 베리와 크림이 녹아 있는 듯한 풍미. **도수** 46.3% **용량** 700㎖ 약 1,000,000원

DATA ● **증류소** 부나하번 증류소 ● **창업연도** 1881년 ● **소재지** Port Askaig, Islay, Scotland ● **소유자** 디스텔사

코를 관통하는 강렬한 피트향, 생선요리와 찰떡궁합

CAOL ILA 쿨일라

스코틀랜드 / 아일레이

싱글몰트 위스키

「조니 워커」에 사용되는 키몰트로도 유명한 쿨일라. 이름은 아일레이섬과 주라섬 사이에 있는 아일레이 해협(게일어로 「쿨일라」)에서 유래되었다. 맥아는 아일레이의 포트 엘런(Port Ellen)에서 제조된 것을 사용하고, 물은 근처의 남 반(Nam Ban) 호수에서 석회암을 통과하여 스며 나온 천연수를 쓴다. 풍미는 말할 수 없이 스모키하며, 허브와 견과류가 느껴지는 스파이시함도 있다. 훈제연어 등 생선요리와 궁합이 매우 좋다. 유명한 위스키 평론가 마이클 잭슨(Michael Jackson)이 자신의 저서에서 「훌륭한 식전주」라고 칭찬하였다.

CAOL ILA aged 12 years

쿨일라 12년

도수 43% **용량** 700㎖ 약 110,000원

비치 바비큐와 함께

볼륨이 있는 묵직한 맛으로, 지금은 라가불린보다 파워풀하고 스모키하다. 으깬 로스트 아몬드, 초콜릿, 러시안 커피, 소금의 풍미. 비치 바비큐에 안성맞춤이다.

향

오일리 / 레몬 / 바닷바람

맛

드라이 / 시트러스 / 스모키

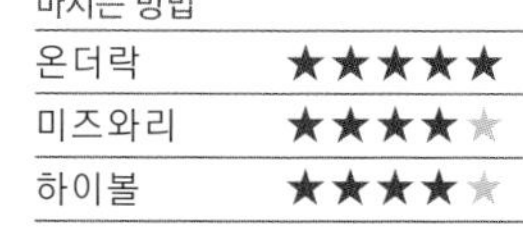

마시는 방법

온더락	★★★★★
미즈와리	★★★★☆
하이볼	★★★★☆

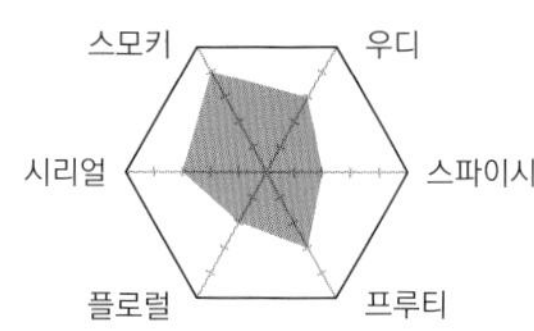

DATA ● **증류소** 쿨일라 증류소 ● **창업연도** 1846년 ● **소재지** Port Askaig, Islay, Scotland ● **소유자** 디아지오사

아일레이다움을 자부하는 새 얼굴

KILCHOMAN 킬호만

스코틀랜드 / 아일레이

싱글몰트 위스키

아일레이섬에서 124년 만에 탄생한 신흥 증류소인 킬호만은, 대기업에 속하지 않는 독립 증류소이다. 자체 밭을 소유하고 주변에서 채취한 피트를 사용하는, 19세기 아일레이섬에서는 일반적이었던 전통적인 농장 증류소를 고집하며 소량 생산한다. 페놀 수치 50ppm(25ppm이 중간 정도의 피트 레벨)의 맥아를 사용한 피트향이 매우 강한 풍미가 특징으로, 신참이지만 착실하게 「아일레이섬의 남자」라는 자아를 발산하고 있다. 그야말로 아일레이섬의 과거를 연구하여 새로운 미래를 만들어 가는 온고이지신(溫故而知新)이다. 강렬하고 타격감 있는 위스키를 찾는다면 추천한다.

KILCHOMAN MACHIR BAY

킬호만 마키어베이

도수 46% **용량** 700㎖ 약 120,000원

훅 밀려드는 피트향에 KO!

신선한 헤비 피트 맥아향 속에서 과일향과 치즈향이 살짝 나는 듯 안 나는 듯. 게다가 훈제 견과류의 여운도 느껴진다. 「탄생도 성장도 아일레이에서」라는 패기가 넘쳐흐르는 통쾌함 그 자체!

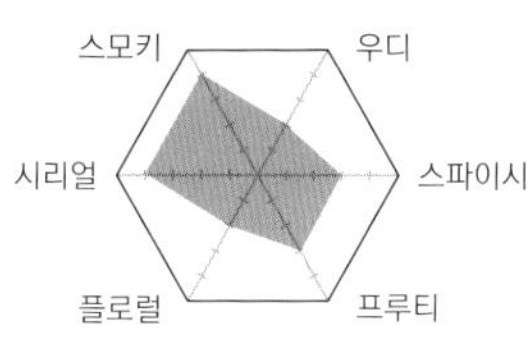

가벼움 — 무거움

스위트 — 드라이

마시는 방법	
온더락	★★★★★
미즈와리	★★★☆☆
하이볼	★★★☆☆

Other Variations

KILCHOMAN LOCH GORM(킬호만 로크 곰)

1년에 한 번 발매되는, 셰리 오크통 숙성의 한정판. 셰리 오크통 숙성과 킬호만의 궁합을 즐겨보자. **도수** 46% **용량** 700㎖ 약 250,000원

KILCHOMAN 100% ISLAY(킬호만 100% 아일레이)

보리 재배부터 병입까지 모든 과정이 아일레이에서 이루어지는, 1년에 1번 발매하는 한정품. **도수** 50% **용량** 700㎖ 약 200,000원

DATA
● **증류소** 킬호만 증류소 ● **창업연도** 2005년 ● **소재지** Rockside Farm, Bruichladdich, Islay, Scotland
● **소유자** 킬호만 디스틸러리사

스카치 싱글몰트
스카치 블렌디드
재패니즈
아이리시
아메리칸
캐나디안
기타

블루치즈와 즐기고 싶은, 아일레이 몰트의 거성

LAGAVULIN 라가불린

스코틀랜드 / 아일레이

싱글몰트 위스키

고르곤졸라 등 블루치즈에 어울리는 술이라고 하면 소테른 와인을 꼽지만, 라가불린과의 마리아주도 한 번 시도해 볼만하다. 그도 그럴 것이 라가불린 증류소에서 사용하는 보리는, 스페이사이드 지방의 대표적인 브랜드 크라간모어에 비해 20배나 되는 피트 연기를 쐰다. 또한 증류 시간은 1차 증류가 약 5시간, 2차 증류가 약 9시간 이상으로, 아일레이 몰트 중에서도 가장 길다. 그래서 라가불린은 더없이 피티하며 스모키한 동시에 순하고 감미로운 풍미를 동반하여, 맛이 진한 안주에도 전혀 지지 않는다.

향
스모키
살구
시나몬

맛
스모키
사과
뿌리채소

LAGAVULIN aged 16 years

라가불린 16년

도수 43% **용량** 700㎖ 약 200,000원

하루를 마무리할 때 어울리는 한 잔

요오드와 해초, 잡목림 같은 아로마. 카카오밀크와 스위트 초콜릿 같은 풍미. 질감은 고급스럽고 매끄럽다. 단 한 잔으로도 압도적인 숙성감과 존재감을 만끽할 수 있다. 난로 앞에서 편히 쉴 때 함께하는 위스키.

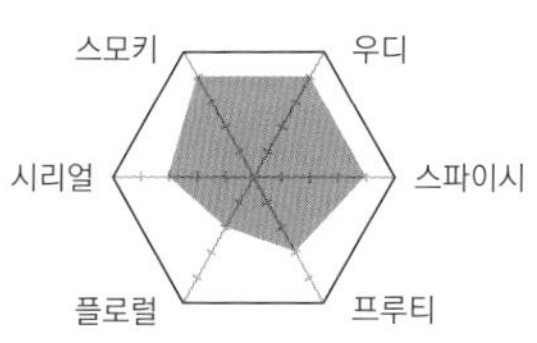

마시는 방법	
온더락	★★★★★
미즈와리	★★★☆☆
하이볼	★★★★★

Other Variations

LAGAVULIN THE DISTILLERS EDITION(라가불린 더 디스틸러스 에디션)

페드로 히메네스 오크통에서 2차 숙성을 한다. 달콤하며 관능적인 풍미가 매력.

도수 43% **용량** 700㎖ 약 200,000원

LAGAVULIN aged 12 years(라가불린 12년)

해마다 발매되는 캐스크 스트렝스(Cask Strength, 원액을 물로 희석하지 않고 바로 병입한 것). 스트레이트로 마셔도 좋지만 물을 더하면 더 고급스러운 풍미를 즐길 수 있다. **도수** 발매할 때마다 달라진다. **용량** 700㎖ 약 250,000원

DATA ● **증류소** 라가불린 증류소 ● **창업연도** 1816년 ● **소재지** Port Ellen, Islay, Scotland ● **소유자** 디아지오사

싱글몰트로는 처음으로 영국 왕실에 납품

LAPHROAIG 라프로익

스코틀랜드 / 아일레이

싱글몰트 위스키

위스키 라벨에는 스토리가 있다. 비교적 심플한 디자인의 라프로익도 마찬가지다. 라벨 윗부분의 문장(紋章)을 보자. 이 문장은 영국 왕실에 납품한다는 표시다. 라프로익은 찰스 국왕이 매우 좋아하는 위스키로, 1994년 몰트 증류소로는 처음으로 왕실 납품업자 인증을 받았다. 라프로익은 독특한 바다향과 요오드 냄새로 유명한데, 전용 이탄 둑(Peat Bank)에서 채취한 피트에는 이끼류와 헤더뿐 아니라 해초가 포함되어 있기 때문이다. 숙성에는 퍼스트필(First Fill, 여러 번 사용한 오크통을 처음 위스키에 사용하는 것) 버번 오크통만 사용하는 것도 특징이다. 은은한 달콤함은 이 오크통에서 비롯된다.

향
약품
바닐라
스모키

맛
살구
시나몬
맥아

LAPHROAIG aged 10 years

라프로익 10년

도수 43% 용량 750㎖ 약 100,000원

스모키한 풍미와 바다향

아일레이섬의 장인이 수작업으로 만든, 피트향이 스며든 맥아로 만든 싱글몰트. 향은 요오드와 해초, 훈제햄, 휘핑크림 등. 풍미는 역시 스모키한 피트, 그리고 가다랑어를 우린 국물. 여기에 겹쳐지듯이 부드러운 보리크림의 느낌이 있다. 균형감이 매우 좋은 위스키.

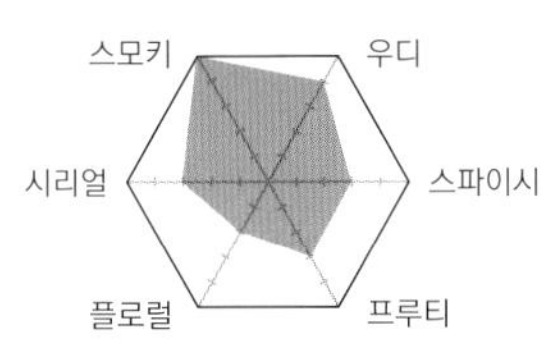

마시는 방법	
온더락	★★★★☆
미즈와리	★★★☆☆
하이볼	★★★★★

Other Variations

LAPHROAIG SELECT (라프로익 셀렉트)

셰리 오크통, 버번 오크통에서 숙성시킨 원액을 다시 아메리칸 오크통에서 추가 숙성하였다. 스모키한 향과 감미로운 풍미.

도수 40% 용량 700㎖ 약 100,000원

DATA ● **증류소** 라프로익 증류소 ● **창업연도** 1815년 ● **소재지** Port Ellen, Islay, Scotland ● **소유자** 빔 산토리사

아일레이섬이 자랑하는 환상의 위스키

PORT ELLEN 포트 엘런

스코틀랜드 / 아일레이

싱글몰트 위스키

포트 엘런 증류소는 1925년 아일레이섬에서 문을 열었지만 1929~1966년까지 폐쇄되었다. 1967년에 다시 오픈하여 높은 품질로 많은 인기를 얻었지만, 안타깝게도 1983년에 다시 폐쇄. 포트 엘런 증류소의 원액은 몇 차례 발매되어 저장 오크통이 줄어든 데다, 숙성 연수가 길어지면서 해마다 희소가치가 높아져, 지금은 「환상의 위스키」로 불린다. 「포트 엘런 40년」도 증류소 폐쇄 뒤부터 소중히 보관해온 원액을 병입한 환상의 위스키다. 현재 포트 엘런 증류소는 재가동을 준비하고 있어서, 전 세계 위스키 애호가들의 기대를 모으고 있다.

PORT ELLEN aged 40 years

포트 엘런 40년

도수 50.9% **용량** 700㎖ 약 7,700파운드

환상의 아일레이 몰트, 부활

1983년에 문을 닫은 포트 엘런의 위스키는 바닷바람이 느껴지는 환상의 아일레이 몰트이다. 매우 긴 숙성이 잡미를 없애주고, 고급스럽게 익은 과일향과 깔끔한 피트향이 바닷바람처럼 끝없이 다가온다. 마침내 부활하는 포트 엘런의 다음 번 「40년 숙성」은, 빨라도 2061년 이후에나 만날 수 있다.

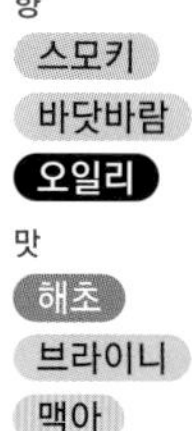

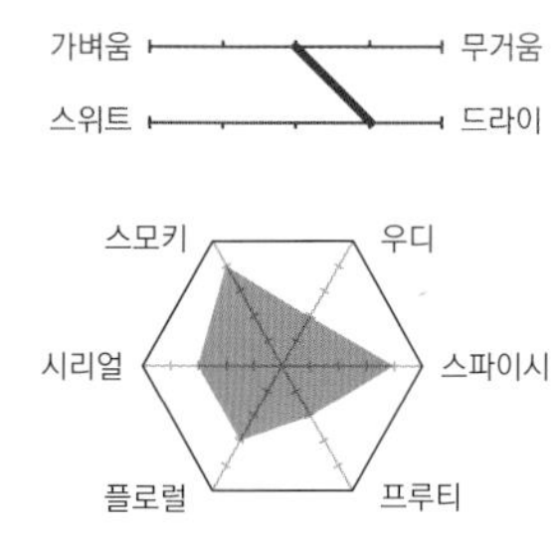

DATA ● **증류소** 포트 엘런 증류소 ● **창업연도** 1925년 ● **소재지** Port Ellen, Isle of Islay, Argyll & Bute PA42 7AJ ● **소유자** 디아지오사

명문 독립병입자가 만든 아일레이산 위스키

SCARABUS 스캐라부스

스코틀랜드 / 아일레이

싱글몰트 위스키

스코틀랜드의 독립병입자(p.216) 헌터 랭(Hunter Laing)사에서 발매하는 위스키. 증류소는 공개하지 않았지만 아일레이산 싱글몰트 위스키다. 「스캐라부스」는 「돌이 많은 장소」를 뜻하며, 아일레이의 경치가 빼어난 지역에서 따온 이름이다. 라벨에 그려진 「일조계(햇빛이 내리쬐는 시간을 기록하는 기계)」는 왕성한 호기심과 강한 탐구심을 의미한다. 라벨만 보아도 탐구심과 엄격한 기준으로 아일레이의 위대한 자연을 연구하여, 독자적인 제조법으로 탄생시킨 위스키라는 것을 알 수 있다.

SCARABUS
스캐라부스
도수 46% **용량** 700㎖ 약 41유로

인기 있는 시크릿 몰트!
하나의 카테고리로 정착한 독립병입자가 만드는, 증류소명 미공개(Undisclosed) 몰트 중 하나(시크릿 몰트라고도 한다)다.
독립병입자 브랜드 중에서도 눈에 띄는 디자인과 선명하고 강렬한 풍미로, 일약 인기 브랜드가 되었다.

향
바닷바람
바닐라
시트러스

맛
바닐라
브라이니
스모키

가벼움 — 무거움
스위트 — 드라이

스모키 / 우디 / 스파이시 / 프루티 / 플로럴 / 시리얼

DATA ● **증류소** 비공개 ● **제조원** 헌터 랭사

아일랜즈 **점점이 흩어져 있는 크고 작은 수백 개의 섬들**

스코틀랜드 주변의 섬에서는 저마다 다른 풍미와 특징의 위스키를 즐길 수 있다

스카이섬의 로크 하포트(Loch Harport)라고 불리는, 바다와 이어지는 호수 옆에 위치한 탈리스커 증류소.

험악한 해양성 기후의 스카이섬.

스코틀랜드 북동쪽부터 남서쪽에 걸쳐서, 빙 둘러싸고 있는 섬들에 위치한 증류소에서 만든 위스키를 통틀어 「아일랜즈 위스키」라고 한다. 오크니(Orkney)제도, 루이스(Lewis)섬, 멀(Mull)섬, 스카이(Skye)섬, 주라(Jura)섬, 아란(Aran)섬 등 각 섬에 증류소가 흩어져 있다. 상당히 광범위한 지역이기 때문에 그 특징을 한마디로 표현할 수는 없다. 따라서 여기서는 각 섬의 주요 특징과 브랜드(증류소)를 소개한다. 먼저 예전에는 바이킹이 지배한 것으로 알려진

오크니제도. 강풍이 부는 험난한 환경 속에서 부드러운 단맛과 희미하게 스모키한 풍미가 있는 「하일랜드 파크」, 논피트로 입에 닿는 감촉이 산뜻한 「스카파」라는 2대 브랜드가 탄생했다.

온통 피트(이탄)로 덮여 있고 깨끗한 물이 있는 **루이스섬**에서는, 신흥 증류소 「아빈 제라크」가 새로운 위스키를 생산한다.

복잡한 피오르 지형이 특징인 **멀섬**. 이곳에서 가동 중인 증류소에서는, 피트를 사용하지 않은 「토버모리」와 피트를 사용한 「레칙」이라는 2개의 브랜드를 생산한다.

기후가 자주 변하고 비가 많이 오는 북서부의 **스카이섬**. 이 섬에서 생산되는 「탈리스커」는 스모키하고 스파이시한 개성이 돋보여서, 아일랜즈 몰트 중 가장 인기가 높다.

야생 아카시아가 많이 자라는 풍부한 자연 환경을 자랑하는 **주라섬**. 200년 전통을 자랑하는 주라 증류소에서는, 피트와 논피트 2종류의 몰트 위스키를 생산한다.

헤브리디스제도 남부에 있는 주라섬.

마지막으로 아일랜즈 중에서는 기후가 온화하며, 강수량도 안정적인 남서부의 **아란섬**. 이 섬의 아란 증류소에서 만드는 위스키도 독자적인 제조법에 의한 개성적인 풍미로 유명하다.

이처럼 특징은 각기 다르지만, 아일랜즈 위스키는 섬 특유의 험난한 환경에서 만들어진, 개성이 풍부한 위스키다.

아란섬의 로크란자(Lochranza) 마을에 있는 아란 증류소.

아름다운 섬이 길러낸 맑고 깨끗한 몰트

ARRAN 아란

스코틀랜드 / 아일랜즈

싱글몰트 위스키

지금과 달리 스코틀랜드에서 위스키 산업이 별로 활발하지 않았던 약 20년 전, 새로운 증류소의 설립은 기대를 모으기도 했지만 걱정스러운 시선을 받기도 했다. 당시 아란은 당연히 지명도가 낮았고 「한참 멀었다」라는 평가를 받던 시기를 거쳐, 소량 생산에 의한 높은 품질로 호평을 받으며 착실하게 인기를 모아왔다. 맥아 본래의 자연스러운 단맛과 구수한 향에, 아일랜즈 몰트 특유의 바닷바람이 주는 스파이시함과 과일 풍미가 특징으로, 여성들에게도 추천할 만한 위스키이다. 개척자 정신과 장인 기질은 그대로 유지하면서, 2016년에는 같은 형태의 증류기를 2대 증설하였다. 창업 25주년을 넘어서며 더욱더 기대가 높아지고 있다.

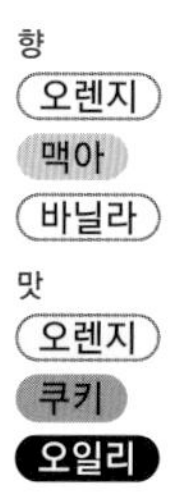

ARRAN 10 years old

아란 10년

도수 46% **용량** 700㎖ 약 120,000원

10년이 지나 꽃피운 맛

아일랜즈 몰트 중 가장 우등생. 그 진지함이 오히려 역효과를 낳아 재미없다는 평가를 받아왔으나, 감귤류를 동반한 맥아와 오크의 풍미가 10년을 넘어서며 꽃을 피웠다. 역사가 쌓이고 보유한 오크통이 늘면서, 맛이 풍부해진 좋은 예.

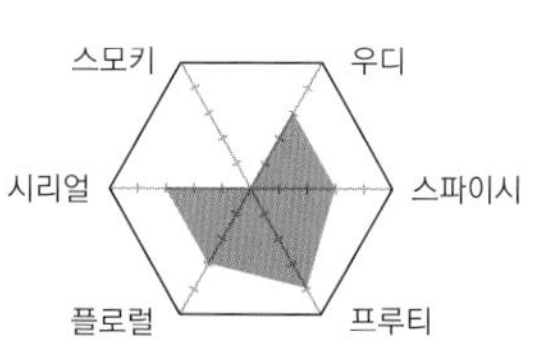

마시는 방법	
온더락	★★★★☆
미즈와리	★★★★☆
하이볼	★★★★★

Other Variations

ARRAN SHERRY CASK(아란 셰리 캐스크)

아란다운 과일 풍미와 셰리 오크통에서 비롯된 리치한 풍미가 균형감 있게 조화. **도수** 55.8% **용량** 700㎖ 약 180,000원

ARRAN QUARTER CASK(아란 쿼터 캐스크)

버번 오크통에서 7년 동안 숙성한 뒤, 125ℓ 쿼터 캐스크(작은 오크통)에서 2년 동안 추가 숙성. **도수** 56.2% **용량** 700㎖ 약 140,000원

DATA ● **증류소** 아란 증류소 ● **창업연도** 1995년 ● **소재지** Lochranza, Isle of Arran, Scotland ● **소유자** 아일 오브 아란 디스틸러스

「북쪽의 거인」. 권위자도 인정한 올라운더

HIGHLAND PARK 하일랜드 파크

스코틀랜드 / 아일랜즈

싱글몰트 위스키

일찍이 바이킹이 지배했던 오크니제도에서 가장 큰 섬인 메인랜드의 커크월(Kirkwall)에 위치한, 스코틀랜드 최북단의 증류소. 설립자는 매그너스 언손(Magnus Eunson)이라고 하는, 본업은 교회 장로인 밀주업자이다. 무거운 세금을 피하기 위해 위스키를 설교단 아래에 숨겼다는 일화도 있다. 하일랜드 파크의 맛은 위스키 평론가 마이클 잭슨이 "모든 위스키 중 최고의 올라운더이며 매우 뛰어난 식후주"라고 평가했듯이, 맥아의 풍미와 스모키한 아로마, 순하고 여운이 긴 몰트 등 전통적인 몰트 위스키의 요소가 응축되어 있다.

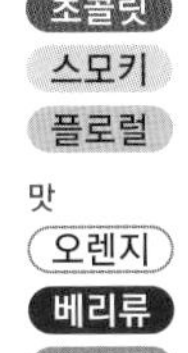

HIGHLAND PARK 18 year old

하일랜드 파크 18년

도수 43% **용량** 700㎖ 약 250,000원

압도되는 장대한 스케일

「진격」의 거인. 최근 보틀을 리뉴얼하며 과일향이 화려해진 느낌이다. 인류를 제압하기 위한 진보일까? 꽃부터 열매, 그리고 뿌리까지 느껴지는 스케일이 큰 풍미는 「북쪽의 거인」이라는 호칭을 받을 만하다.

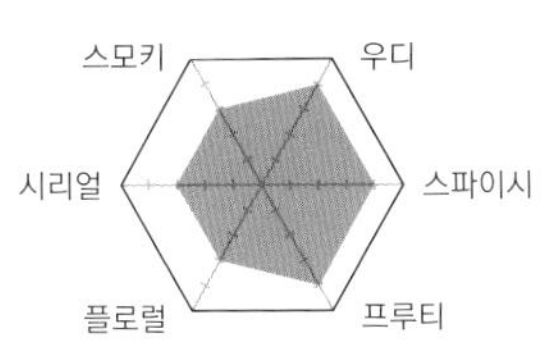

마시는 방법	
온더락	★★★★★
미즈와리	★★★★☆
하이볼	★★★★★

Other Variations

HIGHLAND PARK 12 year old (하일랜드 파크 12년)

식사와 함께 하이볼이든 미즈와리든 좋아하는 방법으로 즐길 수 있는 하일랜드 파크의 입문편. **도수** 40% **용량** 700㎖ 약 100,000원

HIGHLAND PARK VALKNUT(하일랜드 파크 발크넛)

단맛과 클로브에 더하여 아니스 열매처럼 톡 쏘는 강한 풍미. 균형감과 대담함도 느껴진다. **도수** 46.8% **용량** 700㎖ 약 120,000원

DATA ● **증류소** 하일랜드 파크 증류소 ● **창업연도** 1798년 ● **소재지** Kirkwall, Orkney, Scotland ● **소유자** 에드링턴 그룹

사슴의 섬이 낳은 깨끗한 풍미

JURA 주라

스코틀랜드 / 아일랜즈

싱글몰트 위스키

주라섬은 아일레이섬 북동쪽에 있는 가늘고 긴 섬으로, 인구는 200명인데 비해 사슴이 5천여 마리나 살고 있다(주라는 바이킹 언어로 「사슴의 섬」이라는 뜻). 이렇게 자연이 살아 있는 섬에서 유일하게 위스키를 만들고 있는 곳이 아일 오브 주라 증류소이다. 논피티드 맥아와 피티드 맥아를 각각 사용하여, 스모키의 강약을 조절한 여러 종류의 제품을 병입한다. 아래 소개한 「ORIGIN(주라 10년)」 외에 「SUPERSTITION」과 「DIURACHS' OWN」이 판매되고 있다. 2014년에 필리핀의 대형 주류회사 엠페라도(Emperador)가 매수하였다.

향
- 맥아
- 바닐라
- 오렌지

맛
- 살구
- 오일리
- 넛츠

JURA aged 10 years
주라 10년

도수 40% **용량** 700㎖ 약 70,000원

세련되지 못한 느낌은 사라지고 깔끔해진

파인애플과 망고의 중간 정도 되는 과일향. 시간이 지나면 희미한 쌀겨의 향. 혀에 닿는 감촉은 오일리하다. 살짝 토스트한 보리 느낌과 갱엿(Barley Sugar), 바닷물의 짠맛도 느껴진다. 예전에 비해 세련되지 못한 느낌은 사라졌다.

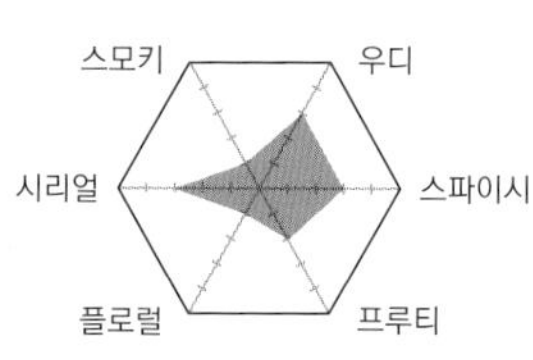

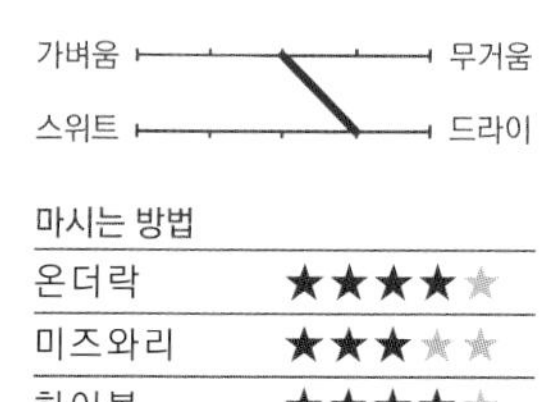

마시는 방법	
온더락	★★★★☆
미즈와리	★★★☆☆
하이볼	★★★★☆

Other Variations

JURA aged 18 years (주라 18년)

아메리칸 화이트 오크통에서 18년 숙성한 뒤, 그랑 크뤼 등급의 보르도 오크통에서 추가 숙성. 비터 초콜릿과 생강의 풍미가 있다.

도수 40% **용량** 700㎖ 약 180,000원

DATA ● **증류소** 주라 증류소 ● **창업연도** 1810년 ● **소재지** Craighouse Isle of Jura, Scotland ● **소유자** 엠페라도사

닭꼬치의 맛을 살려주는, 한때 스카이섬의 온리 원

TALISKER 탈리스커

스코틀랜드 / 아일랜즈

싱글몰트 위스키

「미스트 아일랜드」라고 불릴 정도로 안개가 많이 발생하는 스카이섬의 증류소. 물은 증류소 옆에 있는 호크 힐(Hawk Hill)의 지하수원에서 공급받는다. 미네랄과 피트가 풍부한 이 물이 탈리스커의 풍미를 강렬하고 따스하게 만들어준다. 창업 당시에는 3번 증류했지만 1928년 이후에는 2번 증류로 전환. 특이한 점은 포트 스틸의 형태이다. 1차 증류기에 퓨리파이어(Purifier)라는 옛날 방식의 정류기를 설치하여, 증류 초기에 나오는 알코올을 증류기로 환류시킨다. 이렇게 함으로써 스파이시한 풍미를 실현한다. 매콤달콤한 소스와 궁합이 잘 맞아서 닭꼬치의 짝궁으로 안성맞춤이다.

TALISKER STORM

탈리스커 스톰

도수 45.8% **용량** 700㎖ 약 100,000원

따끔따끔한 자극이 기분 좋다

검은 후추를 씹는 것처럼 까슬까슬한 감칠맛과 자극을 만끽할 수 있다. 헤비 피트, 바닷물, 요오드의 아로마. 이와 대조적으로 풍미에서는 바닐라를 두른 달콤함이 느껴진다. 숯불과 커피 원두 같은 풍미도 있다.

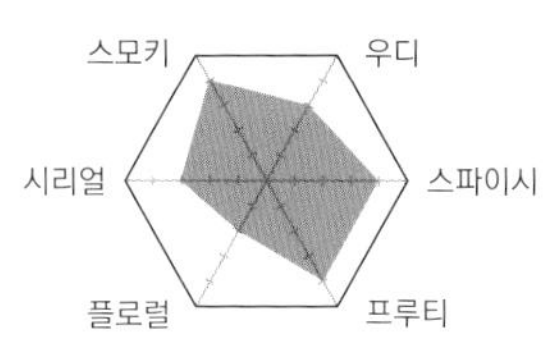

가벼움 ─ 무거움

스위트 ─ 드라이

마시는 방법	
온더락	★★★★☆
미즈와리	★★★☆☆
하이볼	★★★★☆

Other Variations

TALISKER aged 10 years (탈리스커 10년)

피트와 바닷물의 강렬한 향과 스모키한 단맛을 즐길 수 있다. 폭발적이라고 할 수 있는 풍미가 매력적인 위스키. **도수** 45.8% **용량** 700㎖ 약 90,000원

TALISKER aged 18 years (탈리스커 18년)

연간 생산량이 한정적이지만, 처음 대표 상품으로 발매된 장기 숙성 싱글몰트 위스키. **도수** 45.8% **용량** 700㎖ 약 400,000원

DATA ● **증류소** 탈리스커 증류소 ● **창업연도** 1830년 ● **소재지** Carbost, Isle of Skye, Scotland ● **소유자** 디아지오사

바닐라크림처럼 달콤하고 꽃처럼 향기로운

SCAPA 스카파

스코틀랜드 / 아일랜즈

싱글몰트 위스키

스카파 증류소는 스코틀랜드 북해에 위치한 오크니제도에서 가장 큰 섬인 메인랜드에 있다. 스코틀랜드 최북단 지역에 있는 증류소 중 하나. 위스키에 익숙하지 않은 여성에게 처음 위스키를 권한다면, 스카파를 추천한다. 논피티드 맥아를 사용하기 때문에 크게 거슬리는 느낌이 없다. 요즘은 거의 보기 힘든 땅딸막한 모양의 로몬드 스틸(Lomond Stills)을 1차 증류기로 사용한다. 걸쭉한 증류액을 버번 오크통에서 숙성시키면, 바닐라크림 같은 달콤함과 꽃 같은 향이 감돌고, 입안에 머금으면 마치 디저트를 맛보는 듯한 느낌이다.

향
맥아
오렌지
민트

맛
오일리
살구
맥아

SCAPA SKIREN
스카파 스키렌
도수 40% **용량** 700㎖ 약 60유로

One Pick!

퍼스트필 캐스크에서 비롯된 리치한 향과 맛
꽃향기, 은은한 바닷물의 터치, 부드러운 보리의 단맛에서 바닐라 시럽을 넣은 허니레몬티의 풍미가 느껴진다. 여운은 오크의 기분 좋은 복잡함이 남는다. 퍼스트필 버번 캐스크에서 비롯된 리치한 풍미가 인상적인 위스키.

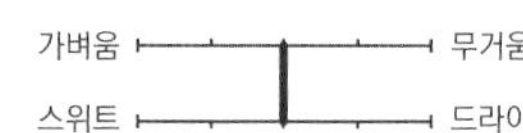

마시는 방법	
온더락	★★★★★
미즈와리	★★★☆☆
하이볼	★★★★☆

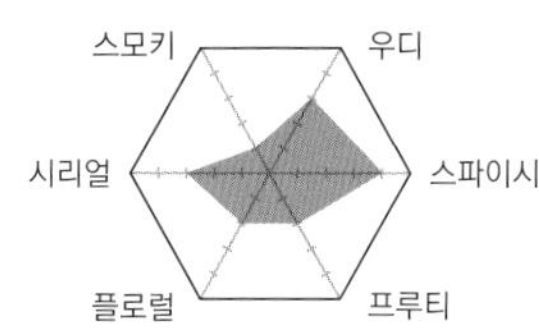

DATA ● **증류소** 스카파 증류소 ● **창업연도** 1885년 ● **소재지** Kirkwall, Orkney, Scotland ● **제조원** 스카파 디스틸러리

아일랜즈의 개성을 간직한 2가지 몰트 중 하나

TOBERMORY 토버모리

스코틀랜드 / 아일랜즈

싱글몰트 위스키

주라섬과 스카이섬 중간에 위치하며 리조트로도 유명한, 멀섬에 있는 유일한 증류소다. 수많은 고난을 극복하고 1990년대에 조업을 재개했다. 논피트 맥아로 만든 「토버모리」와 피트 맥아로 만든 「레칙」을 생산한다.

Tobermory aged 12 years

토버모리 12년

도수 46.3% **용량** 700㎖ 약 90,000원

2019년 초에 토버모리 증류소가 새로운 주력 상품으로 판매를 개시한 싱글몰트 위스키. 프루티하고 스파이시한 풍미에, 희미한 바다향이 느껴진다.

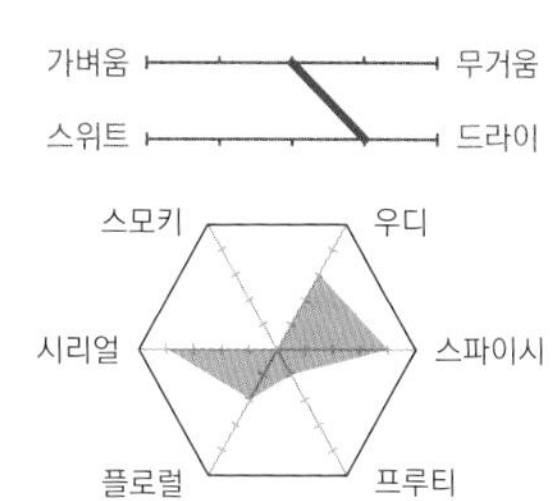

DATA ● **증류소** 토버모리 증류소 ● **창업연도** 1798년 ● **소재지** Tobermory Isle of Mull, Scotland ● **소유자** 번 스튜어트사

위스키 애호가들을 감탄시킨 개성파의 풍미

LEDAIG 레칙

스코틀랜드 / 아일랜즈

싱글몰트 위스키

멀섬의 토버모리 증류소에서 만드는 또 하나의 브랜드 「레칙」. 논피트의 자매품 「토버모리」와는 또 다르게, 아일랜즈 몰트다운 단맛과 농후한 감칠맛, 그리고 개성 넘치는 스모크향이 퍼져 나와, 애호가들이 좋아하는 풍미를 즐길 수 있다.

LEDAIG aged 10 years

레칙 10년

도수 46.3% **용량** 700㎖ 약 130,000원

해안가 모닥불, 연기 뒤로 감귤류의 흔적, 달콤한 허브, 축축한 흙과 풀의 뉘앙스를 동반한 드라이한 곡물 느낌이 이어지다가, 생강과 클로브의 스파이시함이 느껴진다. 드라이하고 몰티한 분위기, 개성 강한 피트향이 인상적.

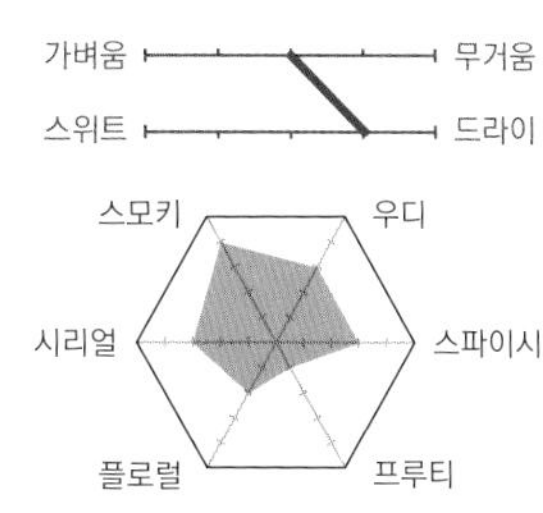

DATA ● **증류소** 토버모리 증류소 ● **창업연도** 1798년 ● **소재지** Tobermory Isle of Mull, Scotland ● **소유자** 번 스튜어트사

물이 결정적 역할을 하는 「품질 지상주의」

ISLE OF RAASAY 아일 오브 라세이

스코틀랜드 / 아일랜즈

싱글몰트 위스키

스코틀랜드의 서해안에 위치한 헤브리디스제도의 라세이섬에서 가동 중인 유일한 증류소. 화산암과 쥐라기의 사암으로 여과된 물에는 미네랄이 풍부한데, 이 물을 모든 과정에 사용함으로써 과일향이 나고 독특한 단맛이 있는 풍미가 탄생한다.

ISLE OF RAASAY HEBRIDEAN SINGLE MALT R-01

아일 오브 라세이 헤브리디언 싱글몰트 R-01

도수 46.4% **용량** 700㎖ 약 65유로

요오드, 피트, 해초의 향. 3년 숙성치고는 새로운 스피릿의 느낌이 거슬리지 않는다. 피티한 풍미에, 와인 오크통의 가벼운 달콤함이 퍼진다. 지금은 맛이 고르지 않지만, 오크통에서 숙성되면서 다듬어질 것으로 보여 앞으로가 기대된다.

DATA
● **증류소** 아일 오브 라세이 증류소 ● **창업연도** 2015년(위스키 제조는 2017년 9월부터)
● **소재지** Isle of Raasay, Kyle IV40 8PB, Scotland ● **소유자** R & B 디스틸러스 LTD

항구를 내려다보는 고지대에 위치한, 스카이섬 제2의 증류소

TORABHAIG 토라베이그

스코틀랜드 / 아일랜즈

싱글몰트 위스키

향
바닷바람
사과
맥아

맛
후추
스모키
시트러스

2017년, 탈리스커 증류소가 있는 스카이섬에 약 200년 만에 신설된 증류소. 토라베이그란 게일어로 「항구를 내려다보는 고지대」를 뜻하는데, 실제로 그런 환경에서 피티드 맥아를 사용한 싱글몰트를 만든다.

TORABHAIG 2017 THE LEGACY SERIES FIRST RELEASE

토라베이그 2017 더 레거시 시리즈 퍼스트 릴리스

도수 46% **용량** 700㎖ 약 250유로

투명감 있는 향기, 바다 공기, 생강과 후추의 스파이시함, 상쾌한 시트러스향과 오일리함, 깊숙이 몰티한 향이 흐른다. 피트의 풍미와 부드러운 과일의 단맛이 인상적.

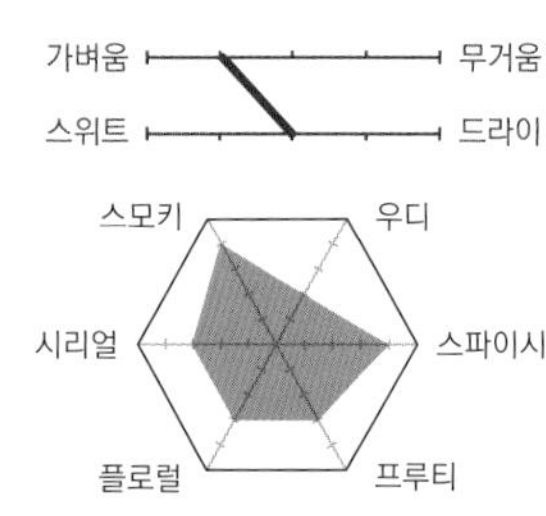

DATA
● **증류소** 토라베이그 증류소 ● **창업연도** 2017년 ● **소재지** Teangue Sleat, Isle of Skye, Highland IV44 8RE
● **소유자** 하이든 홀딩(모스번 디스틸러스사)

아우터 헤브리디스 유일의, 만나기 힘든 풍미

ABHAINN DEARG 아빈 제라크

스코틀랜드 / 아일랜즈

싱글몰트 위스키

2008년, 헤브리디스제도의 루이스섬에서 약 170년 만에 탄생한 아빈 제라크 증류소는, 스코틀랜드 가장 서쪽에 있는 아우터 헤브리디스(Outer Hebrides)의 유일한 증류소다. 2011년 이 지역에서 처음 합법적으로 싱글몰트를 제조한 것으로 알려져 있는데, 밀주 시대의 전통인 「힐 스틸(Hill Still)」이라 불리는 특수한 증류기를 사용하여 증류한다. 또한 원료인 보리는 전부 루이스섬에서 재배한 것이며, 그중 20%는 직접 재배하여 플로어 몰팅(Floor Malting)한 것을 사용한다. 연간 생산량 2~3만ℓ의 귀하고 개성적인 풍미를 즐겨보자.

ABHAINN DEARG
SINGLE MALT WHISKY
아빈 제라크 싱글몰트 위스키
도수 46% **용량** 500mℓ 약 62유로

젊은 브랜드지만 인기 있는 기대주
여러 오크통의 원액을 배팅하여 맛을 만든 느낌은 들지 않고, 숙성이 끝난 순서대로 병입한 것 같다고 표현하는 사람도 있다. 아직 젊고 유통량도 매우 한정된 위스키. 개성적이지만 높은 평가를 받고 있어서 앞으로가 기대된다.

마시는 방법	
온더락	★★★★☆
미즈와리	★★★★☆
하이볼	★★★★★

DATA ● **증류소** 아빈 제라크 증류소 ● **창업연도** 2008년 ● **소재지** Carnish, Isle of Lewis HS2 9EX ● **소유자** 마크 테이번

캠벨타운 현재는 3개의 증류소가 가동

스코틀랜드에서 가장 작은 위스키 산지

캠벨타운의 시가지

스프링뱅크 증류소

스프링뱅크 증류소에는 스프링뱅크, 롱 로우, 헤이즐 번이라는 3가지 몰트가 있다.

캠벨타운은 스코틀랜드 남서부, 주라섬과 아란섬 사이의 킨타이어(Kintyre) 반도에 있는 도시다. 이 부근은 아가일(Argyle) 지방이라고 불리는데, 스웨터 등의 체크무늬로 유명한 아가일도 여기에서 유래된 이름이다. 주변에서 위스키의 원료인 보리와 양질의 수원을 확보할 수 있었기 때문에, 캠벨타운은 19~20세기 전반에 걸쳐 몰트 위스키 산지로 번성하였다. 가장 번성했던 시기에는 30개 이상의 증류소가 있었지만, 1930년대에 미국에서 금주법이 폐지되면서 쇠퇴의 길로 접어들어, 지금은 매우 적은 수의 증류소만 남아 있다.

현재 캠벨타운에서 조업 중인 증류소는 스프링뱅크, 글렌 스코시아, 글렌가일의 3곳이다. 1828년에 창업한 스프링뱅크 증류소는 전통적인 플로어 몰팅으로 직접 만든 몰트를 사용하며, 「몰트 향수」라고 불리는 감귤류향이 풍부한 스프링뱅크와, 다케쓰루 마사타카(일본 위스키의 아버지)가 위스키 제조 기술을 배운 곳으로 유명한 헤이즐 번 증류소의 이름을 딴 위스키 등을 만든다. 글렌 스코시아는 구수한 단맛에 캠벨타운 몰트다운 짠맛 나는 풍미가 특징이다. 그리고 2004년, 80년 만에 부활한 글렌가일 증류소에서는 스프링뱅크에서 직접 만든 몰트를 사용하여, 향기롭고 다채로우며 복잡한 풍미를 즐길 수 있는 킬커란을 만든다.

이들 위스키의 공통적인 특징은 **「브라이니(Briny)」라고 불리는, 항구 도시에서 만든 위스키 특유의 짠맛. 게다가 향이 매우 풍부하고 피트향도 아일레이 몰트만큼 강하지 않기 때문에**, 위스키 초보자도 쉽게 접근할 수 있다.

매우 희소성이 높은 캠벨타운 몰트

GLEN SCOTIA 글렌 스코시아

스코틀랜드 / 캠벨타운

싱글몰트 위스키

일찍이 캠벨타운은 보리 재배가 활발하고 해운업도 발달하여 위스키 산업의 중심지가 되었고, 30개 이상의 증류소가 번성하며 「위스키의 수도」라고 불렸지만, 제2차 세계대전 뒤까지 살아남은 곳은 스프링뱅크(p.82)와 글렌 스코시아뿐이다. 조금 전문적인 이야기지만, 글렌 스코시아 증류소의 발효조에는 독특하게 코르텐 스틸(Corten Steel)이라는 특수합금이 사용되었다. 이 강철은 녹이나 부식에 강한 금속인데, 대부분 오크나 스테인리스를 사용하는 요즘 매우 보기 드문 경우이다.

향
맥아
오렌지
스모키

맛
오일리
클로브
드라이

GLEN SCOTIA CAMPBELTOWN HARBOUR

글렌 스코시아 캠벨타운 하버

도수 40% **용량** 700㎖ 약 120,000원

일본요리에 어울리는 감칠맛!

박하, 삼나무, 레몬의 향. 시간이 지나면서 바닷물, 피트, 해산물을 우린 국물 냄새가 난다. 맛은 그을린 대나무, 복어 지느러미를 넣어 데운 술, 희미하게 오렌지필. 감칠맛이 있어서 일본요리에 하이볼로 곁들여도 어울린다.

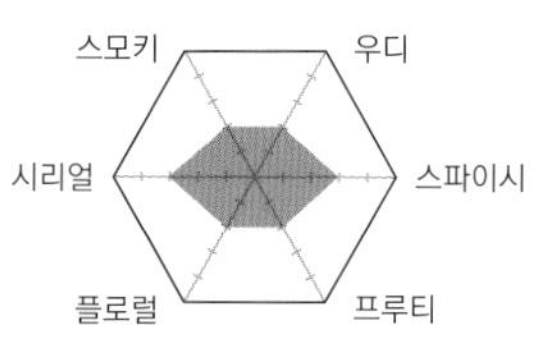

마시는 방법	
온더락	★★★★☆
미즈와리	★★★★☆
하이볼	★★★☆☆

Other Variations

GLEN SCOTIA aged 18 years (글렌 스코시아 18년)

버번 캐스크 숙성 후 올로로소 셰리 캐스크에서 1년 동안 추가 숙성하여, 특징인 달콤하고 스파이시한 맛에 화려한 셰리향을 더했다.

도수 46% **용량** 700㎖ 약 300,000원

DATA
● **증류소** 글렌 스코시아 증류소 ● **창업연도** 1832년 ● **소재지** Campbelltown, Argyll, Scotland
● **소유자** 힐하우스 캐피털 매니지먼트사

스프링뱅크의 자매 증류소

KILKERRAN 킬커란

스코틀랜드 / 캠벨타운

싱글몰트 위스키

1925년에 폐쇄된 증류소 부지 안에 새로운 증류소를 설립. 캠벨타운에 새로운 증류소가 생긴 것은 125년 만이다. 증류소 이름인 글렌가일은 이미 타사 브랜드로 등록되었기 때문에, 상품은 「킬커란」이라는 이름으로 발매되었다. p.82의 스프링뱅크 증류소에서 플로어 몰팅(수분을 머금은 보리를 바닥에 펼쳐놓고 발아를 촉진시키는 것)한 맥아를 사용하기 때문에, 「스프링뱅크」와 비교하면서 시음하면 재미있다.

향
스모키
맥아
시트러스

맛
꿀
사과
맥아

KILKERRAN aged 12 years

킬커란 12년

도수 46% **용량** 700㎖ 약 200,000원

One Pick!

인기척 없는 증류소 분위기

1년에 3개월 정도밖에 가동하지 않는 증류소에서 만든, 이 한정 생산 몰트는 바닷물을 머금은 피티한 풍미, 감귤류 껍질, 흰 후추 계열의 풍미가 뚜렷하며, 기교를 부리지 않는 스타일은 해를 거듭할수록 더 확고해지고 있다.

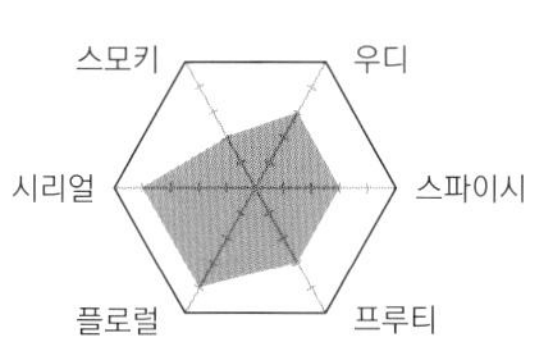

마시는 방법	
온더락	★★★★☆
미즈와리	★★★★☆
하이볼	★★★★☆

Other Variations

KILKERRAN 8 years old CASK STRENGTH(킬커란 8년 캐스크 스트랭스)
잼이나 과일 같은 촉촉함에 부드러운 스모크향이 균형 있게 조화를 이룬다.

도수 56.9% **용량** 700㎖ 약 136파운드

DATA ● **증류소** 미첼 글렌가일 증류소 ● **창업연도** 2004년 ● **소재지** Bolgam Street, Campbelltown, Scotland ● **소유자** J & A 미첼사

「싱글몰트 향수」라고 불리는 화려한 향기

SPRINGBANK 스프링뱅크

스코틀랜드 / 캠벨타운

싱글몰트 위스키

캠벨타운 몰트 특유의 바다 분위기가 느껴지면서, 프루티하고 스파이시하며 달콤하고 향긋한 향이 피어오른다. 「싱글몰트 향수」라고 불리는 이유다. 창업 직후부터 현재에 이르기까지 미첼 가문이 독립적으로 경영하고 있으며, 맥아 제조부터 병입까지 같은 부지에서 실시하는 스코틀랜드 유일의 증류소다. 또한 이 증류소에서는 스프링뱅크 외에 「헤이즐 번」과 「롱 로우」까지 모두 3종류의 싱글몰트를 생산한다. 캠벨타운 몰트의 간판을 책임지는 자부심과 긍지를 느껴보자.

향
스모키
카카오
꿀

맛
베리류
플로럴
견과류

SPRINGBANK aged 18 years

스프링뱅크 18년
도수 46% **용량** 700㎖ 약 900,000원

One Pick!

숙성의 깊이, 유일무이한 풍미

리치하고 프루티한 풍미, 그리고 희미한 짠맛이 매력인 스프링뱅크. 18년은 셰리 오크통에서 숙성한 원액을 아낌없이 사용하여, 더 깊이 있는 풍미로 완성되었다. 호화로운 이 한잔을 천천히 음미하면서 즐겨보자.

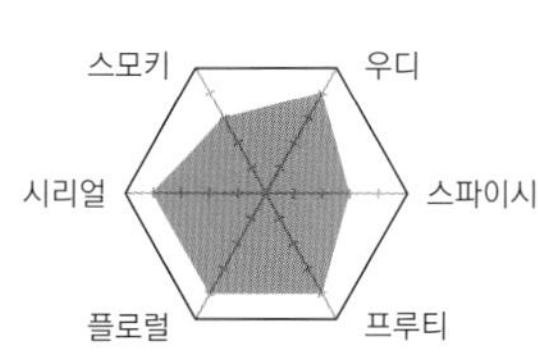

마시는 방법	
온더락	★★★★★
미즈와리	★★★★☆
하이볼	★★★★☆

Other Variations

SPRINGBANK aged 10 years (스프링뱅크 10년)
싱글몰트 중 가장 짜다고 평가되는 위스키. 서양배, 바닐라 등의 향이 있다. **도수** 46% **용량** 700㎖ 약 300,000원

SPRINGBANK aged 15 years (스프링뱅크 15년)
대부분 셰리 오크통에서 숙성된 원액을 사용한다. 식후주로 또는 시가(cigar)와 함께 마시면 잘 어울리는, 다크 초콜릿의 그윽한 향기. **도수** 46% **용량** 700㎖ 약 500,000원

DATA ● **증류소** 스프링뱅크 증류소 ● **창업연도** 1828년 ● **소재지** Longlow, Campbelltown, Argyll, Scotland ● **소유자** J&A 미첼사

스페이사이드 오래전 밀주업자가 숨어 살던 마을

현재는 몰트 위스키의 주요 생산지

스페이강 유역에는 많은 증류소가 밀집되어 있다.

더프타운에서 가장 오랜 역사를 자랑하는 몰트락 증류소.

스코틀랜드 하일랜드 지방 동쪽을 흐르는 스페이(Spey)강과 데브론(Deveron)강, 로시(Lossie)강 유역을 「스페이사이드」라고 부른다. 면적은 약 2,000㎢인데, 비교적 좁은 이 지역에 스코틀랜드 전체 증류소의 절반에 가까운 50개 이상이 밀집되어 있다.

스페이사이드가 위스키 산업의 성지가 된 이유는 예로부터 위스키의 원료인 보리의 생산지였고, 그램피언(Grampian)산맥에서 흘러내린 양질의 지하수가 풍부하며, 서늘하면서 적당히 습기도 있는 기후가 위스키 저장 및 숙성에 최적이기 때문이다. 그에 더하여 역사적인 배경도 크게 기여하였다. 일찍이 잉글랜드 정부가 위스키에 가혹한 세금을 부과하자, 스페이사이드 지역의 주민들은 이를 피해 몰래 밀주를 제조한 역사가 있다. 험준한 산맥으로 가로막힌 북동쪽의 벽지인 이 지역은, 지

더프타운에 위치한 글렌피딕 증류소.

리적으로도 밀주를 만들기에 적합했기 때문이다. 그런 이유로 예전에는 1,000개 이상의 증류소가 있었다고 한다.

스페이사이드의 증류소는 포레스(Forres), 엘긴(Elgin), 키스(Keith), 버키(Buckie), 로시스(Rothes), 더프타운(Dufftown), 리벳(Livet), 스페이강 중하류 지역 등 8개 지역에 분산되어 있으며, 더 맥캘란, 글렌리벳, 글렌피딕, 글렌 엘긴, 몰트락 등 세계적으로 이름이 알려진 증류소가 북적거리고 있다. 스모키하고 강렬한 아일레이 몰트에 비해 스페이사이드 몰트는, **전체적으로 화려하며 우아한 향과 풍미가 특징이다. 입안에 닿는 감촉도 부드럽고 달콤**해서 남녀노소를 불문하고 마시기 편하다. 또한 블렌디드 위스키의 키몰트로도 인기가 높다.

소규모 생산의 장점을 살린 스타일

BENROMACH 벤로막

스코틀랜드 / 스페이사이드
포레스

싱글몰트 위스키

일시적으로 제조를 중단했었지만 오래된 독립병입자 중 하나인 고든 & 맥페일(Gordon & Macphail) 사에 인수된 뒤, 1998년 찰스 황태자의 공식 입회 아래 화려하게 생산을 재개했다. 원래는 생산을 담당하는 사람이 2명밖에 안 되던, 스페이사이드에서 가장 작은 증류소다. 위스키 업계에서는 많이 사용하지 않는, 각 배치(Batch, 한 번에 만들어내는 양)의 일부를 다음 배치에 섞는 「솔레라(Solera) 방식」으로 위스키를 생산하여, 품질과 맛을 일정하게 유지한다. 소규모 생산의 이점을 잘 살리면서, 알맞은 피트향 등 개성적인 풍미로 인기를 끌고 있다.

향
스모키
오렌지
맥아

맛
시트러스
바닐라
맥아

BENROMACH aged 10 years
벤로막 10년
도수 43% **용량** 700㎖ 약 70,000원

예전에 느꼈던 감동을 지금 다시! 회고주의자
하일랜드산 피트의 향과 시골 보리의 풍미, 생강 같은 찌릿찌릿한 여운. 피트 연기가 스며든, 옛 스페이사이드 위스키의 부활을 내세운 풍미를 꼭 한번 느껴보자.

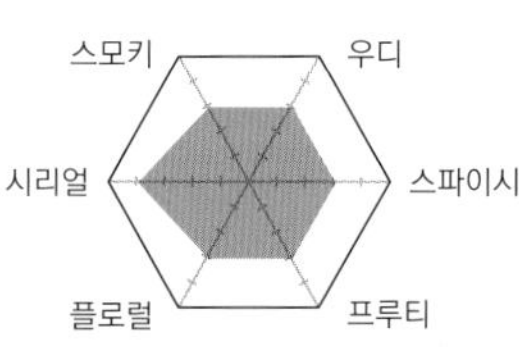

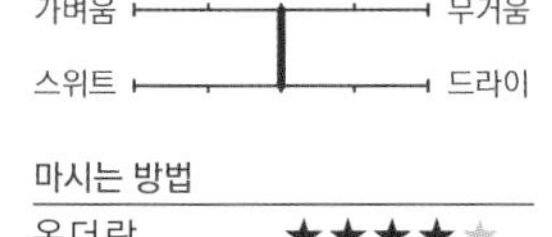

마시는 방법	
온더락	★★★★☆
미즈와리	★★★☆☆
하이볼	★★★★☆

Other Variations

BENROMACH aged 15 years (벤로막 15년)
차링한 오크통의 섬세한 스모크 느낌과 물기 가득한 꿀, 바닐라, 과일의 감칠맛. **도수** 43% **용량** 700㎖ 약 200,000원

BENROMACH CASK STRENGTH (벤로막 캐스크 스트랭스)
셰리 & 버번 캐스크로 숙성시켜, 풍미는 그대로지만 한층 파워풀하고 농후한 맛. **도수** 발매할 때마다 다름 **용량** 700㎖ 약 170,000원

DATA ● **증류소** 벤로막 증류소 ● **창업연도** 1898년 ● **소재지** Invererne Rd, Forres, Moray IV36 3EB ● **소유자** 고든 & 맥페일사

인기 한정품을 꾸준히 만드는, 주목받는 증류소

BENRIACH 벤리악

스코틀랜드 / 스페이사이드
엘긴

싱글몰트 위스키

시리얼류의 단맛을 지닌 버터스카치(황설탕과 버터를 끓여서 만드는 단단한 과자) 같은 풍미. 원래부터 위스키 블렌더들에게 높은 평가를 받아 「썸싱 스페셜」, 「시바스 리갈」 등의 원액으로 애용되었는데, 싱글몰트로 공식병입 보틀을 발매한 것은 1994년으로 의외로 오래되지 않았다. 벤리악은 클래식한 논피트, 하일랜드 피트, 그리고 3번 증류라는 3가지 타입의 싱글몰트 위스키를 제조하는 독창적인 증류소이다. 마스터 블렌더 레이첼 베리(Rachel Barrie)의 지도 아래, 참신한 「3번 증류」의 전통과, 지금은 찾아보기 어려운 자체 플로어 몰팅, 그리고 숙성과 마무리에 다양한 오크통을 사용하는 혁신적인 제조방법이 계승되고 있다.

향
사과
바닐라
맥아

맛
서양배
쿠키
시나몬

BENRIACH THE ORIGINAL TEN

벤리악 오리지널 10
도수 43% **용량** 700㎖ 약 90,000원

누구나 좋아하는 맛과 품질

말린 살구, 얼 그레이, 비스킷이 느껴지는 향. 맛은 지나치게 달지 않은, 매우 균형이 잘 맞는 과일맛. 누구라도 좋아할, 안심할 수 있는 위스키다.

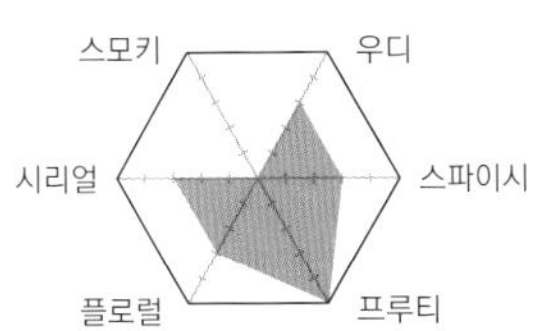

마시는 방법	
온더락	★★★★☆
미즈와리	★★★☆☆
하이볼	★★★☆☆

Other Variations

BENRIACH THE SMOKY TEN (벤리악 스모키 10)
파워풀한 피트향과 신선한 과일 같은 단맛이 절묘한, 헤비 피트 타입.
도수 46% **용량** 700㎖ 약 100,000원

DATA ● **증류소** 벤리악 증류소 ● **창업연도** 1898년 ● **소재지** Longmorn, Elgin, Morayshire, Scotland ● **소유자** 브라운 포맨사

「화이트 호스」의 원액, 앞으로의 전개가 기대된다

GLEN ELGIN 글렌 엘긴

스코틀랜드 / 스페이사이드
엘긴

싱글몰트 위스키

찰스 크리 도이그(Charles Cree Doig)라는 이름을 들어본 사람은 상당한 위스키 애호가다. 도이그는 스코틀랜드 증류소 설계의 일인자로 「파고다 루프(환풍구 역할을 하는 지붕. 위스키 증류소의 상징)」를 발명했으며, 탈리스커, 글렌파클라스 등 수많은 증류소를 설계하였다. 글렌 엘긴 증류소도 그의 작품 중 하나다. 어느 바에나 있는 대표적인 위스키는 아닌 탓에 많이 유명하지는 않지만, 「화이트 호스」의 원액을 생산한다는 점에서 안정적인 품질을 짐작할 수 있다. 위스키 평론가 마이클 잭슨은 "앞으로 싱글몰트로 번성할 것"이라고 말했다.

GLEN ELGIN aged 12 years

글렌 엘긴 12년
도수 43% **용량** 700㎖ 약 40유로

오렌지와 꿀의 멋진 하모니
스페이사이드산 글렌 엘긴은 연꽃꿀처럼 산뜻한 단맛과 새콤달콤한 오렌지 풍미가 특징. 정통파이면서 개성이 강하지 않아 인기가 많으며, 계속 마셔도 질리지 않는다.

향

맛
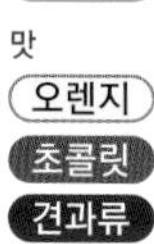

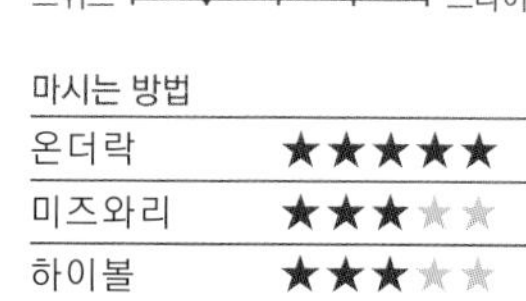

마시는 방법	
온더락	★★★★★
미즈와리	★★★☆☆
하이볼	★★★☆☆

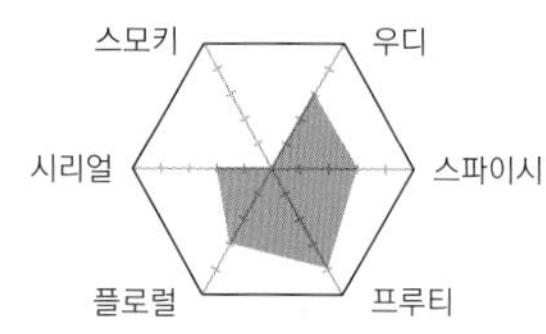

DATA ● **증류소** 글렌 엘긴 증류소 ● **창업연도** 1899년 ● **소재지** Elgin, Moray, Scotland ● **소유자** MHD(모에 헤네시 디아지오)

밸런타인의 키몰트를 만드는 증류소의 싱글몰트

GLENBURGIE 글렌버기

스코틀랜드 / 스페이사이드
엘긴

싱글몰트 위스키

향
플로럴
시트러스
바나나

맛
서양배
맥아
바닐라

세계적인 블렌디드 위스키 「밸런타인」의 키몰트를 생산하는 글렌버기 증류소. 1810년부터 200년 이상 위스키를 제조해온 이 증류소는, 최근 싱글몰트 생산에 착수하여 여러 면에서 호평을 받고 있다.

BALLANTINE'S SINGLE MALT GLENBURGIE aged 15 years

밸런타인 싱글몰트 글렌버기 15년

도수 40% **용량** 700㎖ 약 140,000원

밸런타인의 키몰트 증류소가 제조한 싱글몰트 위스키. 서양배와 붉은 사과를 연상시키는 향, 과일 풍미, 은은하게 달콤한 여운이 특징.

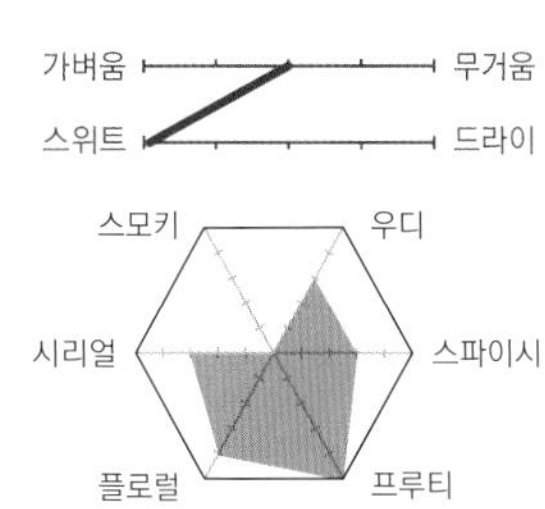

DATA ● **증류소** 글렌버기 증류소 ● **창업연도** 1810년 ● **소재지** Glenburgie, by Forres, Moray IV36 2QY ● **소유자** 페르노리카

위스키 성지의 달콤하고 화려한 몰트 위스키

GLEN MORAY 글렌 모레이

스코틀랜드 / 스페이사이드
엘긴

싱글몰트 위스키

향
시트러스
맥아
바닐라

맛
꿀
파인애플
꽃

1897년 스페이사이드의 엘긴에서 위스키 제조를 시작하였다. 원료로 사용하는 물은 가까이 있는 로시강의 물이며, 증류에 사용하는 포트 스틸은 스트레이트 헤드가 달린 양파형이다. 이러한 요소들이 특유의 그윽하고 크리미하면서 화려한 풍미를 자아낸다.

GLEN MORAY aged 12 years

글렌 모레이 12년

도수 40% **용량** 700㎖ 약 80,000원

부드러운 과일향과 초원의 꽃향. 바닐라 웨하스, 부드러운 오렌지나 서양배의 기분 좋은 단맛. 맥아에서는 클로브의 스파이시함이 느껴진다. 균형이 잘 맞는 스페이사이드 몰트로, 가성비도 훌륭하다.

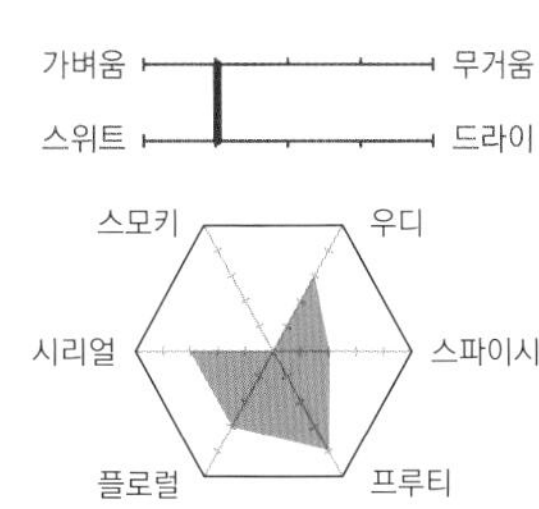

DATA ● **증류소** 글렌 모레이 증류소 ● **창업연도** 1897년 ● **소재지** Elgin, MorayShire, Scotland ● **소유자** 라 마르티니케즈

블렌더들이 즐겨 사용하는 꽃의 아로마

LINKWOOD 링크우드

스코틀랜드 / 스페이사이드
엘긴

싱글몰트 위스키

향
플로럴
바닐라
서양배

맛
꿀
오렌지
맥아

링크우드 증류소는 1821년 스페이사이드 엘긴의 로시강 주변에 피터 브라운(Peter Brown)이 설립하였다. 이후 맛이 변하지 않도록 항상 주의하면서 위스키를 만들어왔다. 크게 유명하지는 않지만 블렌더들 사이에서는 예전부터 높은 평가를 받고 있다.

LINKWOOD 12 years old UD FLORA & FAUNA

링크우드 12년(UD 꽃과 동물 시리즈)
도수 43%　**용량** 700㎖　약 51유로

향기는 홍옥 사과. 달콤하고 미네랄향도 느껴진다. 싱싱한 사과맛이 가득한 풍미. 깔끔하고 밸런스가 뛰어나다.

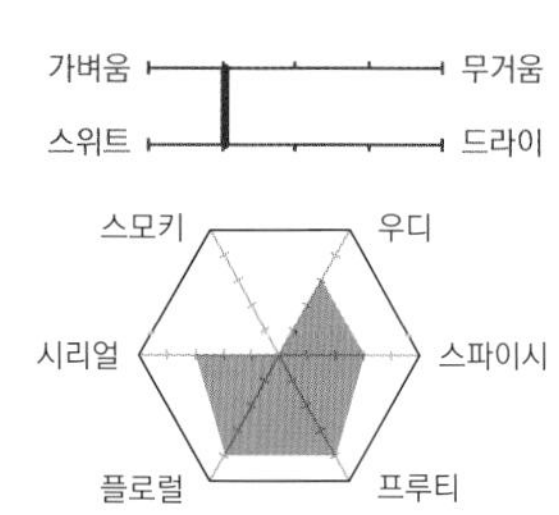

DATA ● **증류소** 링크우드 증류소 ● **창업연도** 1821년 ● **소재지** Elgin, Moray, Scotland ● **소유자** MHD(모에 헤네시 디아지오)

다케쓰루 마사타카도 기술을 배운 스페이사이드의 실력파

LONGMORN 롱몬

스코틀랜드 / 스페이사이드
엘긴

싱글몰트 위스키

향
캐러멜
시나몬
바나나

맛
백도
사과
맥아

다케쓰루 마사타카가 스코틀랜드에서 처음으로 위스키 제조 실습을 했던 롱몬 증류소. 블렌더들 사이에서는 예전부터 더 맥캘란, 글렌파클라스와 어깨를 나란히 하는 탑 드레싱(Top Dressing, 블렌디드 위스키의 풍미를 조절하는 고품질 몰트)으로 주목을 받아왔다.

LONGMORN 18 years old

롱몬 18년
도수 48%　**용량** 700㎖　약 137유로

리치한 오크, 시나몬과 헤이즐넛의 향. 살구나 오렌지, 서양배나 황도의 촉촉한 단맛. 오크의 복잡함이 여운으로 남는다. 롱몬다운 황홀할 정도로 잘 익은 과일 풍미가 인상적.

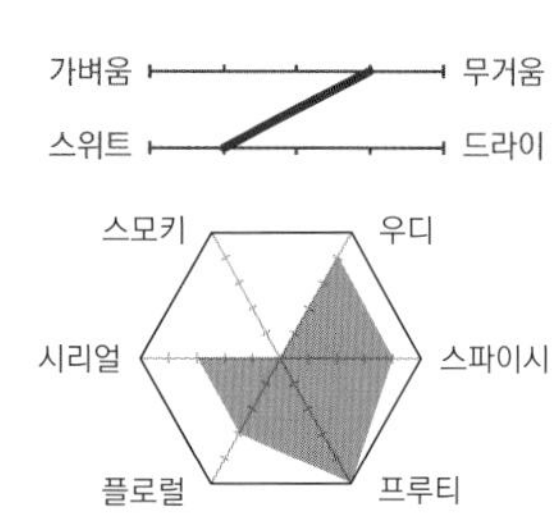

DATA ● **증류소** 롱몬 증류소 ● **창업연도** 1894년 ● **소재지** Longmorn, Elgin, Morayshire, Scotland ● **소유자** 페르노리카

희귀 몰트 애호가의 마음을 자극하는 솔티한 위스키

INCHGOWER 인치고워

스코틀랜드 / 스페이사이드
버키

싱글몰트 위스키

블렌디드 위스키 「벨즈(p.145 참조)」의 키몰트로도 알려진 스페이사이드 몰트. 「꽃과 동물 시리즈(디아지오의 전신인 UD사가 보유한 증류소의 원액을 싱글몰트로 발매한 시리즈)」로 공식병입 보틀을 발매했지만, 현재는 판매 종료되어 구하기 어렵다.

INCHGOWER aged 14 years UD FLORA & FAUNA

인치고워 14년(UD 꽃과 동물 시리즈)
도수 43% **용량** 700㎖ 약 56유로

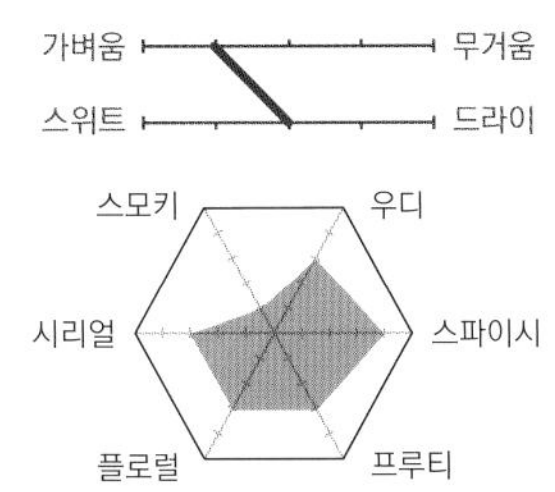

아일랜즈 몰트와는 다른 복잡한 향. 삼켰을 때의 향과 글라스에 남은 향은 「짭짤한 초콜릿」을 연상시킨다. 기분전환하고 싶을 때 2번째 잔으로 추천. 흥미로운 조연이다.

DATA ● **증류소** 인치고워 증류소 ● **창업연도** 1871년 ● **소재지** Buckie, Banffshire, Scotland ● **소유자** MHD(모에 헤네시 디아지오)

최근 조업을 재개한 증류소의, 마시기 편한 가벼운 풍미

GLEN KEITH 글렌 키스

스코틀랜드 / 스페이사이드
키스

싱글몰트 위스키

스코틀랜드 모레이(Moray)주의 키스에 위치한 글렌 키스 증류소. 처음에는 3번 증류 등 독특하고 참신한 생산 방법으로 주목을 끌었다. 오랫동안 조업을 중단했는데, 2014년 시바스 브라더스(Chivas Brothers)사의 투자로 다시 가동을 시작했다.

GLEN KEITH DISTILLERY EDITION

글렌 키스 디스틸러리 에디션
도수 40% **용량** 700㎖ 약 34유로

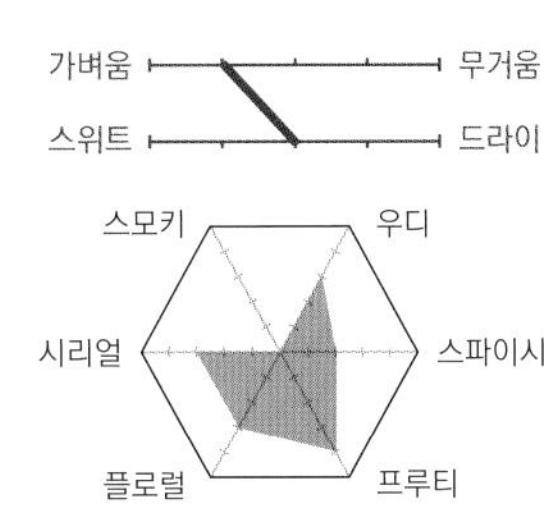

재가동 후 제1탄으로 발매된 보틀. 서양배와 오렌지 티 등의 과일향이 두드러지며, 풍미도 가볍고 부드러워서 마시기 편한 위스키다.

DATA ● **증류소** 글렌 키스 증류소 ● **창업연도** 1957년 ● **소재지** Keith Speyside, Scotland ● **소유자** 시바스 브라더스사

신비의 땅에서 만들어낸 논피트 위스키

AULTMORE 올트모어

스코틀랜드 / 스페이사이드
키스

싱글몰트 위스키

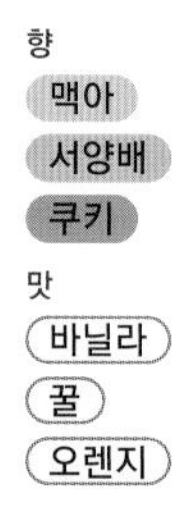

1897년 알렉산더 애드워드(Alexander Edward)가 스코틀랜드 스페이사이드의 포기 모스(Foggy Moss, 안개가 짙은 습지) 지역에 설립한 증류소. 이곳에서 제조된 싱글몰트는 논피트 몰트다운 신선한 향과 드라이한 여운이 특징이다.

AULTMORE aged 12 years

올트모어 12년

도수 46% **용량** 700㎖ 약 110,000원

바닐라, 박하, 은은한 오크의 향. 부드러운 시트러스, 서양배와 사과, 생강과 클로브의 풍미. 여운으로 기분 좋은 몰티함이 남는다. 어떤 방법으로 마셔도 좋지만, 우선 하이볼을 추천한다.

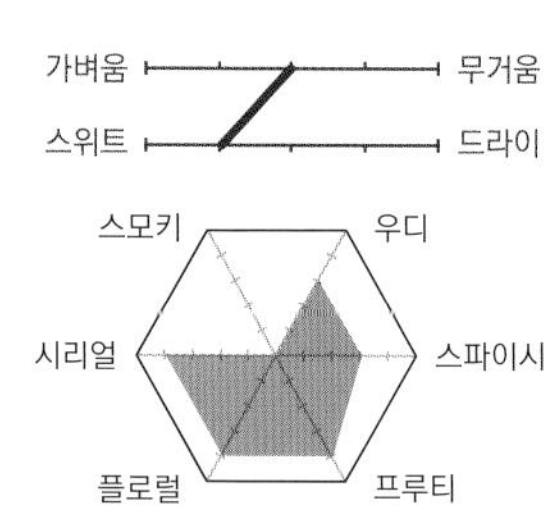

DATA ● **증류소** 올트모어 증류소 ● **창업연도** 1897년 ● **소재지** Keith Speyside, Scotland ● **소유자** 바카디사

요정이 지키는 샘물로 만든, 부드럽고 맛 좋은 술

STRATHISLA 스트라스아일라

스코틀랜드 / 스페이사이드
키스

싱글몰트 위스키

향
흰꽃
바닐라
시트러스

맛
서양배
맥아
오렌지

스트라스아일라는 블렌디드 위스키 「시바스 리갈(CHIVAS REGAL)」을 먼저 맛본 뒤 마시면 좋은, 시바스 리갈의 키몰트이다. 물은 브룸힐(Broomhill)의 오래된 샘에서 솟는 유명한 천연수, 폰스 부이엔(Fons Bulliens)의 물을 사용한다.

STRATHISLA 12 years of age

스트라스아일라 12년

도수 40% **용량** 700㎖ 약 130유로

잘 익은 사과나 서양배 같은 아로마와 초콜릿 케이크의 풍미. 스트라스아일라는 매우 매력적인 싱글몰트지만, 현재는 판매 종료되어 구하기 어렵다.

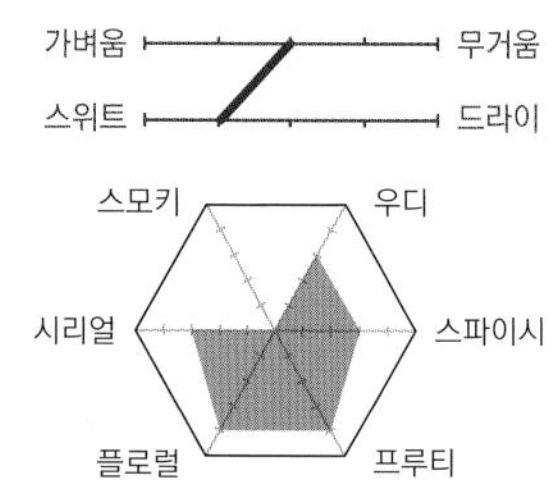

DATA ● **증류소** 스트라스아일라 증류소 ● **창업연도** 1786년 ● **소재지** Keith, Banffshire, Scotland ● **소유자** 시바스 브라더스사

상쾌한 향으로 이탈리아에서 인기 있는 스카치

THE GLEN GRANT 더 글렌 그란트

스코틀랜드 / 스페이사이드
로시스

싱글몰트 위스키

프랑스나 이탈리아 등의 와인생산국은 스카치를 대량으로 소비하는 나라이기도 하다. 더 글렌 그란트는 이탈리아에서 가장 많이 팔리는 위스키로, 시장 점유율이 70%에 이른다. 스페이강 하류에 있는 로시스 마을에 위치한다. 최초로 전등을 도입한 것으로도 유명한 이 증류소에서는 혁신적인 가늘고 긴 포트 스틸로, 글렌 그란트의 모토인 「Simplicity」를 바탕으로 한 가볍고 깨끗한 위스키를 만든다. 풍미가 상쾌해서 요리와의 궁합도 좋다. 틀에 얽매이지 말고 자유롭게 즐겨보자.

향
맥아
시트러스
플로럴

맛
바닐라
꿀
오렌지

THE GLEN GRANT ARBORALIS
더 글렌 그란트 아보랄리스
도수 40% **용량** 700㎖ 약 60,000원

드라이한 향, 달콤한 풍미
소박한 보리향. 시트러스와 어렴풋이 치즈 냄새도 느껴진다. 하지만 입안에 머금으면 드라이한 향과는 상반되는, 놀라울 정도로 달콤한 맛이 난다. 레몬진저, 레몬 케이크, 감귤류의 풍미도 있다.

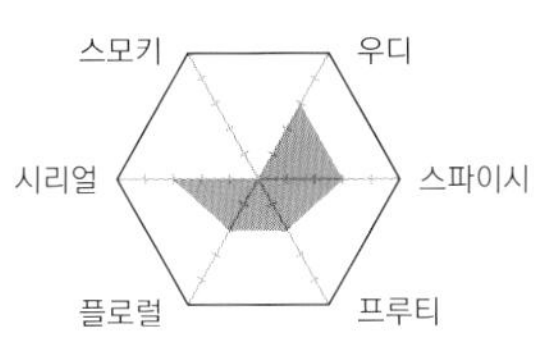

가벼움 — 무거움
스위트 — 드라이

마시는 방법	
온더락	★★★★☆
미즈와리	★★★☆☆
하이볼	★★★★★

Other Variations

THE GLEN GRANT aged 10 years (더 글렌 그란트 10년)
입안에 닿는 감촉이 가볍고, 과일 풍미가 더해진 싱글몰트. 다양한 수상 이력을 자랑한다. **도수** 40% **용량** 700㎖ 약 80,000원

THE GLEN GRANT aged 18 years(더 글렌 그란트 18년)
논피트 맥아를 사용. 맛이 친근하면서 리치한 단맛과 화려한 풍미도 느껴진다. **도수** 43% **용량** 700㎖ 약 260,000원

DATA ● **증류소** 글렌그란트 증류소 ● **창업연도** 1840년 ● **소재지** Rothes, Speyside, Scotland ● **소유자** 캄파리 그룹

과일향 가득한 싱글몰트는 선택받은 5%뿐

THE GLENROTHES 더 글렌로시스

스코틀랜드 / 스페이사이드
로시스

싱글몰트 위스키

세련된 병모양은 오래전부터 증류소에서 사용해온 샘플 보틀을 본뜬 것이다. 라벨에는 테이스팅 노트와 증류연도, 몰트 마스터의 사인을 기재하여 확실한 품질을 보증한다. 커티 삭(CUTTY SARK)의 키몰트로도 알려져 있으며, 예전부터 블렌더들이 위스키 품질의 핵심이 되는 「탑 드레싱」으로 유용하게 활용해왔다. 이곳에 싱글몰트로 출하되는 것은 엄선된 5%뿐이다. 구리로 만든 대형 포트 스틸에서 천천히 시간을 들여 증류한 뒤, 품질 좋은 오크통에서 숙성한다. 향수를 연상시키는 달콤하고 프루티하며 우아한 풍미는 균형감이 매우 좋다.

향
- 오렌지
- 바닐라
- 맥아

맛
- 꿀
- 파인애플
- 생강

THE GLENROTHES 10 years old

더 글렌로시스 10년

도수 40% **용량** 700㎖ 약 48유로

캐러멜을 얹은 커스터드 푸딩

캐러멜, 메이플 시럽의 달달한 향이지만, 점토 느낌도 조금 있다. 입안에서 퍼지는 풍미는 커스터드 푸딩. 그리고 마지막에 캐러멜의 살짝 씁쓸한 맛이 남는다.

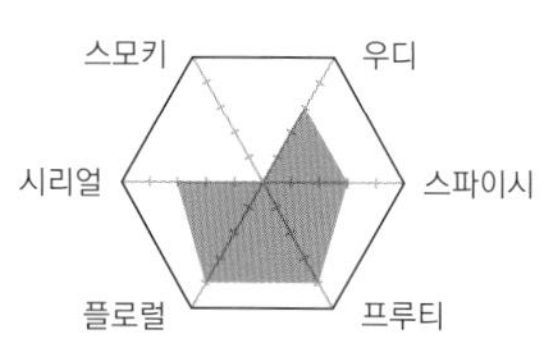

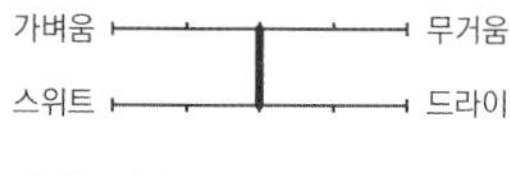

마시는 방법	
온더락	★★★★☆
미즈와리	★★★☆☆
하이볼	★★★★☆

Other Variations

THE GLENROTHES WHISKY MAKER'S CUT
(더 글렌로시스 위스키 메이커스 컷)
스페인 전통의 셰리 와인 제조법 「솔레오(Soleo, 햇빛에 10일 정도 건조시켜 당분 함량을 높이는 방법)」를 채택. 바닐라, 오렌지필, 너트 메그의 풍미.
도수 48.8% **용량** 700㎖ 약 170,000원

THE GLENROTHES 12 years old (더 글렌로시스 12년)
바나나나 바닐라 등의 화려한 향과 맛이 있으며, 달콤하고 경쾌한 스파이시함이 뒤를 잇는다. **도수** 40% **용량** 700㎖ 약 100,000원

DATA ● **증류소** 글렌로시스 증류소 ● **창업연도** 1879년 ● **소재지** Rothes, Morayshire, Scotland ● **소유자** 에드링턴 그룹

게일어로 「비밀의 샘」을 뜻하는 환상 속 증류소

CAPERDONICH 캐퍼도닉

스코틀랜드 / 스페이사이드
로시스

싱글몰트 위스키

향
바닐라
오렌지
서양배
맛
맥아
꿀
백도

현재는 존재하지 않는 환상 속 증류소. 2020년 페르노리카가 「시크릿 스페이사이드」 컬렉션으로 발표하였다. 원액의 희소성 때문에 연간 공급 수량이 제한되어서, 해마다 한정 수량으로 발매한다.

CAPERDONICH aged 21 years

캐퍼도닉 21년

도수 48% **용량** 700mℓ 약 300유로

연인들이 밀회하는 「비밀의 샘」이라는 이름대로, 부드럽고 품질 좋은 서양배 같은 풍미. 부드러운 질감 속에 플로럴한 허브가 느껴지며 감미로운 시간이 이어진다. 계속 함께하고 싶은 기분 좋은 위스키.

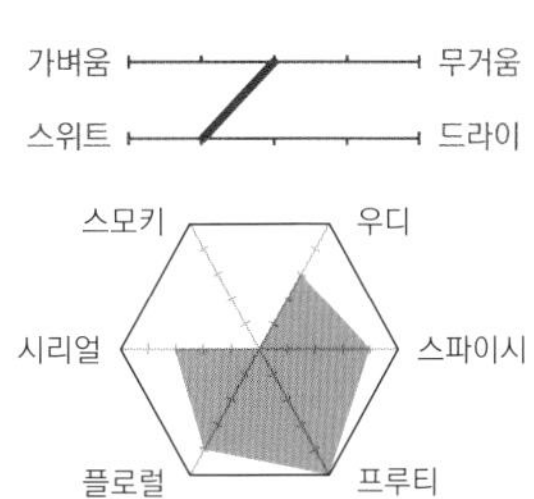

DATA ● **증류소** 캐퍼도닉 증류소 ● **창업연도** 1898년 ● **소재지** Rothes, Moray(폐쇄) ● **소유자** 페르노리카

* 올해 입고 분량이 완판되는 시점에 다음 연도까지 판매가 중지된다.

드럼식 몰팅을 최초로 도입한 증류소

SPEYBURN 스페이번

스코틀랜드 / 스페이사이드
로시스

싱글몰트 위스키

향
맥아
사과
생강
맛
맥아
클로브
드라이

창업자인 존 홉킨스(John Hopkins)는 보다 좋은 수질을 찾아, 1897년 로시스 계곡에 스페이번 증류소를 건설하였다. 증류소 전경이 매우 아름다워서 스코틀랜드에서도 「풍경과 가장 잘 어우러진 증류소」로 꼽힌다.

SPEYBURN aged 10 years

스페이번 10년

도수 40% **용량** 700mℓ 약 60,000원

질리지 않고 날마다 마실 수 있는 스페이사이드 위스키. 몰트의 단맛과 레몬의 과일맛, 나무의 스파이시함 등 모든 향과 맛이 고르게 어우러져 있다. 가격, 풍미, 모나지 않은 무난함이 좋다. 안심하고 마실 수 있는 합리적인 가격의 몰트.

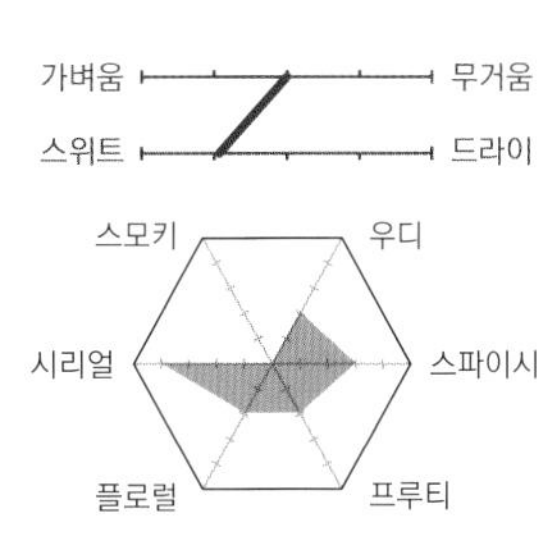

DATA ● **증류소** 스페이번 증류소 ● **창업연도** 1897년 ● **소재지** Rothes, Moray ● **소유자** 인버 하우스사

오크통을 조합하여 다채로운 맛을 자아낸다

THE BALVENIE 더 발베니

스코틀랜드 / 스페이사이드
더프타운

싱글몰트 위스키

글렌피딕 증류소의 동생뻘 증류소. 발베니라는 이름은 인근에 있는 고성에서 유래되었다. 지금도 전통적인 플로어 몰팅을 고수하며, 맥아를 건조시키는 킬른(Kiln) 탑에서는 항상 피트 연기가 피어오른다. 다양한 오크통을 활용하는 데도 적극적이어서, 버번 오크통과 셰리 오크통뿐 아니라 와인 오크통, 포트와인 오크통, 캐리비안 럼 오크통 등을 조합하여 다채로운 몰트를 소량 생산한다. 꿀 같은 단맛이 있어서 싱글몰트 입문자도 비교적 마시기 편하다. 글렌피딕과 같은 원료를 사용하지만 물과 제조방법의 차이에 따라 완성품은 전혀 다른 위스키가 된다. 비교하면서 마시면 유쾌한 경험이 될 것이다.

향
시나몬
황도
클로브
맛
오렌지
꿀
맥아

THE BALVENIE DOUBLEWOOD aged 12 years
더 발베니 더블우드 12년
도수 40% **용량** 700㎖ 약 120,000원

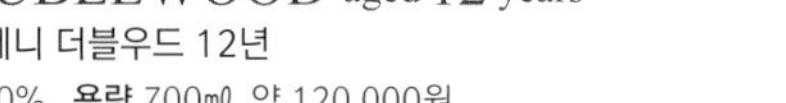

우아해서 여성들이 좋아하는 위스키
향이 상당히 리치하며 코코넛파우더, 타르, 에스테르, 오렌지꿀 등의 아로마가 차례로 나타난다. 풍미는 바나나 오믈렛, 리코리스, 바닐라, 호두, 코코아 등. 스페이사이드의 교과서라 할 수 있다.

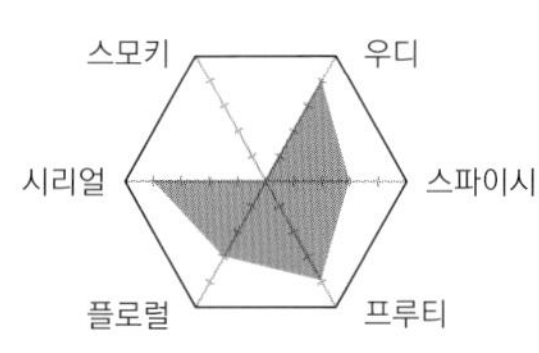

마시는 방법	
온더락	★★★★★
미즈와리	★★★★☆
하이볼	★★★★☆

Other Variations

THE BALVENIE CARIBBEAN CASK aged 14 years
(더 발베니 캐리비안 캐스크 14년)
버번 오크통에서 숙성 후 캐리비안 럼 오크통에 옮겨서 추가 숙성. 열대 과일 같은 감칠맛이 있다. **도수** 43% **용량** 700㎖ 약 190,000원

THE BALVENIE PORTWOOD aged 21 years (더 발베니 포트 우드 21년)
21년 숙성시킨 몰트 위스키를 포트와인 오크통에서 추가로 숙성시킨 호화로운 위스키. 길고 풍부한 여운. **도수** 40% **용량** 700㎖ 약 600,000원

DATA ● **증류소** 발베니 증류소 ● **창업연도** 1892년 ● **소재지** Dufftown, Banffshire, Scotland ● **소유자** 윌리엄그랜트앤선즈

세계에서 가장 많이 마시는 싱글몰트

GLENFIDDICH 글렌피딕

스코틀랜드 / 스페이사이드
더프타운

싱글몰트 위스키

싱글몰트에 익숙하지 않은 초보자도 바 카운터 너머로 이 초록색 삼각기둥 모양의 병을 본 적이 있을 것이다. 글렌피딕 증류소는 1887년에 창업하였는데, 당시의 건물은 가족이 총출동하여 직접 지은 것으로 설비는 중고품뿐이었다. 최근 맥아 제조 등을 외부에 맡기는 증류소가 늘고 있지만, 글렌피딕 증류소는 지금도 원료 준비부터 병입까지 모든 과정을 변함없이 직접 하고 있다. 글렌피딕의 라벨에는 사슴 그림이 있는데, 글렌피딕(게일어)이 「사슴의 계곡」을 의미하는 데서 유래된 것이다. 지금은 세계에서 가장 많이 소비되는 싱글몰트를, 입문용으로 추천한다.

향
청사과
맥아
바닐라

맛
오렌지
꿀
토스트

GLENFIDDICH 12

글렌피딕 12년
도수 40% **용량** 700㎖ 약 100,000원

하루의 피로를 풀어주는 첫 잔으로

프루티하고 깔끔한 아로마와 경쾌한 풍미, 그리고 목넘김이 좋은 글렌피딕. 라이트한 풍미가 특징이어서 몰트 애호가들은 만만하게 보기도 하지만, 훌륭한 아페리티프(Apéritif, 식사 전에 마시는 술)다. 하이볼로 마셔도 맛있다.

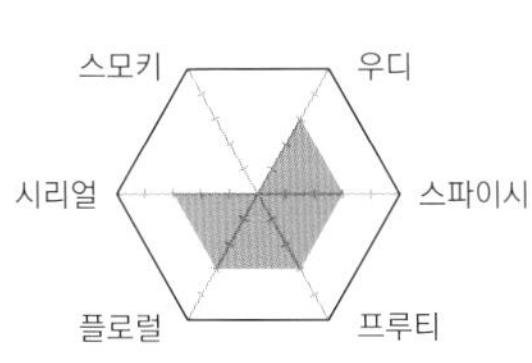

가벼움 — 무거움
스위트 — 드라이

마시는 방법	
온더락	★★★★☆
미즈와리	★★★★☆
하이볼	★★★★☆

Other Variations

GLENFIDDICH SOLERA RESERVE aged 15 years
(글렌피딕 솔레라 리저브 15년)
셰리 와인처럼 솔레라 방식으로 숙성. 중후한 풍미 속에 시나몬과 생강 등이 느껴진다. **도수** 40% **용량** 700㎖ 약 140,000원

GLENFIDDICH SMALL BATCH RESERVE aged 18 years
(글렌피딕 스몰 배치 리저브 18년)
올로로소 셰리 오크통과 전통적인 아메리칸 오크통에서 비롯된, 프루티하고 달콤한 풍미. 풀바디. **도수** 40% **용량** 700㎖ 약 250,000원

DATA ● **증류소** 글렌피딕 증류소 ● **창업연도** 1887년 ● **소재지** Dufftown, Banffshire, Scotland ● **소유자** 윌리엄그랜트앤선즈

향기롭고 맛있으며, 파워풀한, 고급 싱글몰트

MORTLACH 몰트락

스코틀랜드 / 스페이사이드
더프타운

싱글몰트 위스키

스페이사이드의 중심지 더프타운에서 처음으로 정부의 허가를 받은 증류소로 설립되었다. 이곳에서 만드는 원액의 대부분은 블렌디드 위스키 「조니 워커」에 사용되었는데, 새롭게 싱글몰트로서 시장에 선보이게 되었다. 독특한 점은 증류방법이다. 몰트 위스키는 일반적으로 2번 증류하지만, 몰트락은 6대의 증류기를 복잡하게 연계하여 「2.81번」이라는 특수한 증류 횟수를 거친다. 풍미는 향기롭고 파워풀하다. 위스키 애호가들은 「더프타운의 야수」라고 부른다.

MORTLACH aged 12 years

몰트락 12년
도수 43.4% **용량** 700mℓ 약 54유로

밀크티, 비스킷의 풍미

오크통향과 보리가 느껴지는 향기. 그 균형이 매우 잘 맞는 스페이사이드 몰트다. 입안에 퍼지는 맛은 밀크티, 비스킷, 그리고 셀러리의 풍미. 지나치게 달지 않으며 스파이시하게 피어오른다.

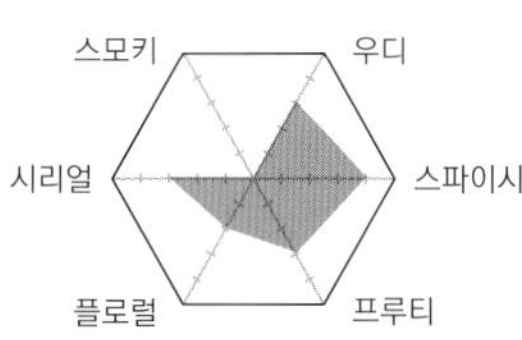

가벼움 — 무거움
스위트 — 드라이

마시는 방법	
온더락	★★★★☆
미즈와리	★★★★☆
하이볼	★★★☆☆

Other Variations

MORTLACH aged 16 years (몰트락 16년)
몰트락다운 풀바디에 야성적인 강렬함. 향기가 좋고 화려한 과일맛이 돋보인다. **도수** 43.4% **용량** 700mℓ 약 160,000원

MORTLACH aged 20 years (몰트락 20년)
유러피안 오크통에서 최소 20년 이상 숙성. 농밀한 복잡함과 매끄러우면서 원숙한 세련됨. **도수** 43.4% **용량** 700mℓ 약 320유로

DATA ● **증류소** 몰트락 증류소 ● **창업연도** 1823년 ● **소재지** Dufftown, Morayshire, Scotland ● **소유자** MHD(모에 헤네시 디아지오)

스코틀랜드 스페이사이드 지방 최초의 정부 공인 증류소

THE GLENLIVET 더 글렌리벳

스코틀랜드 / 스페이사이드
리벳

싱글몰트 위스키

스카치 위스키의 역사는 밀조의 역사이기도 하다. 더 글렌리벳의 창업자 조지 스미스(Geroge Smith)도 예외는 아니어서 밀주 증류소로 위스키 제조를 시작했지만, 1823년에 과세완화책이 시행되자 이듬해에 가장 먼저 정부 공인 증류소로 허가를 받았다. 그런데 증류소 이름에 왜 「The」가 붙었을까? 당시 「더 글렌리벳」의 품질과 명성에 편승하려는 많은 증류소가 「글렌리벳」이라는 이름을 도용했기 때문에, 차별화를 위해 정관사를 붙인 것이다. 더 글렌리벳은 라인업도 풍부하므로 숙성 연수가 다른 위스키를 수직 테이스팅(같은 생산자의 술을 빈티지별로 시음하는 것)하여 차이를 확인해보는 것도 좋다.

향
시트러스
서양배
맥아

맛
바닐라
꿀
오렌지

THE GLENLIVET 12 years of age

글렌리벳 12년

도수 40% **용량** 700㎖ 약 100,000원

One Pick!

스테디셀러의 맛?

「지나침은 못 미침과 같다(과유불급)」라는 말이 있다. 「글렌리벳」의 장점은 달콤한 과일향과 마셨을 때 「딱 알맞다」라는 느낌이다. 200년 가까이 위스키 세계에서 톱을 달리고 있는, 「딱 알맞은」 감칠맛을 맛볼 수 있다.

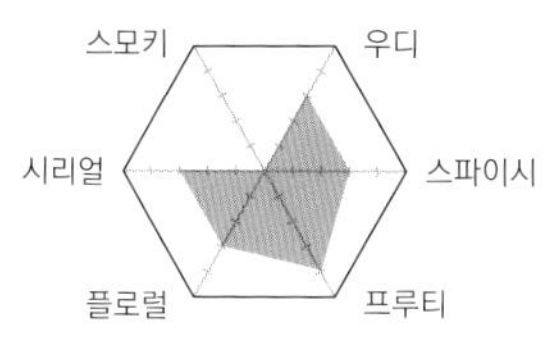

마시는 방법

온더락	★★★★★
미즈와리	★★★★★
하이볼	★★★★★

Other Variations

THE GLENLIVET 18 years of age (더 글렌리벳 18년)

완전히 익은 서양배의 향기. 가벼운 오크향을 베이스로 퍼지(Fudge, 설탕, 버터, 우유를 뭉근하게 끓여 납작하게 굳힌 캔디), 향신료, 오렌지의 풍미.

도수 40% **용량** 700㎖ 약 260,000원

THE GLENLIVET 12 years of age ILLICIT STILL (더 글렌리벳 12년 일리싯 스틸)

1800년대의 냉각여과를 하지 않는 제조방법을 채택. 프루티한 화려함이 더 강조된 풍미.

도수 48% **용량** 700㎖ 약 74유로

DATA ● **증류소** 더 글렌리벳 증류소 ● **창업연도** 1824년 ● **소재지** Ballindalloch, Morayshire, Scotland ● **소유자** 페르노리카

프랑스에서 압도적인 지지를 받는 우아하고 좋은 술

ABERLOUR 아벨라워

스코틀랜드 / 스페이사이드
스페이강 중하류

싱글몰트 위스키

1826년 설립. 병에 표시된 1879년은 화재로 소실된 증류소 건물이 현재의 아름다운 빅토리아 왕조 시대의 건물로 다시 태어난 해다. 원료는 스코틀랜드산 보리만 사용하고, 숙성에는 셰리와 버번 오크통을 모두 쓴다. 프랑스에서는 예전부터 명주(銘酒)로 유명하다.

ABERLOUR A'BUNADH

아벨라워 아부나흐
도수 60.9% **용량** 700㎖ 참고상품

유러피안 가구, 말린 살구, 스피어민트의 아로마(도수가 강하므로 자극적인 냄새에 주의). 체리, 레이즌 버터, 카카오 같은 리치하고 농후한 풍미. 우아하고 좋은 술이다.

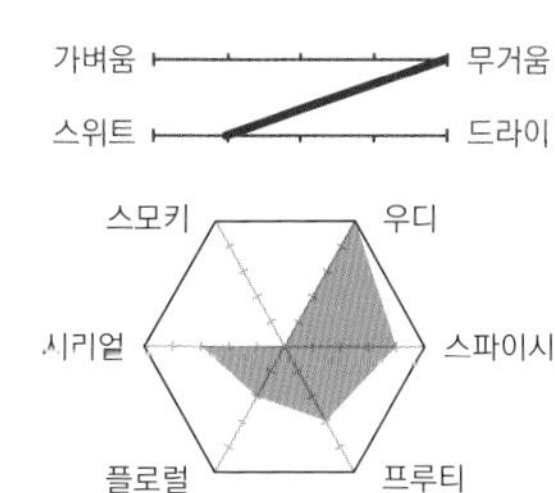

DATA ● **증류소** 아벨라워 증류소 ● **창업연도** 1879년(1826년) ● **소재지** Aberlour, Banffshire, Scotland ● **소유자** 시바스 브라더스사

여성이 키운 스페이사이드 몰트

CARDHU 카듀

스코틀랜드 / 스페이사이드
스페이강 중하류

싱글몰트 위스키

향
바닐라
맥아
시트러스
맛
사과
플로럴
오렌지

지금은 판매량 No.1 블렌디드 위스키 「조니 워커」의 원액으로 알려져 있지만, 원래는 존 커밍(John Cumming)이라는 농부가 농사를 지으면서 만들던 밀주였다(정부 공인 증류소가 된 것은 1824년). 증류소 운영은 주로 아내인 헬렌이 담당했다.

CARDHU aged 12 years

카듀 12년
도수 40% **용량** 700㎖ 약 120,000원

깔끔하고 달콤한 아로마와 순한 풍미를 즐기고 싶다면 카듀 12년을 추천한다. 라이트 바디이면서도 풍부한 맥아의 풍미와 헤더꿀을 연상시키는 감칠맛이 큰 매력.

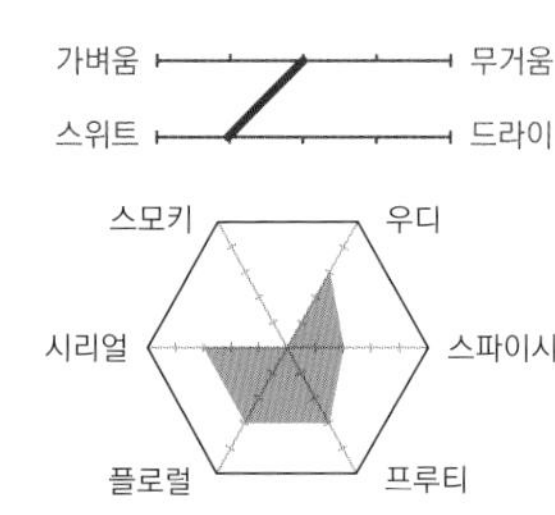

DATA ● **증류소** 카듀 증류소 ● **창업연도** 1811년 ● **소재지** Archiestown, Moray, Scotland ● **소유자** MHD(모에 헤네시 디아지오)

창업자는 위대한 위스키 장인

CRAGGANMORE 크라간모어

스코틀랜드 / 스페이사이드
스페이강 중하류

싱글몰트 위스키

더 맥캘란, 더 글렌리벳은 위스키 애호가라면 누구나 다 아는 유명한 싱글몰트 브랜드이다. 크라간모어는 이들 증류소의 매니저를 지낸, 경험이 풍부한 증류 장인 존 스미스(John Smith)가 설립한 증류소다. 그는 엄청난 철도 마니아여서 선로 옆에 증류소를 세우고, 증류소 내부까지 전용 선로를 깔아 원료와 위스키를 운송했다고 한다. 「크라간모어」의 라벨에 선로 그림이 있는 이유는 그 때문이다. 풍미는 우아하며 위엄이 있다. 블렌디드 위스키 「올드 파(p.152 참조)」의 키몰트이기도 하다.

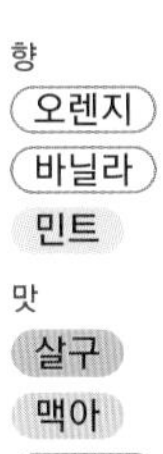

CRAGGANMORE 12 years old

크라간모어 12년
도수 40% **용량** 700㎖ 약 100,000원

올드 파의 키몰트

화려한 향과 리치한 바디를 모두 지닌 크라간모어는, 스페이사이드를 대표하는 싱글몰트. 아로마는 진한 꽃향기가 나며, 바닐라와 꿀의 향도 느껴진다. 목넘김이 매끄럽고 여운도 뚜렷하다.

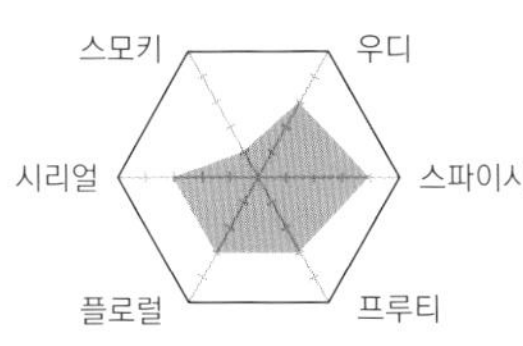

가벼움 — 무거움
스위트 — 드라이

마시는 방법	
온더락	★★★★★
미즈와리	★★★☆☆
하이볼	★★★★☆

Other Variations

CRAGGANMORE DISTILLERS EDITION
(크라간모어 디스틸러스 에디션)
포트와인 오크통에서 2번째 숙성을 진행한 위스키. 12년보다 풍부한 과일향. 살짝 스모키하다. **도수** 40% **용량** 700㎖ 약 66유로

DATA
● **증류소** 크라간모어 증류소 ● **창업연도** 1869년 ● **소재지** Ballindalloch, Banffshire, Scotland
● **소유자** MHD(모에 헤네시 디아지오)

최근 독립한, 바위 계곡에 위치한 하얀 벽의 증류소

GLENALLACHIE 글렌알라키

스코틀랜드 / 스페이사이드
스페이강 중하류

싱글몰트 위스키

향
살구
견과류
시나몬

맛
오렌지
맥아
생강

1967년 아벨라워 교외에 설립된 증류소. 처음에는 주로 블렌디드 위스키의 원액을 공급했지만, 2017년 대형 주류회사에서 독립하여 현재는 스페이사이드의 싱글몰트 증류소로 가동 중이다.

GLENALLACHIE aged 12 years
글렌알라키 12년
도수 46% **용량** 700㎖ 약 130,000원

글렌알라키 증류소의 플래그십 보틀. 화려하고 경쾌한 스타일이 많은 스페이사이드 몰드 중에서는 드물게, 뚜렷한 골격과 깊고 풍부한 풍미가 특징이다.

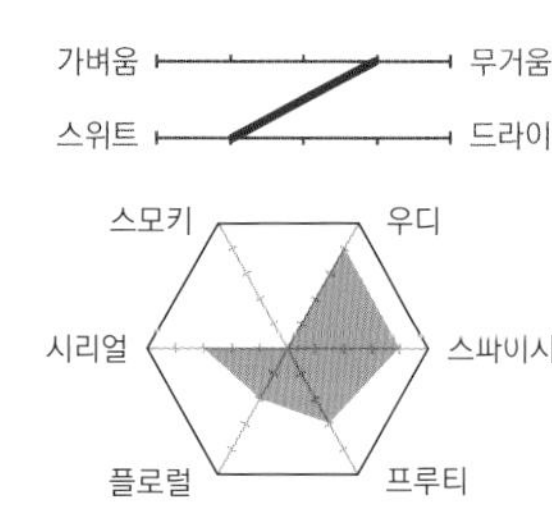

DATA ● **증류소** 글렌알라키 증류소 ● **창업연도** 1967년 ● **소재지** Aberlour, Moray AB38 9LR ● **소유자** 더 글렌알라키 디스틸러스

전통적인 제조법으로 지켜온 중후한 풍미

CRAIGELLACHIE 크라이겔라키

스코틀랜드 / 스페이사이드
스페이강 중하류

싱글몰트 위스키

향
스파이스
오렌지
맥아

맛
오일리
생강
살구

1891년에 창업한 크라이겔라키 증류소에서는 오일 히팅(기름을 이용하여 피운 불에 말리는 방식)으로 몰트를 건조시키는데, 이로 인해 유황냄새가 생기면서 묵직한 풍미로 완성된다. 또한 스피릿을 냉각할 때는 전통적인 웜 텁(Worm Tub)을 사용하여 독특한 풍미가 있다.

CRAIGELLACHIE aged 13 years
크라이겔라키 13년
도수 46% **용량** 700㎖ 약 57유로

묵직한 바디감, 클로브와 시나몬의 스파이시한 향, 서양배와 오렌지의 리치한 단맛, 견과류 풍미. 드라이하게 전개되어 복잡함이 여운으로 남는다. 미티(Meaty)하고 묵직하며, 감칠맛 나는 과일의 단맛이 인상적.

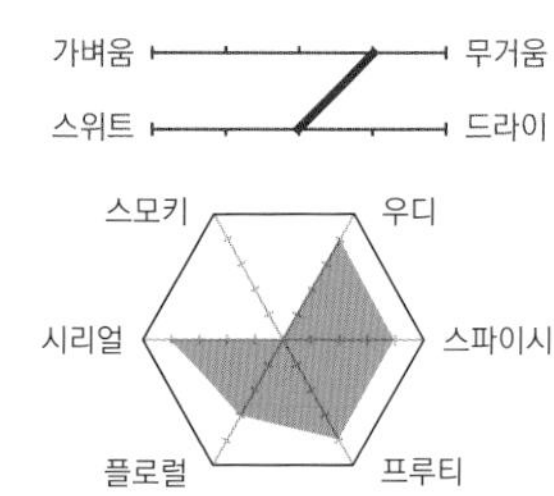

DATA ● **증류소** 크라이겔라키 증류소 ● **창업연도** 1891년
● **소재지** Craigellachie Distillery, Hill St, Craigellachie, Aberlour AB38 9ST ● **소유자** 바카디사

많은 팬을 매료시킨 셰리향

GLENFARCLAS 글렌파클라스

스코틀랜드 / 스페이사이드
스페이강 중하류

싱글몰트 위스키

요즘은 보기 드문 가족 경영 체제로 운영되는 글렌파클라스 증류소. 그럼에도 불구하고 라인업이 풍부하여 많은 팬들을 매료시킨 증류소다. 한적한 전원 지대에 위치하며, 벤리네스(Benrinnes)산 중턱에서 솟아나는 물을 원료로 사용한다. 스페이사이드에서 가장 큰 포트 스틸을 갖고 있고, 풍미가 더욱 잘 느껴지는 직화 가열 제조법을 고수한다. 또한 창업 당시부터 변함없이 퍼스트필부터 포스필(Forth Fill, 여러 가지 술의 숙성에 사용했던 오크통을 위스키에 4번째로 사용하는 것)까지 다양한 셰리 오크통을 사용하여, 이상적인 풍미를 만들어낸다. 셰리의 단맛과 몰트의 풍미가 서로 녹아들어 기분 좋은 여운이 길게 이어진다.

향
- 시나몬
- 오렌지
- 카카오

맛
- 베리류
- 오렌지
- 식물

GLENFARCLAS aged 15 years

글렌파클라스 15년
도수 46% **용량** 700㎖ 약 180,000원

하루의 노고를 위로하며, 건배

적당히 쌉쌀한 맛이 나는 커피 같은 풍미는 하루를 마무리하며 마시기에 적합하다. 말린 과일 같은 풍미가 느껴지는데 가벼운 단맛은 없는, 소박한 셰리 몰트. 식후주로 천천히 즐겨보자.

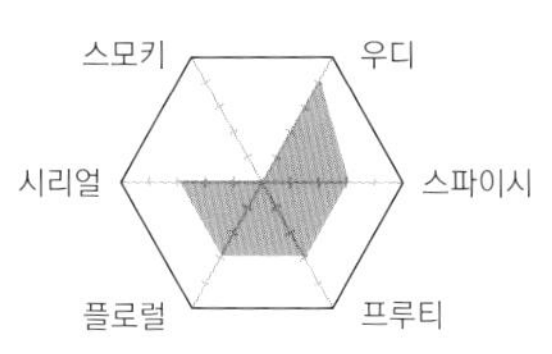

마시는 방법	
온더락	★★★★★
미즈와리	★★★★☆
하이볼	★★★★★

Other Variations

GLENFARCLAS aged 21 years(글렌파클라스 21년)
꿀을 뿌린 맥아, 말린 과일, 구운 견과류, 트러플 등의 풍부한 맛과 향.
도수 43% **용량** 700㎖ 약 185유로

GLENFARCLAS 105(글렌파클라스 105)
강렬하고 드라이할 뿐 아니라 매끄럽고 따스하다. 물을 조금 더하면 감칠맛이 더욱 잘 퍼진다. **도수** 60% **용량** 700㎖ 약 170,000원

DATA ● **증류소** 글렌파클라스 증류소 ● **창업연도** 1836년 ● **소재지** Ballindalloch, Banffshire, Scotland ● **소유자** 그랜트 가문

스카치 싱글몰트

스카치 블렌디드

재패니즈

아이리시

아메리칸

캐나디안

기타

롤스로이스에 비유되는 위스키의 명문

THE MACALLAN 더 맥캘란

스코틀랜드 / 스페이사이드
스페이강 중하류

싱글몰트 위스키

영국의 전통 있는 럭셔리 백화점 해로즈(Harrods)에서 출판한 『위스키 독본』에 「싱글몰트의 롤스로이스」라고 소개되면서 유명해졌다. 더 맥캘란이 특히 심혈을 기울이는 부분은 셰리 오크통. 직접 만든 새 오크통을 셰리 업자에게 무료로 대여한 뒤, 셰리를 숙성시킨 오크통을 돌려받아 더 맥캘란의 숙성에 사용한다. 붉은빛이 강하게 도는 호박색과 기품 넘치는 향기는, 셰리가 듬뿍 스며든 더 맥캘란만의 특징. 영화 〈007 스카이폴〉(2012)에서는 시리즈 50주년을 기념하여 제임스 본드가 더 맥캘란 50년을 마셨다.

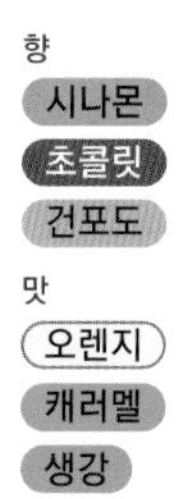

THE MACALLAN 12 years old SHERRY OAK CASK

더 맥캘란 12년 셰리 오크 캐스크

도수 40% **용량** 700㎖ 약 180,000원

친근해진 고급 위스키

초보자도 쉽게 맛볼 수 있는 셰리 위스키로 리뉴얼 되었다. 다크 오렌지 토피를 연상시키는 풍미. 달콤한 향신료향. 밸런스가 잘 맞는 권위 있는 위스키.

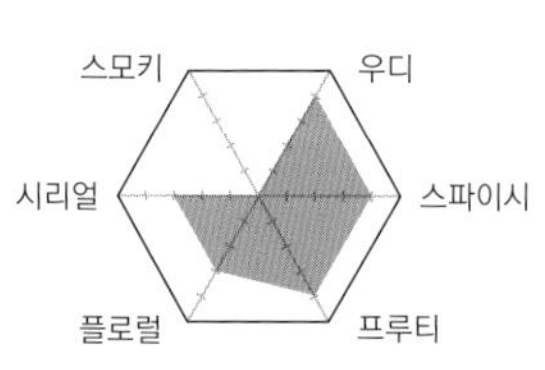

마시는 방법	
온더락	★★★★★
미즈와리	★★★★☆
하이볼	★★★☆☆

Other Variations

THE MACALLAN 18 years old (더 맥캘란 18년)
엄선한 셰리 오크통에서 최소 18년 숙성시킨 몰트만 사용. 더 맥캘란을 상징하는 위스키. **도수** 43% **용량** 700㎖ 약 700,000원

THE MACALLAN 12 years old TRIPLE CASK
(더 맥캘란 12년 트리플 캐스크)
3종류의 다른 오크통에서 숙성시킨 원액을 절묘한 밸런스로 배팅. 매끄럽고 섬세한 풍미. **도수** 40% **용량** 700㎖ 약 140,000원

DATA ● **증류소** 더 맥캘란 증류소 ● **창업연도** 1824년 ● **소재지** Craigellachie, Morayshire, Scotland ● **소유자** 에드링턴 그룹

빈티지 위스키를 고집하는 증류소

KNOCKANDO 노칸두

스코틀랜드 / 스페이사이드
스페이강 중하류

싱글몰트 위스키

향
오렌지
바닐라
맥아
맛
살구
플로럴
꿀

위스키는 보통 다양한 숙성 연수의 몰트 원액을 배팅 또는 블렌딩하여 만든다. 그에 비해 빈티지 위스키는 단일 시즌의 몰트 원액만 병입하여 만든다. 이 증류소의 위스키는 모두 빈티지 싱글몰트다.

KNOCKANDO 12 years of age

노칸두 12년
도수 43% **용량** 700㎖ 약 40유로

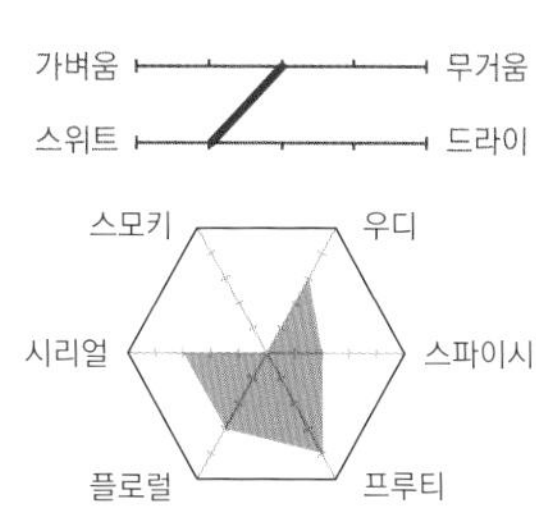

아로마는 꽃향기가 나고 섬세하며, 균형감이 좋은 술. 풍미는 견과류와 과일의 뉘앙스가 있고, 드라이하며 깔끔한 여운을 남긴다. 식전용으로 적합하지만, 미즈와리나 하이볼로 마시면 식사와 함께해도 좋다.

DATA
● **증류소** 노칸두 증류소 ● **창업연도** 1898년 ● **소재지** Knockando, Morayshire, Scotland
● **소유자** MHD(모에 헤네시 디아지오)

창업 당시의 풍미를 재현한 싱글몰트

TAMDHU 탐듀

스코틀랜드 / 스페이사이드
스페이강 중하류

싱글몰트 위스키

탐듀는 게일어로 「검은 언덕」이라는 뜻. 이 지역은 양질의 물이 풍부해 「밀주업자의 계곡」이라 불렸다. 탐듀는 「더 페이머스 그라우스(p.150 참조)」의 원액을 만드는 것으로 잘 알려진 증류소다. 약 120년의 역사를 자랑하는 탐듀는 2012년 이안 맥클라우드(Ian Macleod) 디스틸러스에 인수되어 새로운 생산을 시작했다.

TAMDHU aged 12 years

탐듀 12년
도수 43% **용량** 700㎖ 약 120,000원

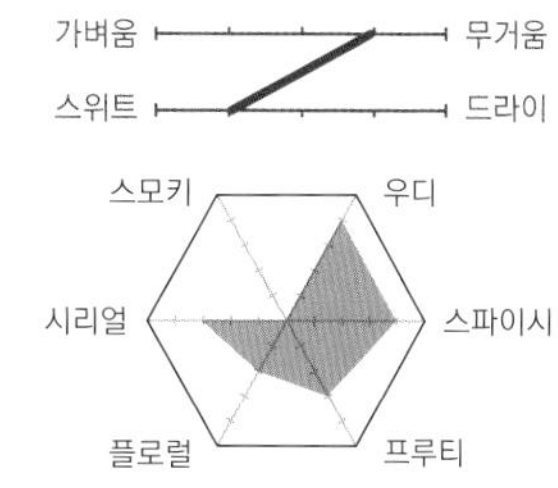

100% 셰리 오크통 숙성을 고집한 지 100년. 전통적인 풍미는 시나몬 계열의 오크향에 살짝 익은 바나나의 단맛과 함께 건포도향도 조금 난다. 무겁지 않고 편안한 느낌의 셰리 오크통 위스키.

DATA
● **증류소** 탐듀 증류소 ● **창업연도** 1897년 ● **소재지** Knockando, Morayshire, Scotland ● **소유자** 이안 맥클라우드 디스틸러스

롤런드 그레인 위스키의 발상지?

온화한 자연 풍토가 느껴지는 마일드한 풍미가 특징

저지대인 롤런드에는 완만한 언덕과 평원이 펼쳐져 있다.

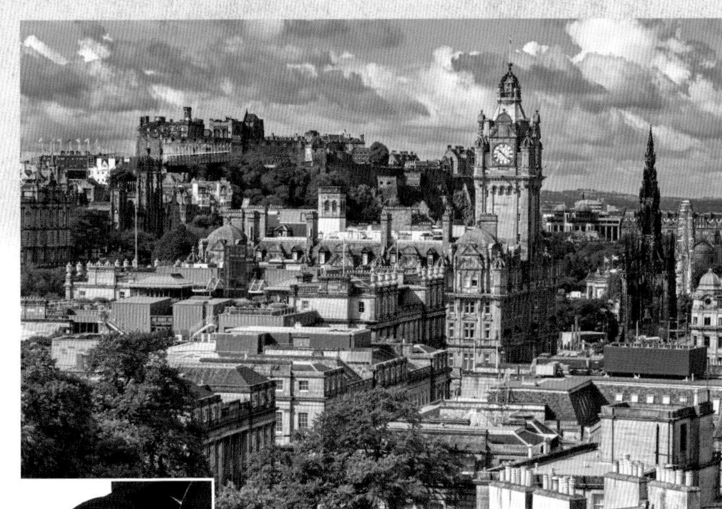

스코틀랜드의 수도 에든버러.

글래스고의 달뮈어(Dalmuir)에 위치한
오큰토션 증류소.

스코틀랜드 남쪽의 롤런드에는 수도 에든버러와 상업 중심지인 글래스고(Glasgow)가 있으며, 전체 인구의 절반 이상이 이 지역에 산다. 험준한 산악지대인 하일랜드와는 달리 완만한 저지대로, 동서남북의 차이는 있지만 전체적으로 온화한 자연에 둘러싸인 풍경이 펼쳐진다.

이곳에도 예전에는 몰트 위스키 증류소가 많이 있었지만, 위스키업자들이 무거운 세금을 피하기 위해 하일랜드와 스페이사이드로 이주해버렸고, 남은 업자들은 어쩔 수 없이 보리에 비해 저렴한 옥수수 등을 사용하여 위스키를 만들었다. 이것이 이른바 그레인 위스키의 시초라고 전해진다.

그래서 롤런드에 남아 있는 전통적인 몰트 위스키 증류소는 오큰토션, 글렌킨치 등 매우 극소수이다. 그러나 최근에는 블라드녹, 다프트밀, 킹스반스 등의 증류소가 신설되며 다시 부활하고 있다.

롤런드 몰트의 최대 특징은 「가볍다」라는 것. 왜냐하면 다른 지역은 대부분 2번 증류를 하는 데 비해, 롤런드는 3번 증류가 전통이기 때문이다. **다른 지역보다 많은 증류 과정을 거침으로써 순하고 가벼운 풍미**로 완성된다. 가벼워도 개성이 없는 것은 아니며, 증류소마다 개성도 뚜렷하다. 또한 전통적인 그레인 위스키 증류소나 블렌디드 및 몰트 제조업자가 많은 것도 롤런드 지방의 특징이다.

깔끔한 풍미에 가벼운 바닷물의 악센트

AILSA BAY 아일사 베이

스코틀랜드 / 롤런드

싱글몰트 위스키

2007년에 윌리엄그랜트앤선즈사가 그레인 위스키 증류소인 거반(Girvan) 증류소와 같은 부지에 설립하였다. 주로 5종류의 몰트(라이트 타입, 스위트 타입, 피티드 3종)를 제조하며, 「그란츠(p.149 참조)」 등 블렌디드 위스키용 원액도 제공한다.

AERSTONE SEA CASK aged 10 years

에어스톤 씨 캐스크 10년

도수 40% **용량** 700㎖ 약 30유로

「씨 캐스크」는 이름 그대로 해안 가까이에 있는 저장고에서 숙성시킨 논피트 위스키다. 매끄럽고 온화한 풍미에, 희미하게 느껴지는 바닷바람이 기분 좋은 악센트가 되어준다.

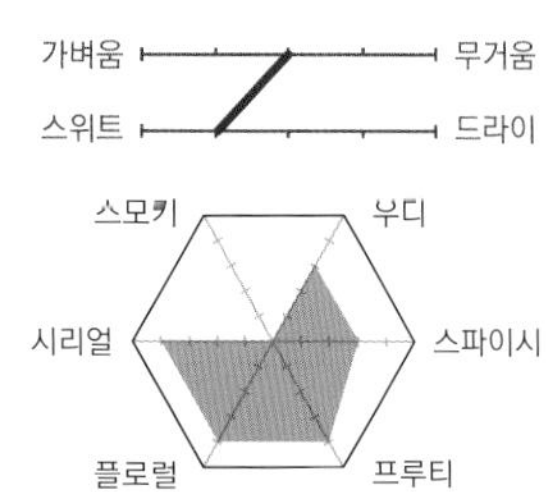

DATA ● **증류소** 아일사 베이 증류소 ● **창업연도** 2007년 ● **소재지** Girvan, South Ayrshire, Scotland ● **소유자** 윌리엄그랜트앤선즈

역사를 넘어선, 장인의 롤런드 몰트

ANNANDALE 애넌데일

스코틀랜드 / 롤런드

싱글몰트 위스키

1830년대에 설립된 유서 깊은 증류소. 1921년에 한 차례 폐쇄되었지만, 약 1세기 뒤에 부활하였다. 현재는 워시 스틸(Wash Still) 1대와 스피릿 스틸(Spirit Still) 2대를 갖추고, 장인적인 생산 체제를 바탕으로 피티드와 언피티드 원액을 모두 생산하고 있다.

A.D. RATTRAY ANNANDALE FIRST FILL BOURBON aged 3 years 2015

A.D. 레트레이 애넌데일 퍼스트필 버번 3년 2015

도수 61.4% **용량** 700㎖ 참고상품

헤비 피티드. 향은 녹색 바나나와 바닐라, 몰트, 건조한 연기, 빵의 효모. 바디는 바닐린(바닐라 에센스)과 몰트. 뚜렷한 스모크는 깔끔하다. 여운은 쓴맛.

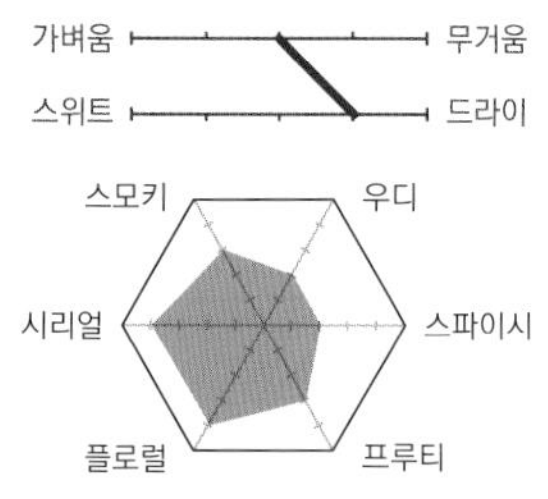

DATA ● **증류소** 애넌데일 증류소 ● **창업연도** 2014년 ● **소재지** Northfield, Annan, Dumfries and Galloway, Scotland ● **소유자** 애넌데일 디스틸러리

롤런드 전통의 3번 증류를 지키는, 유일한 명문

AUCHENTOSHAN 오큰토션 스코틀랜드 / 롤런드

싱글몰트 위스키

스코틀랜드 최대의 도시 글래스고에서 북서쪽으로 16㎞ 정도 떨어진 곳에 자리 잡은 오큰토션 증류소. 온화한 기후의 롤런드 지방에서는 라이트 바디 위스키를 많이 생산하는데, 오큰토션이 그야말로 대표적이다. 최대 특징은 롤런드의 전통인 「3번 증류」. 몰트 위스키는 보통 2번 증류하지만, 오큰토션에서는 3번 증류하여 알코올이 10배 이상 농축된 원액을 생산한다. 가볍고 깔끔하기 때문에 식전에는 물론 식사를 하며 마셔도 좋다. 최근 방문객 센터(Visitor Center)를 정비하였는데, 글래스고에서 찾아오기 편해서 견학하는 사람이 많다.

AUCHENTOSHAN aged 12 years

오큰토션 12년

도수 40% **용량** 700㎖ 약 80,000원

3번 증류 뒤에 12년 숙성

향은 메이플 시럽과 아마씨유. 어린 셰리 오크통의 진한 향이 남아 있다. 풍미는 단맛이 적으며 드라이하다. 소금에 삶은 콩, 설탕과자, 화약연기의 풍미. 그리고 롤런드다운 부드러운 여운.

가벼움 — 무거움

스위트 — 드라이

마시는 방법	
온더락	★★★★☆
미즈와리	★★★☆☆
하이볼	★★★★☆

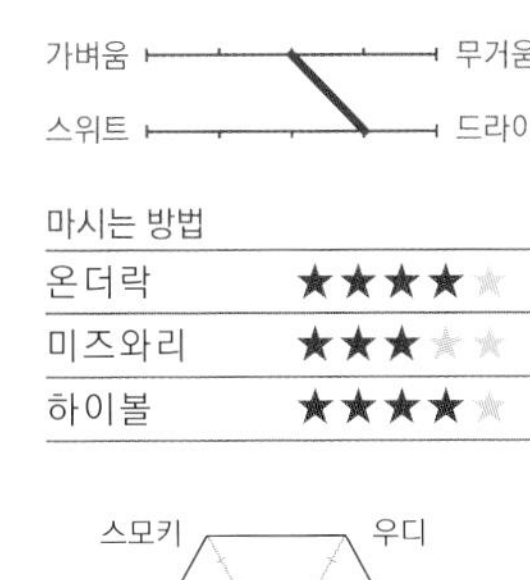

DATA ● **증류소** 오큰토션 증류소 ● **창업연도** 1823년 ● **소재지** Dalmuir, Clydebank, Scotland ● **소유자** 빔 산토리사

스코틀랜드 최남단에 위치한 명문 증류소의 완전한 부활

BLADNOCH 블라드녹

스코틀랜드 / 롤런드

싱글몰트 위스키

향
베리류
살구
시나몬
맛
장미
바닐라
맥아

1817년 블라드녹강을 따라 석조 건물이 늘어선 곳에 설립. 오너가 몇 번씩 바뀌고 증류소는 한동안 폐쇄되었지만, 2015년에 조업을 재개하고 2017년에 다시 생산을 시작하였다. 새로운 오너는 생산 설비를 모두 새롭게 교체하였다. 알코올 생산 능력은 연간 150만ℓ.

BLADNOCH 11 year old

블라드녹 11년

도수 46.7% **용량** 700mℓ 약 140,000원

보리, 레몬, 바닐라크림의 향이 느껴진다. 소박한 보리의 단맛과 갱엿(Barley Sugar)의 풍미. 그리고 톡 쏘는 스파이시함이 있다.

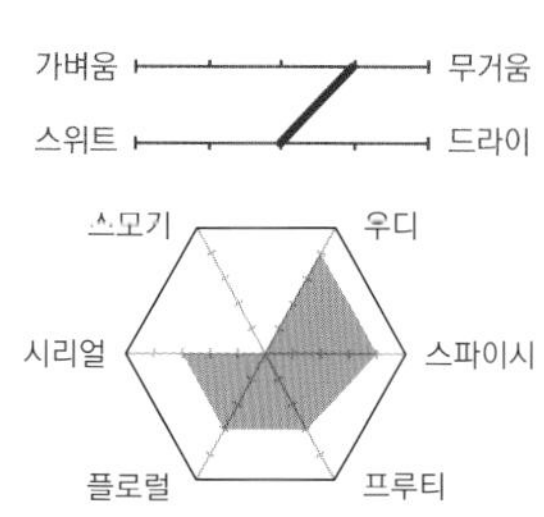

DATA ● **증류소** 블라드녹 증류소 ● **창업연도** 1817년 ● **소재지** Wigtown, Newton Stewart DG8 9AB, United Kingdom(GB) ● **소유자** 데이비드 프라이어

좀처럼 만나기 힘든, 수작업으로 만든 전통의 맛

DAFTMILL 다프트밀

스코틀랜드 / 롤런드

싱글몰트 위스키

향
맥아
플로럴
바닐라
맛
사과
토스트
후추

2005년 프랜시스와 이안 커스버트(Cuthbert) 형제가 롤런드 지방 파이프(Fife)에서 창업. 18세기의 전통적인 농장 증류소(Farm Distillery, 보리 재배부터 증류까지 직접 하는 증류소) 방식을 그대로 따르고 있는데, 자체 생산한 보리 100%로 만든 위스키는 연간 생산량이 2만ℓ에 불과해서 구하기 어렵다.

DAFTMILL 2008

다프트밀 2008

도수 46% **용량** 700mℓ 약 260유로

농장 증류소 특유의 몰트 풍미가 살아 있는 싱글캐스크의 캐스크 스트랭스 보틀. 자체 농장에서 기른 옵틱(Optic) 품종 몰트의 감칠맛이 뚜렷하게 느껴진다.

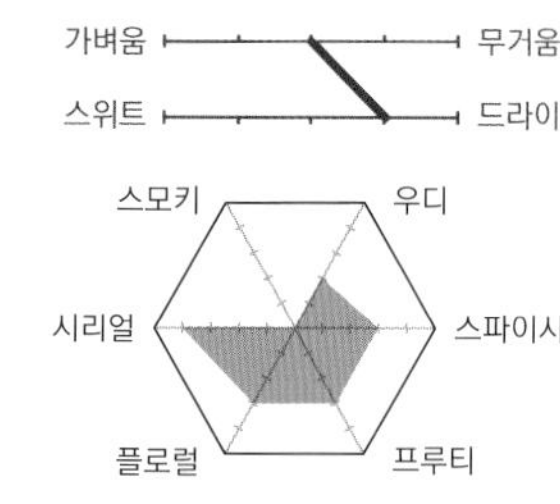

DATA ● **증류소** 다프트밀 증류소 ● **창업연도** 2005년 ● **소재지** by Cupar, Fife ● **소유자** 커스버트 가문

일본요리에 곁들이면 잘 어울리는 느낌

GLENKINCHIE 글렌킨치

스코틀랜드 / 롤런드

싱글몰트 위스키

글렌킨치의 개성을 한마디로 표현하면 「라이트」. 스코틀랜드 최대 규모의 스틸에서 증류하기 때문이다. 초밥이나 새우튀김 등 일본요리와도 궁합이 좋으니, 익숙함에서 벗어나 색다른 마리아주를 연출하고 싶은 날에는 니혼슈용 사기잔을 위스키 글라스로 바꿔보아도 좋다. 증류소 주변은 양질의 보리 생산지로도 유명한데, 스코틀랜드의 국민 시인 로버트 번스(Robert Burns, 「석별의 정」의 원곡을 작사)가 그 풍경을 극찬했다. 수도 에든버러에서 불과 20마일 정도 떨어져 있어서 관광지로도 인기가 많다.

향
- 꽃밭
- 바닐라
- 시트러스

맛
- 서양배
- 맥아
- 생강

One Pick!

GLENKINCHIE 12 year old
글렌킨치 12년
도수 43% **용량** 700㎖ 약 120,000원

휴일 오후에 책이라도 읽으면서……
롤런드 지방의 광대한 목초지를 연상시키는 풀향기와, 깔끔하고 순한 맥아의 단맛을 즐길 수 있다. 목넘김이 매우 크리미하며 부드럽다. 기본적으로는 식전용 몰트지만, 식후에 스트레이트로 마시는 것도 나쁘지 않다.

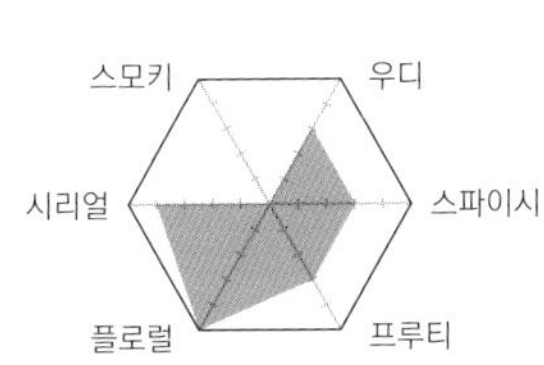

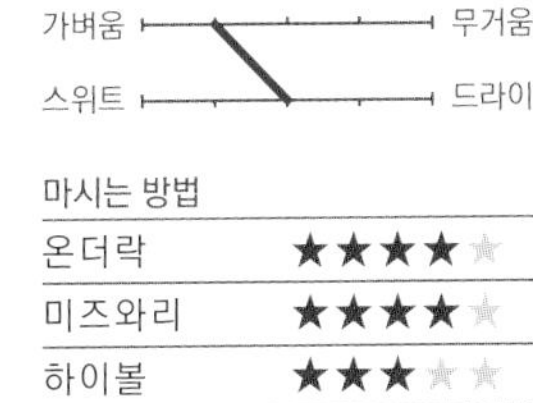

마시는 방법	
온더락	★★★★☆
미즈와리	★★★★☆
하이볼	★★★☆☆

Other Variations

GLENKINCHIE DISTILLERS EDITION(글렌킨치 디스틸러스 에디션)
아몬티라도(Amontillado) 셰리 캐스크에서 2번째 숙성을 한다. 스위트한 맛과 드라이한 맛이 고차원적으로 양립한다.
도수 43% **용량** 700㎖ 약 66유로

DATA ● **증류소** 글렌킨치 증류소 ● **창업연도** 1837년 ● **소재지** Pencaitland, East Lothian, Scotland ● **소유자** MHD(모에 헤네시 디아지오)

110년 만에 새롭게 탄생한 대도시 글래스고의 증류소

GLASGOW 글래스고

스코틀랜드 / 롤런드

싱글몰트 위스키

향
오일리
허브
리코리스

맛
오렌지
맥아
식물

예전에는 수백 개의 증류소가 있던 스코틀랜드 최대의 도시 글래스고. 2015년, 바로 그 글래스고에서 110년 만에 새롭게 탄생한 글래스고 디스틸러리는 증류 설비와 원료 모두 최고의 품질을 고집하며, 양질의 위스키를 만들고 있다.

1770 GLASGOW SINGLE MALT

1770 글래스고 싱글몰트

도수 46% **용량** 500㎖ 약 50유로

최고급 스코틀랜드 보리와 카트린(Katrine) 호수의 깨끗한 물을 사용한다. 퍼스트필 버번 오크통에서 숙성시키고 냉각여과하지 않아서, 매끄러운 과일 풍미를 느낄 수 있다.

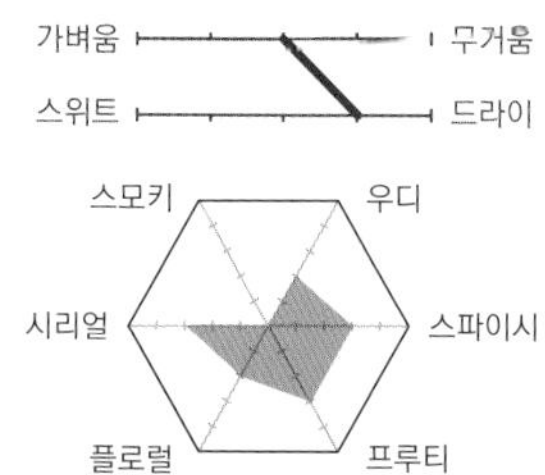

DATA ● **증류소** 글래스고 증류소 ● **창업연도** 2015년 ● **소재지** Deanside Road, Glasgow G52 4XB ● **소유자** 글래스고 디스틸러리사

오크통에 진심인 롤런드 몰트의 신예

KINGSBARNS 킹스반스

스코틀랜드 / 롤런드

싱글몰트 위스키

향
맥아
쿠키
바닐라

맛
생강
오렌지
요구르트

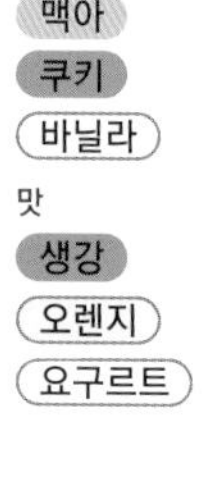

2014년 롤런드 지방 킹스반스에 신설된 증류소. 주로 헤븐 힐(Heaven Hill) 증류소에서 조달한 퍼스트필 버번 오크통을 사용한다. 또한 포르투갈산 STR 레드와인 오크통이나 셰리 오크통을 사용하여 복잡한 풍미를 만들어낸다.

KINGSBARNS DREAM TO DRAM

킹스반스 드림 투 드램

도수 46% **용량** 700㎖ 약 45유로

보리 같은 느낌, 레몬과 바나나의 단맛, 그래시(Grassy)한 풍미, 바닐라와 꿀의 뉘앙스, 후추의 스파이시함과 생강 풍미 등이 그대로 조용히 사라진다. 진한 하이볼이나 온더락을 추천.

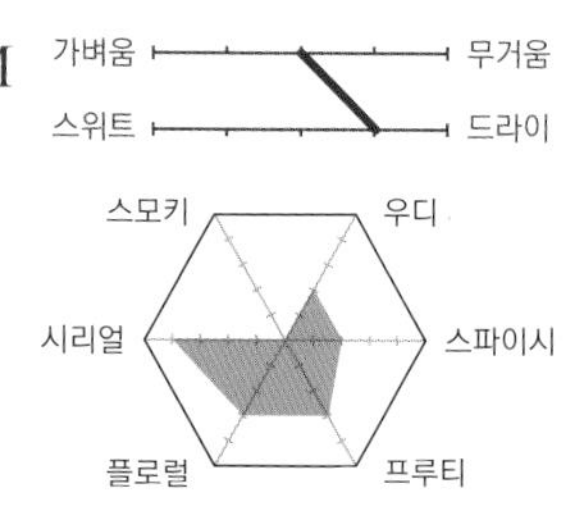

DATA ● **증류소** 킹스반스 증류소 ● **창업연도** 2014년 ● **소재지** Kingsbarns, St Andrews KY16 8QE, UK ● **소유자** 웜스 디스틸러리사

「롤런드의 여왕」이라 불리는 명품 위스키

ROSEBANK 로즈뱅크

스코틀랜드 / 롤런드

싱글몰트 위스키

로즈뱅크 증류소는 1840년 에든버러와 글래스고의 중간에 위치한 폴커크(Falkirk)에서 탄생하였다. 롤런드 지방의 전통인 3번 증류 덕분에 경쾌하면서도 향기로운 풍미로 인기를 모아, 롤런드를 대표하는 증류소로 이름을 떨쳤다. 하지만 1993년 당시의 오너가 폐쇄를 결단, 오랜 기간 건물은 방치되고 설비 중 일부는 어디론가 사라져버렸다. 불운한 역사에 빛이 드리운 것은 2017년. 이안 맥클라우드(Ian Macleod)사가 권리를 사들여 부활에 시동을 걸었다. 부활 후 「로즈뱅크 30년」을 처음으로 세계에 선보이며, 기념할 만한 「새로운 장(章)」을 열었다.

ROSEBANK aged 30 years RELEASE 1

로즈뱅크 30년 릴리스 1

도수 48.6% **용량** 700㎖ 약 5,200,000원

판매 종료 상품

One Pick!

롤런드의 여왕과 나누는 환담

1993년에 폐쇄된 환상 속 장미는 2017년부터 부활의 길을 걷기 시작했다. 폐쇄되기 전 1990년에 증류한 이 위스키는, 롤런드의 여왕이라고 불릴만한 매혹적인 명품 위스키다. 최고급 멜론, 머스캣, 꿀의 향과 실크처럼 매끄러운 감촉을 즐길 수 있다. 관능의 극치.

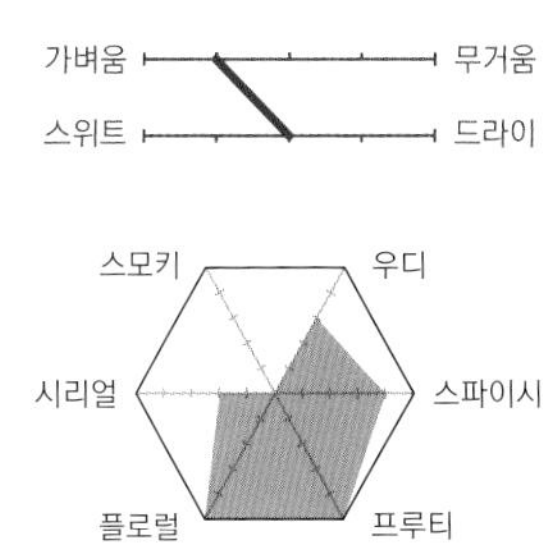

DATA ● **증류소** 로즈뱅크 증류소 ● **창업연도** 1840년 ● **소재지** Falkirk FK1 5JR ● **소유자** 이안 맥클라우드 디스틸러스

하일랜드 4개의 구역으로 다시 나뉘는 특색

동서남북의 넓은 지역에 걸쳐 다양한 증류소가 즐비

롤런드와의 경계선인 하일랜드 라인 북쪽에 펼쳐진 기복이 심한 땅.

공룡을 닮은 괴물이 산다는 네스(Ness)호를 포함한 스코틀랜드 북부의 광대한 지역이 하일랜드다. 그 이름처럼 1,000m가 넘는 산들이 연달아 있는 높은 산악지대이며, 황량한 들판이 끝도 없이 이어지는 한산한 지형이다.

예전에는 스페이사이드와 아일랜즈도 하일랜드에 포함시켰는데, 현재는 그들 지역을 제외한 약 40개 증류소의 위스키를 하일랜드 위스키로 분류한다. 또한 너무나 광대한 지역에 걸쳐 있기 때문에, 동서남북의 4개 구역으로 세분화되어 각각 다른 특색을 보여준다.

스코틀랜드에서 가장 키가 큰 5.14m 포트 스틸을 사용한다.

글렌모렌지 증류소.

글렌모렌지 증류소 뒤에 있는 도녹(Dornoch)만.

먼저 글렌모렌지와 달모어, 클라이넬리시 등 유명 증류소가 거점을 마련한 **북하일랜드**. 위스키다운 순한 단맛을 지닌 것이 많고, 균형감이 좋으며, 깔끔한 입문자용 위스키부터 보다 뚜렷한 풍미의 아일레이 몰트에 가까운 스모키한 위스키까지 다양한 종류가 있다.
하일랜드 안에서 비교적 평야가 많은 **동하일랜드**는 과일향과 신선한 풍미가 특징. 그중에는 헤비한 타입도 있다. 또한 **서하일랜드**에는 산속에 있는 벤 네비스 증류소와 항구 도시에 위치한 오번 증류소가 있는데, 벤 네비스는 과일 느낌, 오번은 희미한 바닷물 풍미가 특징이다.
그리고 롤런드에 가까운 **남하일랜드**는 가벼운 맛이 특징으로, 대표적인 글렌고인 증류소에서는 논피트 몰트를 사용하여 감귤류향이 감도는 무난한 위스키를 만든다.
참고로 하일랜드와 스페이사이드에는 「글렌」이라는 이름이 붙은 증류소가 많은데, 이들 지역을 관통하는 그램피언산맥의 계곡을 뜻하는 게일어에서 유래된 것이다.

북하일랜드 특유의 드라이하고 스파이시한 화려함

BALBLAIR 발블레어

스코틀랜드 / 북하일랜드

싱글몰트 위스키

향
오일리
시트러스
맥아
맛
서양배
건초
민트

예전에는 「밸런타인」의 원액 등을 주로 만들었기 때문에 공식병입 보틀을 구하기 힘들었는데, 최근 정식으로 수입되면서 인기가 높아졌다. 2019년에 리뉴얼하여 현재는 숙성 연수를 기재한 상품을 주로 선보인다.

BALBLAIR aged 12 years

발블레어 12년
도수 46% **용량** 700㎖ 약 130,000원

밸런타인의 키몰트답게 균형감이 좋다. 상쾌한 청사과 계열, 바닐라 계열의 향이 어우러져 맑은 느낌. 가벼워 보이지만, 의외로 뚜렷한 바디와 여운이 있다. 사람으로 비유하자면 큰소리를 치지는 않지만, 일은 제대로 해내는 타입.

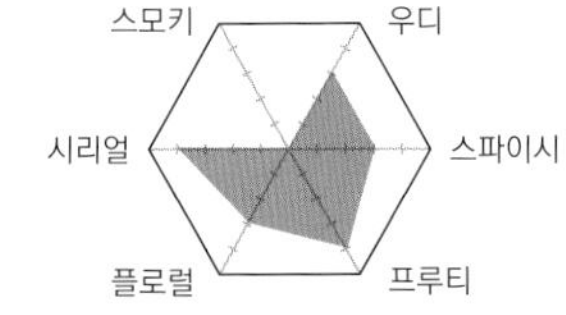

DATA ● **증류소** 발블레어 증류소 ● **창업연도** 1790년 ● **소재지** Edderton, Tain, Ross-Shire, Scotland ● **소유자** 인버 하우스사

긴 잠에서 깨어난 하일랜드의 중견 위스키

BRORA 브로라

스코틀랜드 / 북하일랜드

싱글몰트 위스키

향
오일리
스모키
살구
맛
우디
견과류
브라이니

1819년 하일랜드의 브로라에서 클라이넬리시라는 이름으로 창업, 1967년 「브로라」로 이름을 바꾸고 몇 번의 휴면과 시동을 거쳤다. 2017년 증류소를 인수한 디아지오사가 재가동을 선언하고, 2021년 5월에 부활하였다.

BRORA aged 32 years LIMITED EDITION

브로라 32년
도수 54.7% **용량** 700㎖ 참고상품

60년대에 피티드 몰트의 공급 부족으로, 69년부터 14년 동안만 생산된 환상의 몰트. 꿀밀(벌집을 만들기 위하여 꿀벌이 분비하는 물질)에 풍성한 피트향이 어우러져 농후하면서 다층적인 풍미다. 엄숙한 전설의 여운이 가득하다.

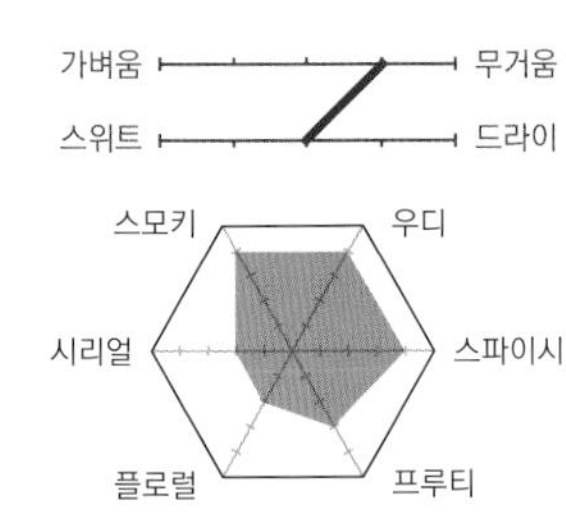

DATA ● **증류소** 브로라 증류소 ● **창업연도** 1967년(원래는 1819년) ● **소재지** Clynelish Road, Brora, KW9 6LR ● **소유자** 디아지오사

하일랜드와 해변의 개성을 모두 가진 일거양득 위스키

CLYNELISH 클라이넬리시

스코틀랜드 / 북하일랜드

싱글몰트 위스키

"언제나 스카치 위스키 중에서 가장 비쌌다." 1886년, 선구적인 위스키 작가로 알려진 알프레드 버나드(Alfred Barnard)는 그의 작품에서 「클라이넬리시」를 가리켜 이렇게 표현했다. 당시부터 이 싱글몰트에 대한 평가는 매우 높아서, 몇 년씩 단골인 개인 고객에게만 판매하는 귀한 상품이었다. 증류소는 연어낚시로 유명한 리조트지 브로라에 위치하고 있는데, 북해와 마주하고 있기 때문에, 「클라이넬리시」는 오일리함 속에서 바닷물 같은 짭짤한 풍미가 느껴진다. 참치 다타키나 정어리구이 등 생선요리와의 마리아주를 꼭 시도해보자.

CLYNELISH aged 14 years
클라이넬리시 14년
도수 46% **용량** 700㎖ 약 130,000원

One Pick!

복잡한 풍미가 특징인 하일랜드 몰트
헤더꿀 같은 감칠맛 나는 달콤함과 꿀밀을 연상시키는 왁시(Waxy)한 풍미가 매우 복잡하면서도 매력적인 하모니를 연주한다. 드라이하며 흙 같은 풍미가 코를 스친 뒤, 희미한 바닷바람의 뉘앙스가 이어진다.

가벼움 — 무거움
스위트 — 드라이

마시는 방법

온더락	★★★★☆
미즈와리	★★★☆☆
하이볼	★★★☆☆

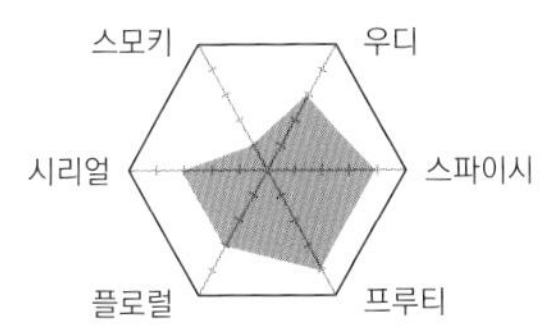

DATA ● **증류소** 클라이넬리시 증류소 ● **창업연도** 1819년 ● **소재지** Brora, Sutherland, Scotland ● **소유자** MHD(모에 헤네시 디아지오)

시가 애호가를 사로잡은 리치한 풍미

DALMORE 달모어

스코틀랜드 / 북하일랜드

싱글몰트 위스키

달모어 증류소가 있는 로스(Ross)주는 사슴 사냥으로 유명하며, 야성적인 자연이 풍부한 땅이다. 달모어의 상징이 된 사슴 문장은, 예전에 수사슴의 공격을 받은 스코틀랜드 국왕 알렉산더 3세를 구한 데 대한 감사의 뜻으로 선사 받은 것. 저명한 블렌더 리처드 패터슨(Richard Paterson)이 숙성용 오크통 선정과 배합 등에서 브랜드 홍보대사로서 수완을 발휘한다. 몰트는 감칠맛이 있고 스파이시한 풍미가 특징. 식후의 한잔으로 안성맞춤이며, 시가를 피우면서 마시면 왠지 멋진 남자가 된 듯한 기분이 든다. 물을 조금 넣으면 신선함과 단맛이 한층 더 잘 느껴진다.

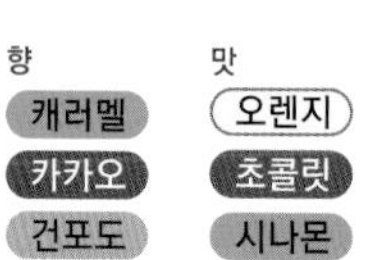

DALMORE aged 12 years
달모어 12년
도수 40% **용량** 700㎖ 약 120,000원

마시는 사람을 고르는 위스키

북하일랜드의 헤비급 몰트. 진한 코코아, 시나몬, 시가의 풍미가 압권. 건장한 남성이 몇 잔씩 마신다면 박력 만점. 술이 약한 사람은 마지막 한 잔이 될지도? 마시는 사람을 고르는 위스키다.

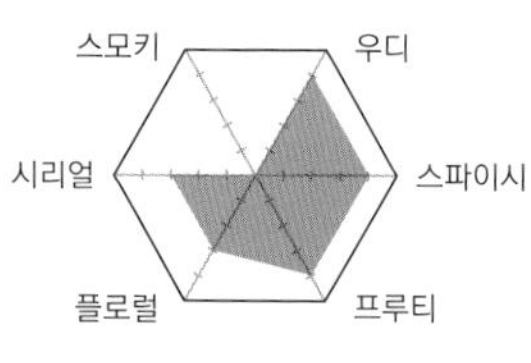

마시는 방법	
온더락	★★★★★
미즈와리	★★★☆☆
하이볼	★★★☆☆

Other Variations

DALMORE aged 15 years (달모어 15년)
셰리 오크통만으로 숙성. 리치한 풍미 속에 오렌지, 레몬 등 감귤류의 풍미와 셰리향이 있다. **도수** 40% **용량** 700㎖ 약 250,000원

DALMORE CIGAR MALT RESERVE (달모어 시가 몰트 리저브)
알코올 도수가 높고 시가에 지지 않는 감칠맛과 풍부한 과일향이 있다. 이름대로 시가와의 마리아주가 최고. **도수** 44% **용량** 700㎖ 약 250,000원

DATA ● **증류소** 달모어 증류소 ● **창업연도** 1839년 ● **소재지** Alness, Ross-shire, Scotland ● **소유자** 엠페라도사

기상관측소 역할도 하는, 유일한 증류소

DALWHINNIE 달위니

스코틀랜드 / 중앙하일랜드

싱글몰트 위스키

스코틀랜드에서도 고도가 높은 곳(약 330m)에 위치한 달위니 증류소. 달위니는 게일어로 「만남을 위한 평원」이라는 뜻이다. 증류소가 있는 그램피언산맥과 모나드리아스(Monadhliath)산맥 사이의 목초지는 황량하고 비바람이 거센 환경이어서, 증류소가 정부의 기상관측소 역할도 한다. 참고로 그레이트브리튼섬에서 가장 낮은 평균기온을 기록하는 관측소 중 하나다. 「달위니」의 특징인 헤더와 꿀의 향은 하일랜드의 산악지대가 길러낸 것이다.

DALWHINNIE 15 years old

달위니 15년

도수 43% **용량** 700㎖ 약 140,000원

One Pick!

미즈와리로 일본요리와 함께

시트러스류의 과일향이 주는 산뜻함과, 경쾌한 맥아의 풍미가 기분 좋다. 부드러운 맛이 마치 스페이사이드 몰트 같다. 입안에 닿는 감촉은 가볍지만 흰 후추 같은 스파이시함도 있어서, 미즈와리로 마시면 일본요리와도 잘 어울린다.

스모키 / 우디 / 스파이시 / 프루티 / 플로럴 / 시리얼

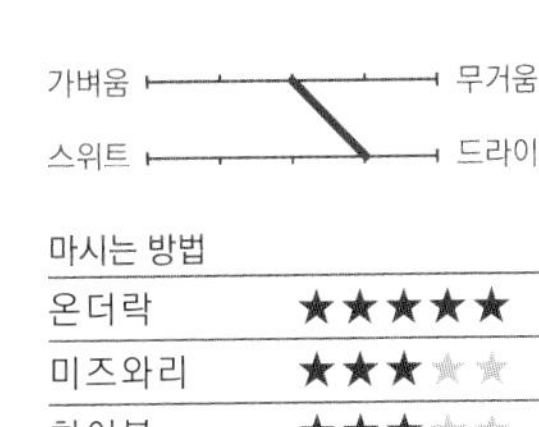

향

- 맥아
- 사과
- 스파이스

맛

- 오렌지
- 민트
- 생강

Other Variations

DALWHINNIE DISTILLER'S EDITION(달위니 디스틸러스 에디션)

올로로소 셰리 오크통 등에서 2번째 숙성을 한다. 몰트와 꿀의 풍미가 강한, 달위니의 개성이 더욱 돋보이는 위스키.

도수 43% **용량** 700㎖ 약 160,000원

DATA

- **증류소** 달위니 증류소 ● **창업연도** 1898년 ● **소재지** Dalwhinnie, Inverness-shire, Scotland
- **소유자** MHD(모에 헤네시 디아지오)

그야말로 「우드 피니시」의 선구자!

GLENMORANGIE 글렌모렌지

스코틀랜드 / 북하일랜드

싱글몰트 위스키

지금이야 숙성할 때 버번 오크통을 흔히 사용하지만, 처음 이 방법을 도입한 곳이 바로 글렌모렌지 증류소이다. 또한 우드 피니시 기법의 선구자로도 알려져 있는데, 셰리주, 포트와인, 소테른 와인 등의 오크통에 옮겨 담아 추가 숙성시킨 엑스트라 머추어드(Extra Matured) 시리즈는 높은 평가를 받고 있다. 사용하는 물도 특별하다. 위스키에는 원칙적으로 연수가 무난하다고들 하지만, 글렌모렌지는 경수를 사용한다. 대량으로 함유된 미네랄이 글렌모렌지의 풍미를 풍성하게 만들어주기 때문이다. 상식에 얽매이지 않는 제조법이 개성을 살려준다.

향
바닐라
시트러스
맥아

맛
플로럴
서양배
사과

GLENMORANGIE THE ORIGINAL

글렌모렌지 디 오리지널

도수 40% **용량** 700㎖ 약 90,000원

늘 가까이 두고 싶은 위스키

시리얼, 청사과, 레몬필, 바닐라, 메이플 시럽을 얹은 핫케이크의 향. 홍차시폰케이크, 바나나, 연꽃꿀, 고급 설탕과자의 맛. 언제 어떤 자리에나 어울리는 것이 매력이다.

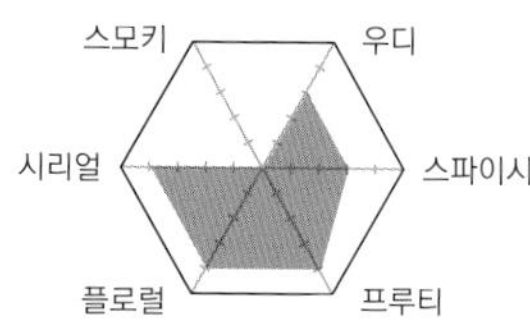

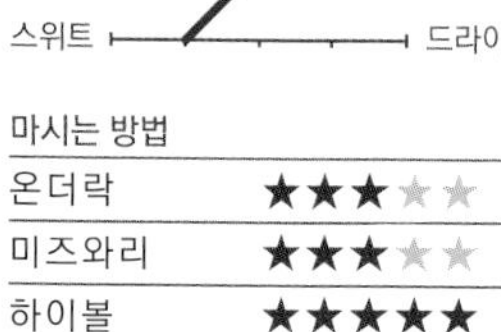

마시는 방법	
온더락	★★★☆☆
미즈와리	★★★☆☆
하이볼	★★★★★

Other Variations

NECTAR D'OR SAUTERNES CASK(넥타 도르 소테른 캐스크)
최고급 소테른 와인 오크통에서 숙성. 레몬 타르트처럼 산뜻하면서 크리미한 풍미. **도수** 46% **용량** 700㎖ 약 140,000원

DATA ● **증류소** 글렌모렌지 증류소 ● **창업연도** 1843년 ● **소재지** Ross-shire, Scotland ● **소유자** 글렌모렌지사

그윽한 향기로 아시아 시장도 매료시켰다

GLEN ORD 글렌 오드

스코틀랜드 / 북하일랜드

싱글몰트 위스키

보리의 주요 산지인 블랙 아일(Black Isle) 반도와 이어지는 위치에 있는 증류소. 예전에는 주변에 증류소가 많이 있었지만 현재는 글렌 오드만 남았다. 드럼이라 불리는 거대한 장치를 이용하여 맥아 제조 등을 한발 앞서 실시한 증류소이다. 「더 싱글톤 글렌 오드」는 전통 기술을 살려 아시아 시장을 겨냥하여 만든 싱글몰트다. 셰리와 맥아의 풍미가 풍부하며, 드라이하지만 이윽고 맥아의 단맛이 느껴진다. 균형이 잘 맞고 마일드한, 하일랜드다운 식후주라고 할 수 있다. 12년과 18년이 있는데 모두 「IWSC(International Wine & Spirit Competition)」와 「ISC(International Spirit Challenge)」에서 수상한 경력이 있다.

향

오렌지

시나몬

맥아

맛

사과

꿀

클로브

THE SINGLETON GLEN ORD aged 18 years

더 싱글톤 글렌 오드 18년

도수 40% **용량** 700㎖ 약 60유로

동양적인 관능을 두르다

백단, 향나무를 연상시키는 동양적인 향기. 아마레토(아몬드 맛이 나는 리큐어), 캐러멜, 프렌치토스트, 버터, 가죽의 풍미. 가성비가 뛰어나며, 숙성감이 있고 관능적인, 고급 위스키.

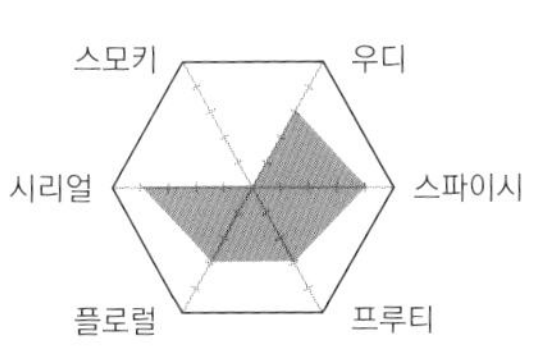

마시는 방법	
온더락	★★★★★
미즈와리	★★★★☆
하이볼	★★★★☆

Other Variations

THE SINGLETON GLEN ORD aged 12 years (더 싱글톤 글렌 오드 12년)
초콜릿이나 비스킷의 깊은 향을 연상시키는, 조금 긴 여운이 느껴진다.
도수 40% **용량** 700㎖ 참고상품

DATA ● **증류소** 글렌 오드 증류소 ● **창업연도** 1838년 ● **소재지** Muir of Ord, Ross-shire, Scotland ● **소유자** MHD(모에 헤네시 디아지오)

스코틀랜드판「어부의 노래」

OLD PULTENEY 올드 풀트니 스코틀랜드/북하일랜드

싱글몰트 위스키

청어잡이로 경기가 호황일 때 세워진, 윅(Wick) 지역에 위치한 풀트니 증류소. 바닷바람이 강하게 부는 지역답게 바다의 풍미가 제대로 느껴지는 몰트다. 달콤함 속에서 바다의 강인함이 느껴지는데, 그 균형감 때문에 인기가 많다. 참고로 윅에서는 과거에 금주법이 시행되었다. 20세기 초, 청어잡이의 고됨을 달래기 위해, 이 지역에서는 하루에 500겔론(1명당 1병을 마실 수 있는 양)의 위스키를 소비하였다. 그 결과 문제가 많이 발생하여 금주법이 시행되었다는, 항구 도시다운 에피소드다.

향
오렌지
맥아
오일리
맛
바닐라
서양배
브라이니

OLD PULTENEY aged 12 years

올드 풀트니 12년

도수 40% **용량** 700㎖ 약 100,000원

풀트니 증류소의 대표작

올드 풀트니 특유의 시트러스향에 다크 캐러멜의 단맛, 크리미한 바닐라의 향. 부드럽고 기분 좋은 풍미는, 첫 모금에서 꿀과 크림의 노트가 느껴진다. 그 뒤로 잘 익은 과일과 신선한 향신료의 하모니가 펼쳐진다.

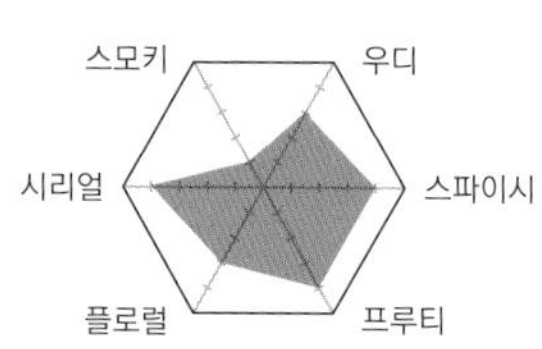

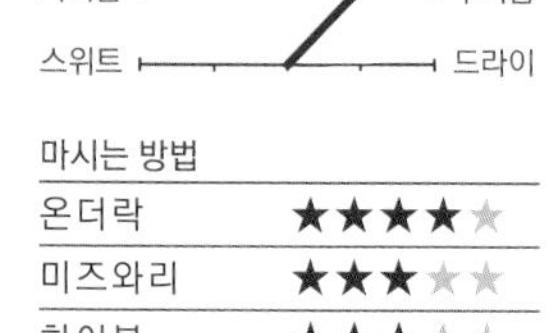

마시는 방법	
온더락	★★★★☆
미즈와리	★★★☆☆
하이볼	★★★☆☆

Other Variations

OLD PULTENEY aged 15 years (올드 풀트니 15년)

버번 오크통과 올로로소 오크통의 서로 다른 풍미를 느낄 수 있다. 깊고 스파이시한 단맛과 상쾌한 바다향이 조화를 이룬다.

도수 46% **용량** 700㎖ 약 200,000원

OLD PULTENEY aged 18 years (올드 풀트니 18년)

농후하고 따스한 향. 초콜릿과 향신료의 풍미를 따라 호화로운 단맛이 펼쳐진다.

도수 46% **용량** 700㎖ 약 320,000원

DATA ● **증류소** 풀트니 증류소 ● **창업연도** 1826년 ● **소재지** Wick, Caithness, Scotland ● **소유자** 인버 하우스사

오래된 증류소의 신선하고도 화려한 맛

ROYAL BRACKLA 로열 브라클라

스코틀랜드/북하일랜드

싱글몰트 위스키

1812년 스코틀랜드 하일랜드에 설립된 오래된 증류소 중 하나. 최초로 영국 왕실의 납품 허가를 받은 곳으로도 유명하다. 퍼스트필 셰리 오크통에서 마무리하여 신선하고 화려한 과일맛으로 완성.

ROYAL BRACKLA aged 12 years

로열 브라클라 12년

도수 40% **용량** 700㎖ 약 60유로

프루티함이 느껴지는 신선하면서 화려한 향. 사과와 서양배, 향신료가 연주하는 복잡하고도 균형 잡힌 풍미. 아울러 셰리 오크통에서 비롯된 그윽한 향과 견과류가 느껴지는 깊은 여운이 특징이다.

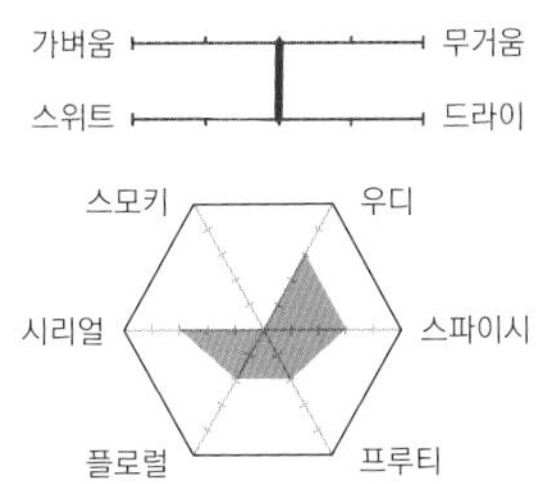

DATA ● **증류소** 로열 브라클라 증류소 ● **창업연도** 1812년 ● **소재지** Cawdor, Narin, Inverness-Shire, Scotland ● **소유자** 바카디사

「꽃과 동물」 시리즈의, 잘 알려지지 않은 증류소

TEANINICH 티니닉

스코틀랜드/북하일랜드

싱글몰트 위스키

스코틀랜드 북하일랜드에 있는 티니닉 증류소. 이곳에서는 블렌디드 위스키용 원액을 주로 생산했는데, UD(United Distillers, 현 디아지오의 전신)사에 인수된 뒤, 1992년 라벨에 꽃과 동물이 그려진 시리즈를 발매하였다.

TEANINICH aged 10 years UD FLORA & FAUNA

티니닉 10년(UD 꽃과 동물 시리즈)

도수 43% **용량** 700㎖ 약 60유로

드라이하며 스파이시하다. 시나몬 워터 같은 향. 맛은 애플파이. 피트가 은은하게 느껴지며 시나몬, 클로브 등의 향신료도 느껴진다. 품질 좋은 몰트.

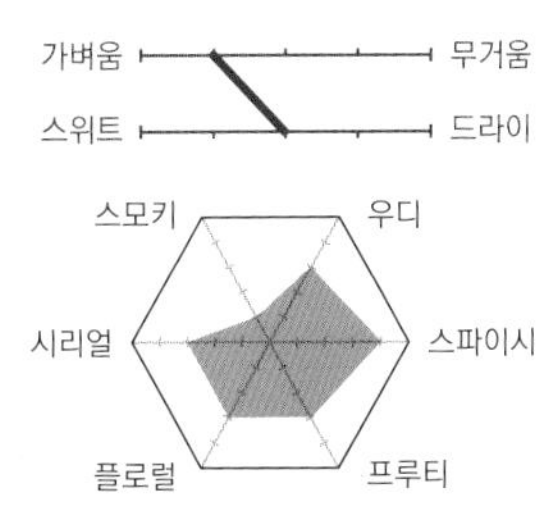

DATA ● **증류소** 티니닉 증류소 ● **창업연도** 1817년 ● **소재지** Alness Ross and Cromarty, Highland, Scotland ● **소유자** MHD(모에 헤네시 디아지오)

풍부한 저장량을 자랑하는 네스호 인근의 증류소

TOMATIN 토마틴

스코틀랜드/북하일랜드

싱글몰트 위스키

하일랜드 지방의 주요 도시 인버네스(Inverness)에서 남쪽으로 약 25㎞ 떨어진 곳에 위치한다. 증류소 바로 근처에 괴물 네시의 전설로 유명한 네스호가 있으며, 전통적인 스코틀랜드의 풍경이 펼쳐진다. 80년대에 다카라[宝] 주조가 증류소를 매입하여, 일본 기업이 처음으로 소유한 스코틀랜드 증류소가 되었다. 규모가 상당해서 약 17만 오크통의 안정된 저장량을 자랑하며, 국내외에서 많은 방문객이 찾아온다. 물은 「올타 나 프리스(Allt na Frithe, 자유의 작은 강)」라고 불리는 작은 강의 물을 사용한다. 화강암 사이를 통과한 이 물은 미네랄이 지나치게 많지 않고 적당한 연수여서, 몰트의 부드럽고 섬세한 풍미에 영향을 준다.

TOMATIN LEGACY

토마틴 레거시

도수 43% **용량** 700㎖ 약 60,000원

칵테일 「맨해튼」을 닮은

70년대 빈티지를 중심으로 인기가 높아진 증류소. 단맛도 강해서 식후주로 적합하다. 여운도 길어서 마치 맨해튼 칵테일 같다. 새 오크통의 화려한 향. 바닐라, 레몬필, 스위트 베르무트의 풍미.

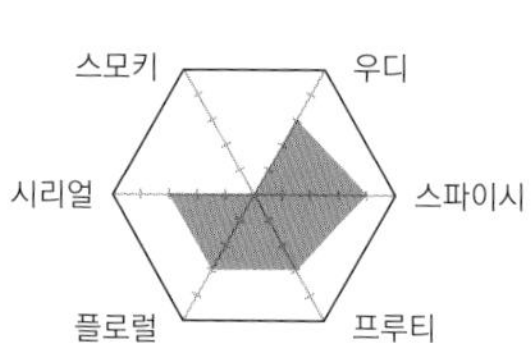

가벼움 ― 무거움

스위트 ― 드라이

마시는 방법	
온더락	★★★★☆
미즈와리	★★★★☆
하이볼	★★★★☆

Other Variations

TOMATIN aged **12** years (토마틴 12년)

12년 이상 숙성된 몰트 원액으로 만든다. 적당한 피트향이 순하며 입에 닿는 감촉이 깔끔하다. **도수** 43% **용량** 700㎖ 약 100,000원

TOMATIN CÙ BÒCAN BOURBON CASK
(토마틴 쿠 보칸 버번 캐스크)

피트 처리한 맥아를 사용한 원액을 버번 오크통에서 숙성. 이중적인 향과 풍미에, 희미한 스모크가 느껴진다. **도수** 46% **용량** 700㎖ 약 73유로

DATA DATA ● **증류소** 토마틴 증류소 ● **창업연도** 1897년 ● **소재지** Tomatin, Inverness-shire, Scotland ● **소유자** 다카라 주조

긴 시간을 거쳐 되살아난, 수작업을 고수하는 증류소

WOLFBURN 울프번

스코틀랜드/북하일랜드

싱글몰트 위스키

1821년부터 50년 정도의 짧은 기간 동안, 스코틀랜드 최북단의 마을 서소(Thurso)에 존재했던 울프번 증류소. 시간이 흘러 2011년 증류소 재건 계획이 시작되었고, 2013년 1월 약 150년 만에 같은 땅에서 위스키가 부활하였다. 신생 증류소에서는 가까이 흐르는 울프번강의 물을 사용하여 1주일에 약 3,500ℓ의 원액을 증류하는데, 제조 과정의 대부분이 예전에 하던 것처럼 수작업으로 이루어진다. 또한 저장할 때는 유러피안이나 아메리칸 오크로 만든 올로로소 셰리 오크통, 아메리칸 오크로 만든 버번 오크통과 쿼터 캐스크 등 3종류의 오크통을 사용한다.

향

맥아
바닐라
시트러스

맛

꿀
서양배
브라이니

One Pick!

WOLFBURN NORTHLAND

울프번 노스랜드

도수 46% **용량** 700㎖ 약 100,000원

고전적인 풍미의 위스키

솔티드 버터 쿠키, 시리얼, 희미한 생강과 바닐라의 향. 맛은 브라이니하고 드라이한 레몬과 파인애플, 맥아, 초벌구이한 아몬드의 맛이 느껴지며, 여운으로는 어렴풋한 피트향이 남는다. 북하일랜드다운 고전적인 풍미가 인상적인 위스키다.

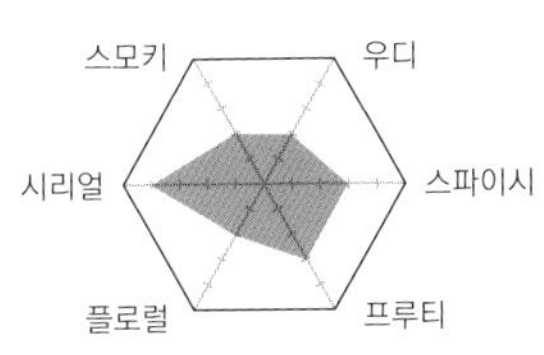

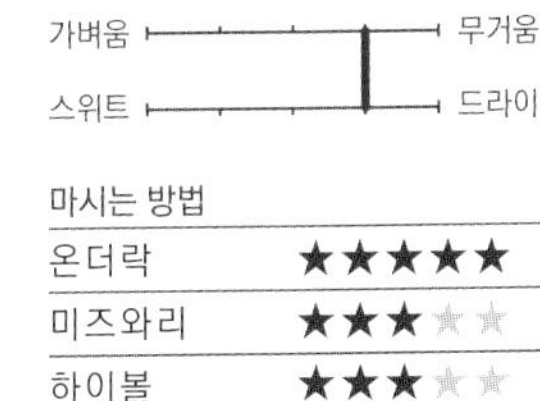

마시는 방법	
온더락	★★★★★
미즈와리	★★★☆☆
하이볼	★★★☆☆

Other Variations

WOLFBURN AURORA(울프번 오로라)

퍼스트필 버번 오크통과 올로로소 셰리 오크통을 사용. 깊고 화려한 과일의 단맛을 선사한다. **도수** 46% **용량** 700㎖ 약 130,000원

WOLFBURN MORVEN(울프번 모벤)

피티드 맥아를 사용. 묵직한 보리의 느낌과 적당히 튀는 훈연향이 있다. **도수** 46% **용량** 700㎖ 약 46유로

DATA ● **증류소** 울프번 증류소 ● **창업연도** 2011년 ● **소재지** Henderson Park, Thurso, Caithness, Scotland ● **소유자** 앤드류 톰슨

자연이 풍부한 환경에서 만드는, 상쾌한 맛

ARDMORE 아드모어

스코틀랜드 / 동하일랜드

싱글몰트 위스키

향
스모키
토스트
클로브
맛
오렌지
살구
맥아

애버딘(Aberdeen)주 케네스몬트(Kennethmont) 근교에 있는 아드모어 증류소. 클라신다록(Clashindarroch)숲에 둘러싸여 자연이 풍부하며, 주변은 보리 산지로도 유명하다. 「아드모어 레거시」 보틀에는 증류소의 수호신인 독수리가 날아오르는 모습이 그려져 있다.

ARDMORE LEGACY

아드모어 레거시
도수 40% **용량** 700㎖ 약 30유로

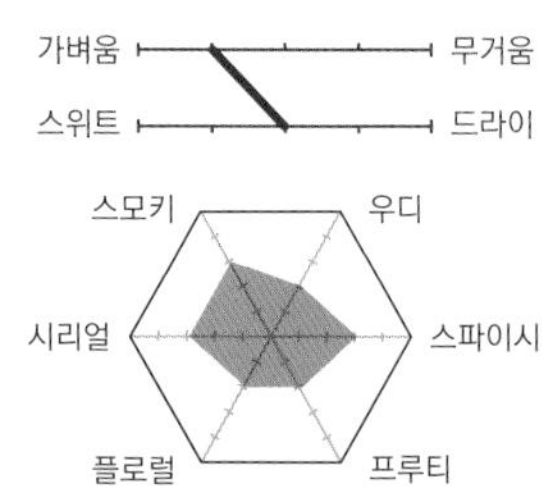

훍내음이 나는 스모크와 태운 보리의 뉘앙스, 점토 속에서 클로브, 견과류, 애플시럽을 뿌린 시리얼의 풍미. 예전보다 부드럽고 가벼워졌지만, 평소 마시기에 적합한 가격이 대단히 매력적.

DATA ● **증류소** 아드모어 증류소 ● **창업연도** 1898년 ● **소재지** Kennethmont Huntly Aberdeenshire, Scotland ● **소유자** 빔 산토리사

해변 마을에서 만드는 기분 좋은 풍미

THE DEVERON 더 데브론

스코틀랜드 / 동하일랜드

싱글몰트 위스키

향
스파이스
오렌지
맥아
맛
생강
건초
사과

바다 가까이에 위치한 밴프(Banff) 마을의 데브론강을 따라 세워진 맥더프(Macduff) 증류소. 이곳에서는 금속제 매시 턴(Mash tun, 맥아즙을 만드는 용기)과 증기 코일 등의 근대적 제조법과 기술을 일찌감치 도입하였다. 바다 풍미가 느껴지는 경쾌한 과일맛이 특징이다.

THE DEVERON aged 12 years

더 데브론 12년
도수 40% **용량** 700㎖ 약 40유로

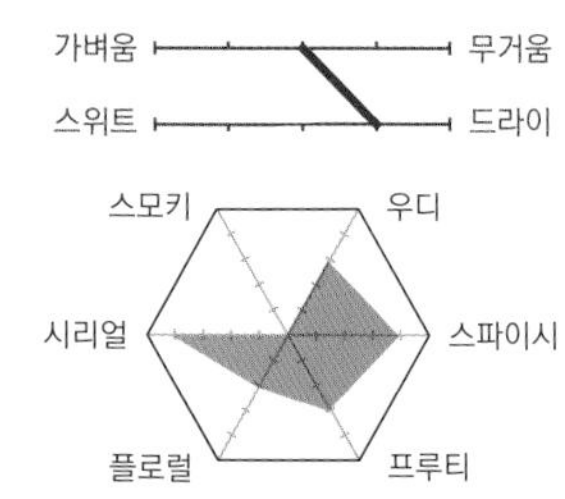

미네랄과 맥아, 사과와 살구의 리치한 단맛, 시나몬과 후추의 스파이시함. 여운은 부드러운 바닐라의 터치와 기분 좋은 오크의 드라이함. 소박한 분위기 안에 내재된 섬세한 과일 느낌이 인상적이다.

DATA ● **증류소** 맥더프 증류소 ● **창업연도** 1960년 ● **소재지** Macduff Banff Aberdeenshire, Scotland ● **소유자** 바카디사

ANCNOC 아녹

스코틀랜드 / 동하일랜드

싱글몰트 위스키

녹두 증류소는 녹힐(Knockhill)이라는 언덕이 있는 녹 마을에 위치한다. 증류소 설립 당시 마을에 철도역이 생기고 증류소까지 연결선이 깔린 데서, 지역적 차원의 사업이었다는 사실을 알 수 있다. 증류소 이름과 위스키 브랜드 이름이 다른 것은 「노칸두」나 「카듀」 등 다른 브랜드와 혼동하기 쉽기 때문이다. 1993년부터 게일어로 「작은 언덕」이라는 뜻의 「아녹」을 브랜드 이름으로 사용하고 있다. 뚜렷한 바디와 꿀의 뉘앙스, 프루티하고 크리미한 단맛이 특징. 느긋하게 시간을 보내고 싶은 밤, 첫잔으로 마시기 적합한 위스키다.

향
살구
건포도
시나몬

맛
오렌지
카카오
맥아

ANCNOC 18 years old

아녹 18년

도수 46% **용량** 700㎖ 약 300,000원

경쾌함 플러스, 셰리 오크통 원액의 강렬함

스패니시 오크의 셰리 캐스크와 아메리칸 오크의 버번 배럴(미국에서 오크통을 부르는 명칭)에서 18년 동안 숙성시킨다. 풍미는 아로마틱한 향신료와 과일 케이크, 설탕에 절인 레몬이 느껴진 뒤 바닐라, 꿀, 캐러멜이 이어진다.

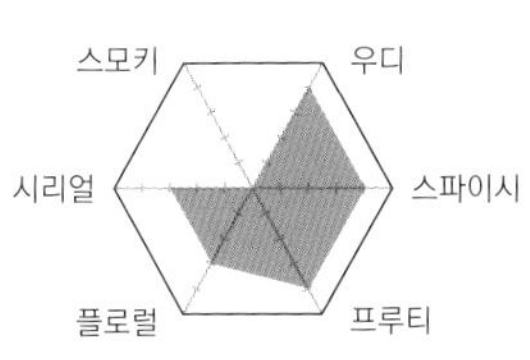

가벼움 — 무거움
스위트 — 드라이

마시는 방법	
온더락	★★★★★
미즈와리	★★★★☆
하이볼	★★★☆☆

Other Variations

ANCNOC 12 years old (아녹 12년)

잔을 기울이는 즐거움을 이어가기 좋은 스타터. 향은 에스테리(estery)하고 화려하며 청사과, 레몬필, 시리얼 쿠키. 맛은 소박한 보리의 단맛, 비파, 희미한 소금, 흰 후추.

도수 40% **용량** 700㎖ 약 100,000원

DATA ● **증류소** 녹두 증류소 ● **창업연도** 1894년 ● **소재지** Knock, By Huntly, Aberdeenshire, Scotland ● **소유자** 인버 하우스사

「보리크림」으로 묘사되는 감칠맛과 달콤함

GLENCADAM 글렌카담

스코틀랜드 / 동하일랜드

싱글몰트 위스키

앵거스(Angus) 지방의 중심 브레친(Brechin)에 있는 글렌카담 증류소. 예전에는 이곳에 2개의 증류소가 있었지만 현재 남은 것은 글렌카담뿐이다. 글렌카담 증류소에서는 논피트 맥아를 사용한다. 「밸런타인」 등 블렌디드 위스키의 원액으로 애용되었는데, 싱글몰트도 풍미가 뛰어나서 인기가 높다. 풀 같은 신선한 느낌, 레몬을 연상시키는 감귤류의 향, 그리고 무엇보다 「보리크림」으로 묘사되는 크리미함이 특징이다. 베리류의 향두 풍부하고 단 음식에도 뒤지지 않는 감칠맛이 있어서, 식후주로 디저트와 함께 즐겨도 좋다.

향
- 쿠키
- 바닐라
- 서양배

맛
- 백도
- 꿀
- 맥아

GLENCADAM aged 10 years

글렌카담 10년

도수 46% **용량** 700㎖ 약 100,000원

달콤함 뒤에 드라이한 피니시

커스터드, 바닐라의 향. 설탕에 절인 서양배, 생강, 프린스 멜론(뉴멜론과 참외를 교배한 멜론의 한 품종), 보리에서 비롯된 크림의 풍미가 매끄럽고 리치하다. 크리미한 맛에서 드라이한 피니시로 마무리되는 의외성이 재미있다.

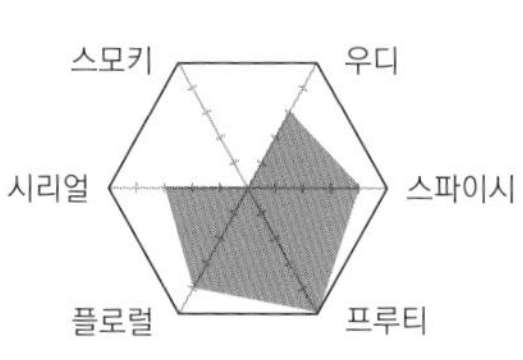

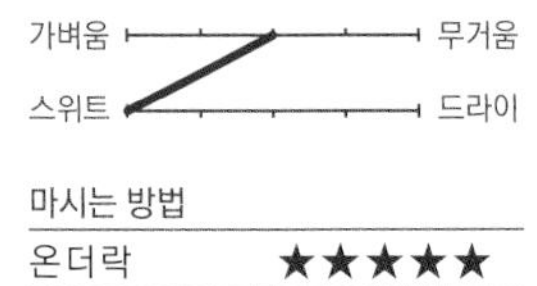

마시는 방법	
온더락	★★★★★
미즈와리	★★★☆☆
하이볼	★★★★☆

Other Variations

GLENCADAM aged 15 years(글렌카담 15년)

마멀레이드와 바닐라의 뉘앙스가 있는, 실크처럼 매끄러운 단맛이 기분 좋다. **도수** 46% **용량** 700㎖ 약 180,000원

GLENCADAM aged 21 years(글렌카담 21년)

오렌지가 뚜렷하게 느껴지는 화려한 풍미. 서양배, 바닐라, 크림, 입안에 닿는 부드러운 감촉. **도수** 46% **용량** 700㎖ 약 260유로

DATA ● **증류소** 글렌카담 증류소 ● **창업연도** 1825년 ● **소재지** Brechin, Angus, Scotland ● **소유자** 앵거스 던디

셰리 오크통에서 유래된, 깊은 숙성향이 매력

GLENDRONACH 글렌드로낙 스코틀랜드/동하일랜드

싱글몰트 위스키

게일어로 「블랙베리의 계곡」이라는 뜻을 가진 글렌드로낙 증류소는, 하일랜드와 스페이사이드의 경계선에 있지만 하일랜드로 분류된다. 클래식한 제조법으로 널리 알려져 있는데, 스코틀랜드에서 마지막까지 석탄을 사용한 직화 증류를 고집했던 증류소다. 100% 셰리 오크통으로 숙성시키는 것이 이 브랜드의 큰 매력이며, 부드러운 풍미를 해치지 않도록 착색하지 않고 병입한다. 셰리 오크통에서 비롯된 그윽한 향과 맥아의 달고 드라이한 풍미가 느껴진다. 전통적인 하일랜드 몰트를 찾는 사람이라면 일단 마셔보자.

향
- 무화과
- 베리류
- 견과류

맛
- 시나몬
- 오렌지
- 숲

GLENDRONACH aged 12 years

글렌드로낙 12년

도수 43% **용량** 700㎖ 약 110,000원

드라이와 스위트의 균형이 절묘한 위스키

깊이와 적당한 무게가 느껴지는, 존재감 있는 하일랜드 몰트. 뛰어난 셰리 오크통 숙성 위스키로, 셰리에 피트 느낌이 겹쳐져서 균형감이 좋다. 아삼 홍차에 드라이 라즈베리 1알, 마지막은 톡 쏘는 스파이시함.

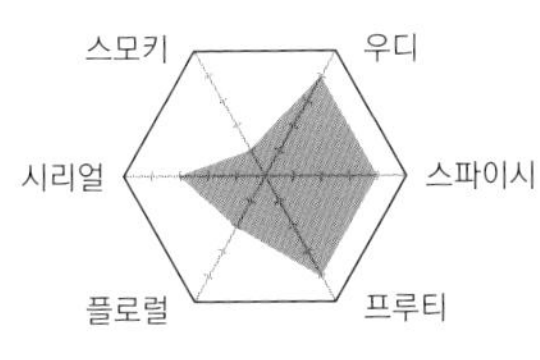

마시는 방법	
온더락	★★★★★
미즈와리	★★★★☆
하이볼	★★★★★

Other Variations

GLENDRONACH aged 15 years (글렌드로낙 15년)
100% 올로로소 셰리 오크통 숙성. 말린 과일, 비터 초콜릿의 풍미.
도수 46% **용량** 700㎖ 참고상품

GLENDRONACH aged 18 years (글렌드로낙 18년)
변화하는 복잡한 풍미와 긴 여운을 즐길 수 있는 프리미엄 아이템.
도수 46% **용량** 700㎖ 약 450,000원

DATA ● **증류소** 글렌드로낙 증류소 ● **창업연도** 1826년 ● **소재지** Forgue By Huntly, Aberdeenshire, Scotland ● **소유자** 브라운 포맨사

노포 특유의 고전적인 풍미를 만끽할 것!

GLEN GARIOCH 글렌 기어리

스코틀랜드 / 동하일랜드

싱글몰트 위스키

100개 이상의 증류소가 있는 스코틀랜드에서도 오래된 증류소로 꼽히는 글렌 기어리 증류소. 공식적으로는 1797년 창업이라고 되어 있지만, 1785년에 증류를 시작했다는 기록도 있다. 증류소가 있는 일대는 「애버딘주의 곡물 창고」라고 불릴 정도로 양질의 보리가 재배되는 곳이다. 이 보리를 증류소 서쪽에 있는 코우텐(Coutens) 농장의 깨끗한 천연수로 정성껏 증류하여, 전통적인 하일랜드 위스키다운 꽃 같은 향과 크리미하고 몰티하며 과일 같은 삼킬맛이 있는 풍미를 만들어낸다. 북해 유전에서 산출된 천연 가스를 증류기의 열원으로 쓰는 점도 독특하다.

GLEN GARIOCH aged 12 years

글렌 기어리 12년

도수 48% **용량** 700㎖ 약 130,000원

복잡하고 묵직한 목넘김

꿀을 바른 토스트처럼 달콤하고 이스티(Yeasty)한 아로마를 풍기며, 입에 머금으면 토피, 밀크티, 시나몬, 아몬드 등의 풍미가 차례로 나타난다. 여운은 드라이하고 스파이시. 알코올 도수가 48%로 높아서 마실만 하다.

향: 그래시, 오렌지, 맥아

맛: 오일리, 생강, 허브

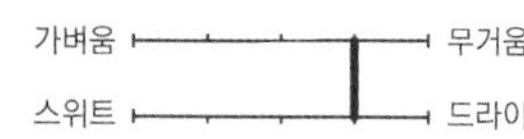

마시는 방법	
온더락	★★★★☆
미즈와리	★★★☆☆
하이볼	★★★★☆

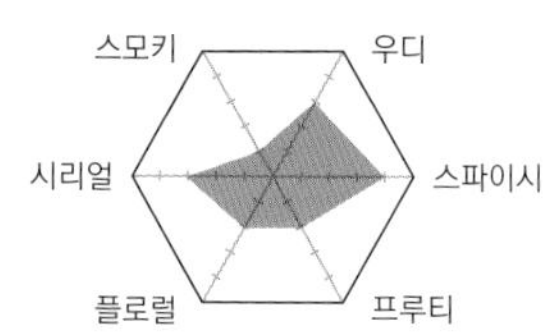

DATA
● **증류소** 글렌 기어리 증류소 ● **창업연도** 1797년 ● **소재지** Old Meldrum, Aberdeenshire, Islay, Scotland
● **소유자** 빔 산토리사

20여 년의 시간을 거쳐 부활한 좋은 술

GLENGLASSAUGH 글렌글라사

스코틀랜드 / 동하일랜드

싱글몰트 위스키

글렌글라사 증류소는 1875년 머리(Moray)만을 마주하고 있는 어촌 마을, 포트소이(Portsoy) 서쪽에 설립되었다. 「더 페이머스 그라우스(p.150 참조)」와 「커티 삭(p.147 참조)」의 블렌딩 원액을 생산했지만, 1986년에 폐쇄되었다. 그 뒤로 22년 동안 생산이 중단되는 우여곡절을 겪고, 2008년에 생산을 재개하였다. 「글렌글라사 리바이벌」은 재개 후에 증류한 원액으로 처음 만든 스탠더드 아이템이다. 밀키하고 프루티한 향이 온더락으로 즐겨도 좋다. 2013년 더 벤리악 디스틸러리가 매입한 뒤 마스터 블렌더인 빌리 워커(Bily Walker)의 솜씨가 더해져, 새로운 위스키를 계속 선보이고 있다. 현재는 브라운 포맨사 소유다.

향
오일리
시나몬
삼림

맛
오렌지
건포도
맥아

GLENGLASSAUGH REVIVAL

글렌글라사 리바이벌

도수 46% **용량** 700㎖ 약 60,000원

One Pick!

「글렌글라사」다음에 기대

3년 숙성 위스키여서 미숙한 느낌은 부정할 수 없지만, 벌써 예전 「글렌글라사」의 흔적이 느껴진다. 새로운 글라사의 미래가 기다려진다. 스파이시하고, 피트의 향이 있다. 팥과 삶은 땅콩의 풍미, 뒷맛은 베리류의 과일맛.

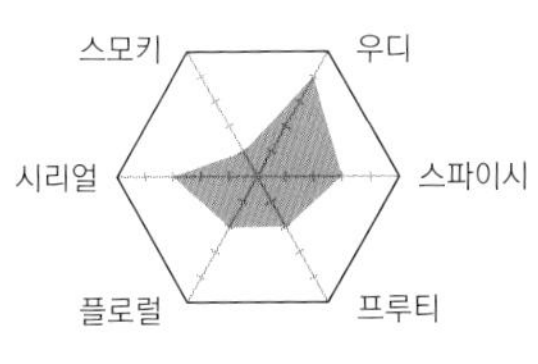

마시는 방법	
온더락	★★★★☆
미즈와리	★★★☆☆
하이볼	★★★★☆

Other Variations

GLENGLASSAUGH EVOLUTION(글렌글라사 에볼루션)
테네시 위스키 「조지 디켈(George Dickel)」의 퍼스트필 오크통에서 숙성.
도수 50% **용량** 700㎖ 약 70,000원

GLENGLASSAUGH TORFA(글렌글라사 토파)
「글렌글라사」에서 처음 만든 피티드 타입. 버번 배럴에서 숙성. 선이 굵은 풍미를 만끽할 수 있다. **도수** 50% **용량** 700㎖ 약 70,000원

DATA ● **증류소** 글렌글라사 증류소 ● **창업연도** 1875년 ● **소재지** Portsoy, Aberdeenshire, Scotland ● **소유자** 브라운 포맨사

빅토리아 여왕도 사랑한 몰트

ROYAL LOCHNAGAR 로열 로크나가 스코틀랜드 / 동하일랜드

싱글몰트 위스키

증류소가 있는 디(Dee) 강의 상류 지역은 로열 디사이드라고도 불리는데, 영국 왕실의 별궁 밸모럴(Balmoral)성이 이곳에 있다. 스코틀랜드의 오래된 노포 증류소 중에서는 3번째로 작고, 디아지오사가 소유한 증류소 중에서는 가장 작은 규모다. 이름에 「로열」이 붙은 이유는 설립하고 얼마 지나지 않아 밸모럴성을 구입한 빅토리아 여왕이 방문하였고, 그 뒤로 「왕실 납품업자」 허가를 받았기 때문이다. 참고로 여왕 부부는 보르도 와인에 이 몰트를 몇 방울 떨어뜨려서 마셨다고 한다. 여왕답게 우아한 방법이다. 어떤 맛인지 궁금하다면 한 번 시도해보자.

ROYAL LOCHNAGAR aged 12 years
로열 로크나가 12년
도수 40% **용량** 700㎖ 약 100,000원

간단한 선물로 좋은

매끈하게 혀에 닿는 감촉과 맥아당의 단맛이 느껴진다. 부드럽고 균형감도 적당하다. 라이트 셰리, 그래시(Grassy), 초원의 아로마. 평소에 마셔도 좋고 파티에 선물로 들고 가도 좋은, 누구나 만족할 만한 안정감 있는 위스키.

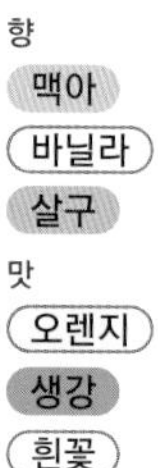

마시는 방법	
온더락	★★★★☆
미즈와리	★★★☆☆
하이볼	★★★☆☆

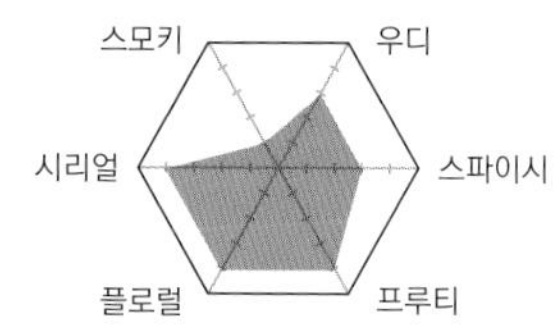

DATA
● **증류소** 로열 로크나가 증류소 ● **창업연도** 1845년 ● **소재지** Crathie, Ballater, Aberdeenshire, Scotland
● **소유자** MHD(모에 헤네시 디아지오)

니카 위스키가 소유한 하일랜드의 명품 위스키

BEN NEVIS 벤 네비스

스코틀랜드 / 서하일랜드

싱글몰트 위스키

일본 기업이 스카치 위스키 증류소를 매입한 예는 다카라 주조가 매입한 토마틴 증류소(p.124 참조)를 비롯하여 몇 곳이 있다. 벤 네비스는 1989년부터 니카 위스키 소유가 되었다. 스코틀랜드의 최고봉 「벤 네비스」의 이름을 붙인 이 증류소는, 벤 네비스산에 안기듯이 산기슭에 위치해 있다. 그리고 산 정상 가까이에 있는 호수에서 흘러나오는 올트 나 불린(Allt a'Mhuilinn)강의 차갑고 깨끗한 물을 사용한다. 「싱글몰트 10년」에 더하여, 최근 일본에서는 블렌디드 위스키도 발매되었다. 니카 위스키의 블렌더가 만든 본격 스카치다.

BEN NEVIS SINGLE MALT
10 years old
벤 네비스 싱글몰트 10년
도수 43% **용량** 700㎖ 약 29유로

하일랜드의 숨겨진 명품

시럽에 절인 믹스 프루트, 덜 익은 무화과의 맛. 소프트 크래커, 밀크 웨하스, 복숭아 케이크, 연잎의 달고 부드러운 아로마에 마음이 차분해진다. 널리 알려지지는 않았지만, 빼어난 완성도를 보여주는 위스키.

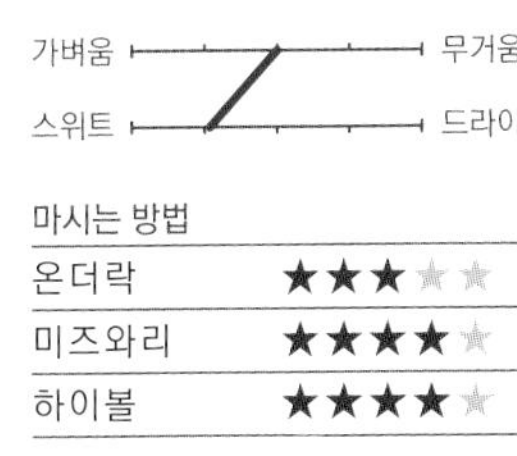

마시는 방법

온더락	★★★☆☆
미즈와리	★★★★☆
하이볼	★★★★☆

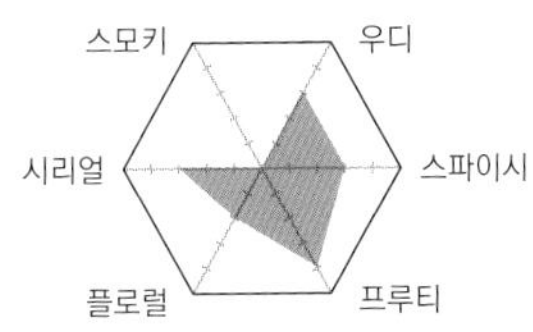

DATA
● **증류소** 벤 네비스 증류소 ● **창업연도** 1825년 ● **소재지** Fort Williams, Inverness-shire, Scotland
● **소유자** 니카 위스키

도시 중심에 있는 작은 증류소

OBAN 오번

스코틀랜드 / 서하일랜드

싱글몰트 위스키

향
- 오일리
- 생강
- 맥아

맛
- 스파이스
- 사과
- 브라이니

포트 스틸(증류기)은 강렬하고 중후한 풍미를 만드는 랜턴형을 사용한다. 안개가 짙은 해양성 기후와 어우러져, 하일랜드산 위스키이면서도 아일랜즈 몰트 같은 바다 느낌도 난다. 볼로네제 스파게티 등과 궁합이 좋다.

OBAN 14 years

오번 14년

도수 43% **용량** 700㎖ 약 130,000원

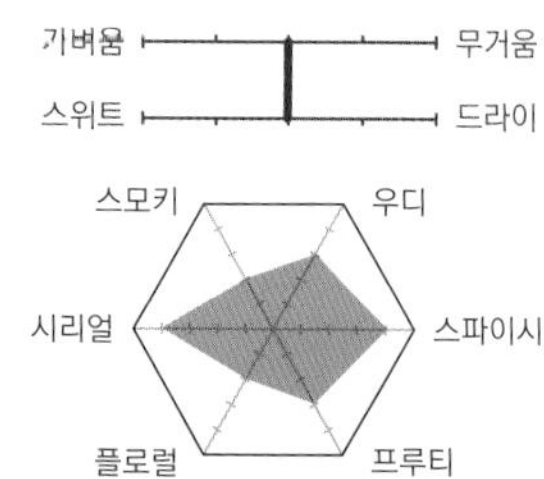

아로마는 경쾌하고 과일향이 난다. 서양배, 흰 무화과, 레몬필, 육두구 향 등이 차례로 나타나며, 어렴풋이 바닷물의 뉘앙스도 느껴진다. 풍미는 부드럽지만 복잡하다. 목넘김은 달콤쌉쌀한 코코아 느낌. 견과류의 여운이 남는다.

DATA ● **증류소** 오번 증류소 ● **창업연도** 1794년 ● **소재지** Oban, Argyll, Scotland ● **소유자** MHD(모에 헤네시 디아지오)

인기 독립병입자가 만든 정통파 싱글몰트

ARDNAMURCHAN 아드나머칸

스코틀랜드 / 서하일랜드

싱글몰트 위스키

향
- 맥아
- 오렌지
- 스모키

맛
- 사과
- 후추
- 브라이니

독립병입자인 아델피(Adelphi)사가 2014년, 멀섬의 북쪽에 있는 아드나머칸 반도에 세운 새로운 증류소. 피티드와 언피티드 몰트를 버번 오크통과 셰리 오크통에서 숙성시킨 정통파 몰트를 만든다.

ARDNAMURCHAN SINGLE MALT

아드나머칸 싱글몰트

도수 46.8% **용량** 700㎖ 약 195유로

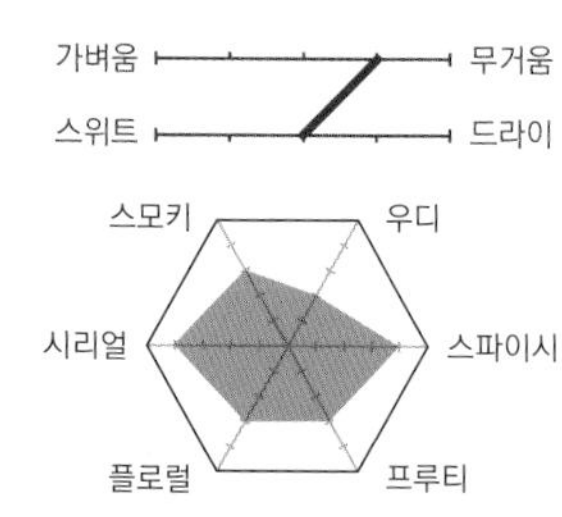

향은 마멀레이드, 애플 허니, 구운 오렌지 껍질. 맛은 꿀과 오렌지의 달콤한 맛으로 시작하여 검은 후추의 맛과 짠맛으로 이어진다. 여운으로 스모키한 풍미와 후추의 풍미가 길게 이어진다.

DATA ● **증류소** 아드나머칸 증류소 ● **창업연도** 2004년 ● **소재지** Ardnamurchan Argyll Highland, Scotland ● **소유자** 아델피사

투명감 있는 「듀어스」의 키몰트

ABERFELDY 애버펠디

스코틀랜드 / 남하일랜드

싱글몰트 위스키

애버펠디 증류소는 『해리 포터』의 저자인 J.K.롤링의 별장이 있는 애버펠디 마을의 변두리에 있다. 원래는 「듀어스(p.148 참조)」의 키몰트를 제조하기 위해 조업을 시작했으며, 그 역사는 100년 이상이다. 애버펠디는 게일어로 「물의 신의 수영장」이라는 뜻. 풍요로운 자연에 둘러싸여 있으며, 「물의 신의 축복」을 받았다고 하는 피틸리(Pitilie)강을 수원으로 이용한다. 몰트의 투명감은 이 물에서 비롯된다. 「애버펠디 12년」은 전문가들로부터 "꿀과 견과류의 풍미와 실크처럼 매끄러운 감촉이 훌륭하다"라는 평가를 받으며 인기가 높다.

ABERFELDY 12 years

애버펠디 12년

도수 40% 용량 700mℓ 약 100,000원

One Pick!

"다녀오셨어요"라는 인사가 들린다

마음에 위안을 주는 달콤한 꿀같은 위스키. 업무가 끝난 뒤 바 카운터에서 첫 잔으로 마시면, 숨통이 트이고 마음이 편안해진다. 꿀을 연상시키는 달콤한 향과 오렌지 껍질 같은 적당히 깔끔한 맛. 오늘도 따스하게 웃는 얼굴로 집에 돌아갈 수 있을 것 같다.

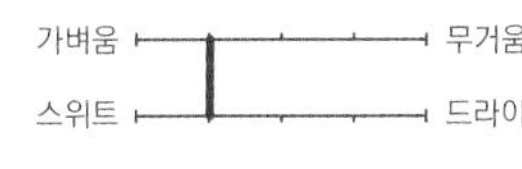

향
- 꿀
- 바닐라
- 맥아

맛
- 서양배
- 멜론
- 플로럴

마시는 방법	
온더락	★★★★☆
미즈와리	★★★★☆
하이볼	★★★☆☆

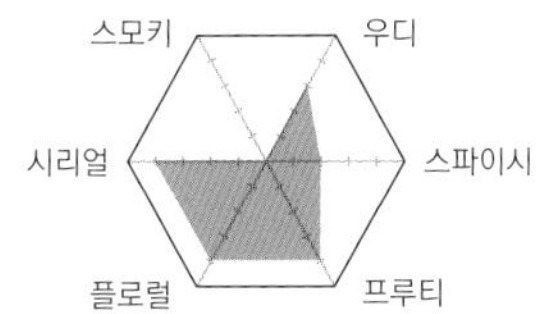

DATA ● **증류소** 애버펠디 증류소 ● **창업연도** 1898년 ● **소재지** Aberfeldy, Perthshire, Scotland ● **소유자** 존 듀어 앤 선즈사

스코틀랜드에서 가장 작은 포트 스틸로 가동

EDRADOUR 에드라두어

스코틀랜드 / 남하일랜드

싱글몰트 위스키

현지 농부들이 만든, 스코틀랜드에서 가장 작은 규모의 증류소. 전원 풍경에 둘러싸여 매우 경치가 좋다. 이러한 지리적인 매력의 영향도 있어서, 방문객 센터가 함께 있는 증류소에는 세계 각국에서 관광을 겸해 방문하는 사람들이 줄을 잇는다. 스코틀랜드에서는 밀주제조를 방지하기 위해 포트 스틸의 용량이 법으로 정해져 있는데, 이 증류소에는 법으로 정해진 가장 작은 포트 스틸 2대밖에 없다. 당연히 생산량도 적어서 제조를 담당하는 사람도 겨우 3명밖에 안 된다. 그렇지만 소량 생산으로만 가능한 독특한 싱글몰트를 발매하며 주목을 받고 있다.

향
캐러멜
프룬
가구

맛
베리류
오렌지
시나몬

EDRADOUR aged 10 years

에드라두어 10년

도수 40% **용량** 700㎖ 약 120,000원

One Pick!

지루하지 않은 개성적인 단맛

유일무이한 개성적인 단맛을 지닌 위스키. 로트(Lot, 생산 단위)마다 맛이 달라질 가능성은 있지만, 이 보틀에서는 예전에 나던 좋지 않은 향수 냄새는 느껴지지 않는다. 앞으로가 기대되는 증류소. 꽃밭, 분유, 버터스카치 등의 향이 있다.

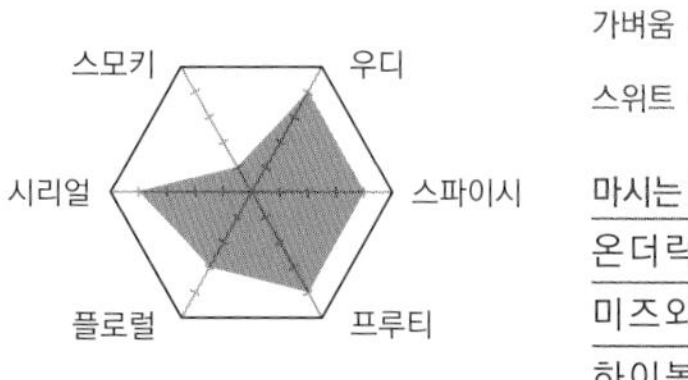

마시는 방법	
온더락	★★★★★
미즈와리	★★★★☆
하이볼	★★★☆☆

Other Variations

BALLECHIN aged 10 years (발레친 10년)

헤비 피트 타입의 싱글몰트. 아메리칸 오크와 유러피안 오크에서 숙성.

도수 46% **용량** 700㎖ 약 130,000원

SIGNATORY EDRADOUR UN-CHILLFILTERED aged 10 years (시그너토리 에드라두어 언칠필터드 10년)

냉각여과하지 않고 병입. 산뜻한 피트향이 특징으로, 맥아에서 비롯된 향과 맛도 균형이 잘 맞는다. **도수** 46% **용량** 700㎖ 약 63유로

DATA
● **증류소** 에드라두어 증류소 ● **창업연도** 1825년 ● **소재지** Pitlochry, Perthshire, Scotland
● **소유자** 시그너토리 빈티지 스카치 위스키사

칸 영화제 심사위원상 수상작의 촬영지로 선정된 증류소

GLENGOYNE 글렌고인

스코틀랜드 / 남하일랜드

싱글몰트 위스키

위스키 애호가들에게는 쓸데없는 설명이겠지만, 위스키 용어 중에 「천사의 몫」이라는 것이 있다. 위스키가 오크통에서 숙성되는 동안, 1년에 2% 정도 증발하여 사라지는 분량을 말한다. 10년 숙성, 20년 숙성 등 연수가 쌓일수록 위스키에는 풍미가 생기며, 천사의 몫은 늘어난다. 이를 제목으로 한 영화 〈엔젤스 셰어(The Angels, Share)〉가 2012년에 개봉되었는데, 영화에 나온 증류소가 바로 글렌고인 증류소다. 이 영화는 칸 영화제에서 심사위원상을 수상했으며 DVD도 있다. 깨끗한 아로마의 위스키 한 잔을 손에 들고, 위스키에 얽힌 스토리를 감상하는 것도 재미있다.

향
맥아
오렌지
생강

맛
바닐라
살구
사과

GLENGOYNE aged 10 years

글렌고인 10년

도수 40% **용량** 700㎖ 약 80,000원

마음이 힐링되는 위스키

향은 플로럴, 허브, 마이너스 이온이 풍부한 숲을 연상시키며, 마지막에는 카카오향이 스치고 지나가는 느낌. 소금을 뿌려 구운 호두, 감로꿀의 단맛이 혀에 남는다. 투명감 있는 향과 달콤함이 기분 좋으며 질리지 않는 맛.

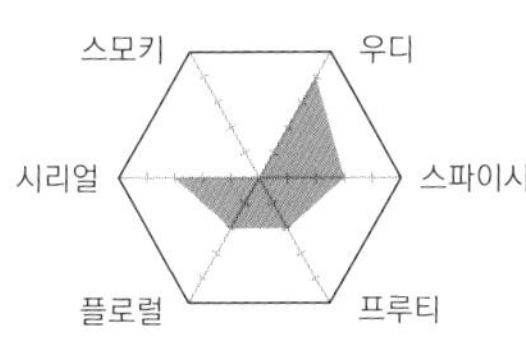

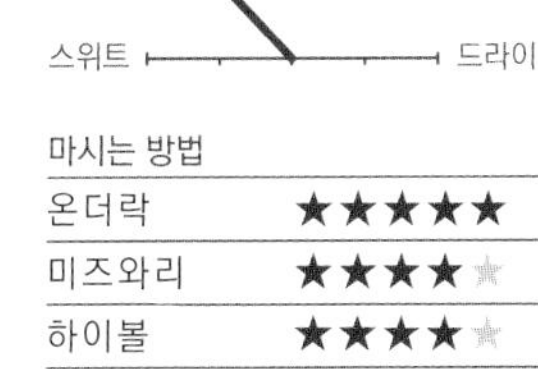

마시는 방법	
온더락	★★★★★
미즈와리	★★★★☆
하이볼	★★★★☆

Other Variations

GLENGOYNE aged 21 years (글렌고인 21년)

퍼스트필 셰리 오크통에서 오래 숙성시킨 몰트만 사용. 풀바디로 여운이 매우 길다. **도수** 43% **용량** 700㎖ 약 450,000원

DATA
● **증류소** 글렌고인 증류소 ● **창업연도** 1833년 ● **소재지** Dumgoyne, Near Killearn, Glasgow, Scotland
● **소유자** 이안 맥클라우드 디스틸러스

맛있는 위스키를 만드는 곳에 고양이가 있다

THE GLENTURRET 더 글렌터렛

스코틀랜드 / 남하일랜드

싱글몰트 위스키

1755년 창업. 이처럼 오래전부터 위스키를 만들어온 더 글렌터렛 증류소는, 맛도 훌륭할 뿐 아니라 곡물을 지키는 고양이가 있는 증류소로도 유명하다. 글렌터렛의 위스키 캣 「타우저(Towser)」는 세계에서 가장 쥐를 많이 잡은 고양이로 기네스북에 올랐다.

THE GLENTURRET TRIPLE WOOD

더 글렌터렛 트리플 우드

도수 43% **용량** 700㎖ 약 110,000원

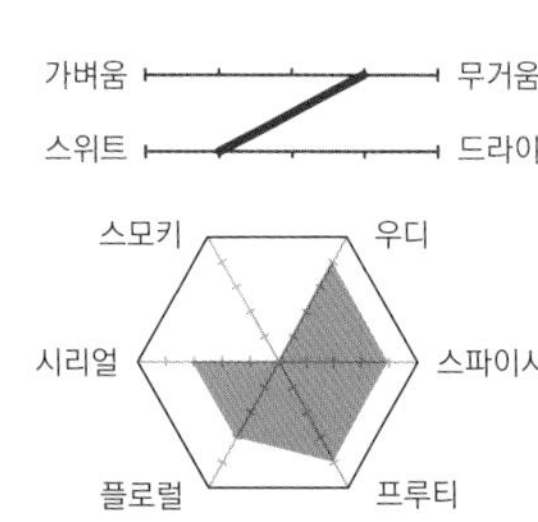

아메리칸 오크와 유러피안 오크의 셰리 오크통, 버번 오크통의 3가지 오크통에서 숙성한 원액을 사용. 달콤한 과일향이 나며, 오크통에서 비롯된 숙성감과 가벼운 스파이시함이 기분 좋게 퍼진다.

DATA ● **증류소** 글렌터렛 증류소 ● **창업연도** 1755년 ● **소재지** Crieff, Perthshire, Scotland ● **소유자** 라리크 그룹

나쓰메 소세키도 방문했던 마을에서 만드는 레어 몰트

BLAIR ATHOL 블레어 아솔

스코틀랜드 / 남하일랜드

싱글몰트 위스키

나쓰메 소세키가 유학할 때 체류했던 휴양지, 피틀로크리(Pitlochry)에서 1798년에 창업하였다. 물은 증류소 안을 흐르는 작은 강, 알트 다워 번(Allt Dour Burn, 게일어로 「수달의 작은 강」을 의미)의 물을 사용한다. 싱글몰트 생산량이 매우 적어서 희소성이 높은 브랜드.

BLAIR ATHOL aged 12 years UD FLORA & FAUNA

블레어 아솔 12년(꽃과 동물 시리즈)

도수 43% **용량** 700㎖ 약 170,000원

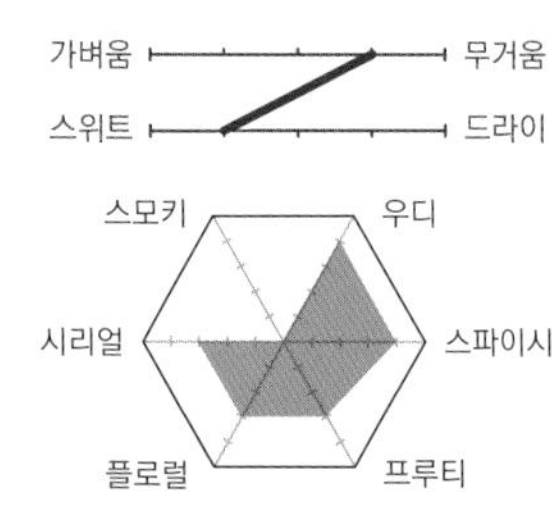

견과류와 셰리의 향. 익숙한 단맛과 약간의 쓴맛. 고전적인 유럽풍 과일 향신료 케이크처럼, 맛과 향이 의외로 다채롭다. 홀로 작은 연회를 즐기는 기분으로 마셔보자.

DATA ● **증류소** 블레어 아솔 증류소 ● **창업연도** 1798년 ● **소재지** Pitlochry, Perthshire, Scotland ● **소유자** MHD(모에 헤네시 디아지오)

다채로운 원액을 조합한 깊이 있는 풍미

LOCH LOMOND 로크 로몬드

스코틀랜드 / 남하일랜드

싱글몰트 위스키

향
판지
맥아
사과
맛
멜론
파인애플
바닐라

1814년 스코틀랜드에서 가장 오래된 리틀밀(Littlemill) 증류소의 제2공장으로 로몬드 호숫가에서 조업을 시작하였다. 전통적인 백조목(Swan Neck) 스틸과 독특한 스트레이트 넥(Straight Neck) 스틸을 사용하여, 다채로운 원액을 조합한 깊이 있는 위스키를 만든다.

LOCH LOMOND aged 12 years

로크 로몬드 12년

도수 46% **용량** 700㎖ 약 130,000원

논피트와 미디엄 피트 2종류의 원액을 리필 캐스크, 리차링 캐스크, 버번 캐스크 등 3종류의 오크통에서 숙성. 익은 복숭아와 서양배의 과일향, 바닐라의 달콤한 향이 절묘하게 균형을 이룬다.

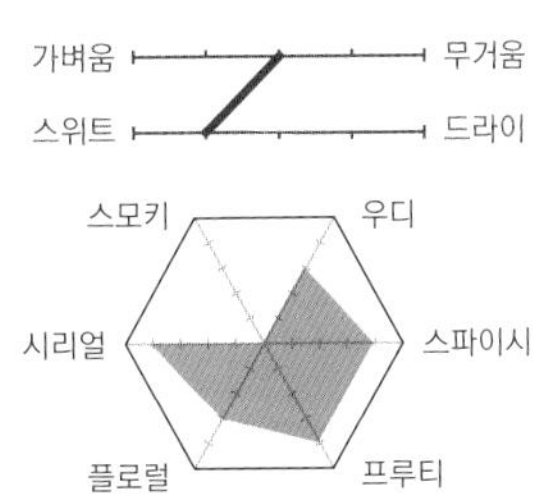

DATA ● **증류소** 로크 로몬드 증류소 ● **창업연도** 1966년 ● **소재지** Alexandria West Dunbartonshire, Scotland
● **소유자** 힐하우스 캐피털 매니지먼트사

부드러운 개성의 하일랜드 몰트

TULLIBARDINE 툴리바딘

스코틀랜드 / 남하일랜드

싱글몰트 위스키

향
바닐라
맥아
시트러스
맛
서양배
꿀
오렌지

하일랜드 지방 남단의 블랙포드(Blackford) 마을에 있는 툴리바딘 증류소. 일시적으로 조업을 중단했다가 2003년 4명의 멤버가 다시 조업을 시작하였다. 하일랜드 몰트이지만 롤런드를 연상시키는 매끄럽고 부드러운 풍미가 특징이다.

TULLIBARDINE SOVEREIGN

툴리바딘 소버린

도수 43% **용량** 700㎖ 약 36유로

멜론과 청사과를 연상시키는 과일맛, 민트, 꽃, 보리의 단맛이 퍼지다가, 오크의 은은한 스파이시함과 만난다. 버번 오크통을 주로 사용하였다. 남하일랜드다운 풋풋한 과일과 상쾌한 보리의 단맛이 인상적.

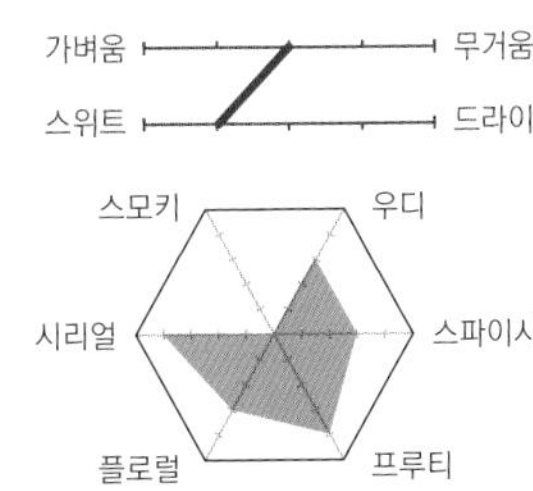

DATA ● **증류소** 툴리바딘 증류소 ● **창업연도** 1949년 ● **소재지** Blackford Perth & Kinross, Scotland
● **소유자** 피카르 뱅 & 스피리튀외사

모든 과정이 수작업, 크래프트 증류의 선구자

STRATHEARN 스트래선

스코틀랜드 / 남하일랜드

싱글몰트 위스키

2013년 하일랜드 지방 퍼스(Perth) 근처에 설립된 스트래선 증류소. 이곳은 보리의 운반부터 효모 첨가, 오크통에 담기, 병입 등 모든 과정을 수작업으로 하는 「크레프트 증류소」의 선구자이다. 2019년 유명한 독립병입자 더글라스 랭(Douglas Laing)사에서 인수한 뒤, 최고급 유러피안 오크와 엑스 셰리 캐스크(EX-Sherry cask, 셰리 와인을 담았던 오크통)로 숙성시킨 첫 싱글몰트 「스트래선 배치 001」을 발매하였다. 규모가 상당히 작은 증류소이기 때문에 출하량은 적지만, 크래프트 증류 특유의 풍미를 즐길 수 있다.

STRATHEARN SINGLE MALT BATCH 001

스트래선 싱글몰트 배치 001

도수 46.6% **용량** 700㎖ 약 312유로

공식적인 첫 발매

최고급 유러피안 오크와 셰리 오크통만으로 숙성시킨 싱글몰트. 달콤한 향과 가죽 같은 향도 느껴진다. 풍미도 달콤하고 균형감도 좋다. 스파이시함도 있어서 피니시가 깔끔하다.

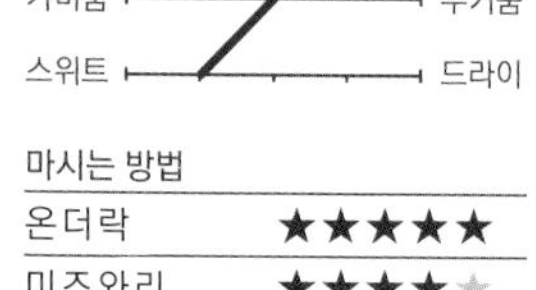

마시는 방법	
온더락	★★★★★
미즈와리	★★★★☆
하이볼	★★★★☆

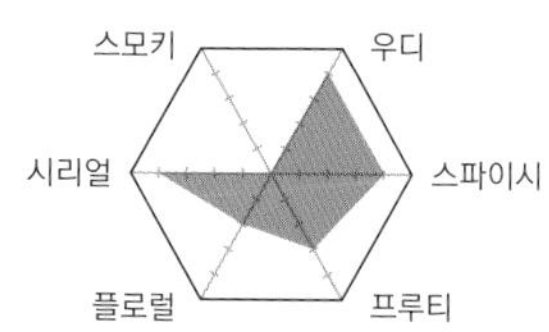

DATA ● **증류소** 스트레선 증류소 ● **창업연도** 2013년 ● **소재지** Bachilton Farm Steading, Methven, Perthshire, Scotland
● **소유자** 더글라스 랭사

스카치 블렌디드 위스키

스코틀랜드의 술을 세계에 널리 알린 블렌디드 위스키의 저력

스카치 위스키에는 몰트 위스키와 그레인 위스키의 2종류가 있다. 몰트 위스키는 보리의 맥아(몰트)만을 원료로 하며, 단식 증류기에서 2~3번 증류하여 제조한다. 반면 그레인 위스키는 옥수수나 호밀 등 보리 이외의 곡물(그레인)을 주원료로 사용하며, 당화용으로 소량의 맥아를 첨가한 뒤 주로 연속식 증류기를 사용하여 만든다. 그리고 이 2가지 원액을 혼합한 제3의 위스키가 바로 블렌디드 위스키다.

역사상 처음으로 등장한 위스키는 몰트 위스키였다. 하지만 18세기에 당시 정부가 원료인 맥아에 무거운 세금을 매겼기 때문에, 위스키를 만들던 사람들 중 일부는 밀주 업자가 되었고, 다른 일부는 맥아 이외의 곡물을 사용한 그레인 위스키로 살길을 찾았다.

19세기에 들어서자 연속식 증류기가 발명되어 그레인 위스키를 싼 가격에 대량으로 생산할 수 있게 되었는데, 이 방법은 증류할 때 풍미 성분이 날아가 풍미와 개성이 부족해지는 단점이 있었다.

그래서 탄생한 것이 몰트와 그레인을 블렌딩한 블렌디드 위스키다. 사실 1860년까지는 2가지 위스키를 블렌딩하는 것이 법으로 금지되어 있었는데, 금지가 풀리면서 밸런타인을 비롯하여 블렌디드 위스키가 줄지어 탄생하였다. 개성이 강한 몰트와 개성이 부족한 그레인을 절묘하게 융합시킨 블렌디드 위스키는 바로 인기를 끌기 시작해, 바다 건너 유럽 각지와 북아메리카, 심지어 일본에까지 퍼졌다. 그래서 일본에 처음 정착한 스카치 위스키는 블렌디드 위스키였다.

블렌디드 위스키는 보통 수십 종류의 몰트와 몇 종류의 그레인으로 만든다. 각각의 개성을 파악하고 엄선하여, 얼마나 균형이 잘 맞게 블렌딩하는지로 블렌더들의 실력을 판가름할 수 있다. 블렌디드 위스키에는 밸런타인, 시바스 리갈, 조니 워커 등 전통적인 인기 브랜드가 많아서, 매우 친숙한 스카치 위스키다.

몰트와 그레인 2가지를 혼합하는 것이 아니다. p.143의 「밸런타인 17년」은 스코틀랜드 각지에서 만든 40종 이상의 원액을 블렌딩하였다.

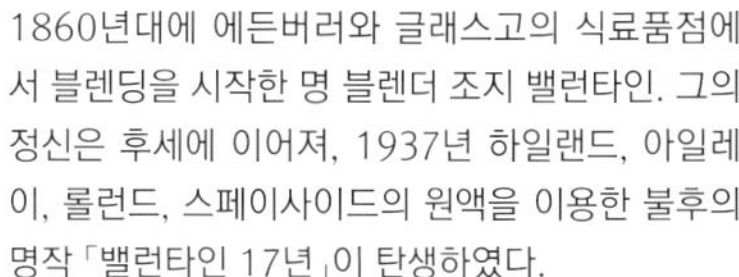
1860년대에 에든버러와 글래스고의 식료품점에서 블렌딩을 시작한 명 블렌더 조지 밸런타인. 그의 정신은 후세에 이어져, 1937년 하일랜드, 아일레이, 롤런드, 스페이사이드의 원액을 이용한 불후의 명작 「밸런타인 17년」이 탄생하였다.

세계적인 명주 「시바스 리갈 18년」을 탄생시킨 시바스 리갈의 마스터 블렌더 콜린 스캇(Colin Scott). 일본인의 입맛에 맞게 메리지(Marriage, 위스키를 잘 융합시키는 과정)에 일본산 미즈나라 오크통을 사용한, 「시바스 리갈 미즈나라」의 개발에도 관여한 현대의 명 블렌더다.

창업자는 블렌디드 위스키의 주인공

BALLANTINE'S 밸런타인

스코틀랜드

블렌디드 위스키

블렌디드 위스키의 역사에서 빼놓을 수 없는 사람이, 밸런타인의 창업자 조지 밸런타인이다. 1860년대에 자신이 운영하던 에든버러와 글래스고의 가게에서 위스키 블렌딩을 시작했고, 그 뛰어난 기술로 만든 위스키는 스코틀랜드 국경을 넘어 세계로 퍼져 나갔다. 1895년에는 빅토리아 여왕으로부터 왕실 납품업자라는 명예로운 인증도 받았다. 일본에 들어온 것은 1953년으로, 엘리자베스 여왕의 대관식이 거행되어 일본에 영국 붐이 일었을 때다. 라인업이 풍부한 점도 밸런타인의 매력 중 하나이다. 수상 이력도 많아서, 「17년」은 ISC에서 최고상을 받은 적도 있다.

향
- **스파이스**
- 플로럴
- 서양배

맛
- **사과**
- 맥아당
- 흰꽃

BALLANTINE'S aged 17 years

밸런타인 17년

도수 40% **용량** 700㎖ 약 160,000원

전 세계 스카치 팬을 감탄시킨 명주

탑 노트는 바닐라, 오렌지, 복숭아 등. 그리고 꿀, 코코아, 마멀레이드, 시나몬, 클로브 등이 차례로 나타난다. 입안에 머금으면 과일 케이크, 바닐라크림, 누가의 풍미가 느껴진다. 여운은 드라이하며 희미하게 스파이시하다.

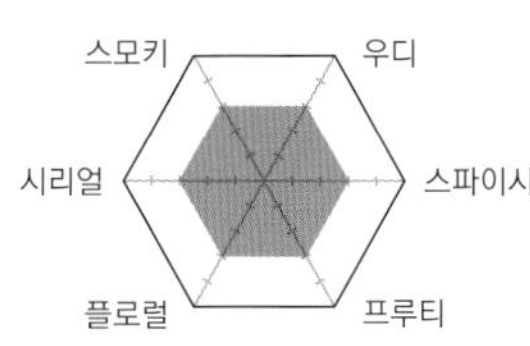

마시는 방법	
온더락	★★★★★
미즈와리	★★★★★
하이볼	★★★★★

Other Variations

BALLANTINE'S aged 12 years (밸런타인 12년)

40종이 넘는 원액을 최소 12년 이상 숙성. 선명한 황금색으로, 꿀이나 바닐라처럼 달콤하고 화려한 향. **도수** 40% **용량** 700㎖ 약 50,000원

BALLANTINE'S aged 30 years (밸런타인 30년)

30년 이상 숙성된 밸런타인의 최고봉. 강렬하고 좋은 풍미로, 우아한 여운이 끝없이 이어진다. **도수** 40% **용량** 700㎖ 약 600,000원

DATA

● **제조원** 조지 밸런타인&선 ● **창업연도** 1827년

● **주요 몰트** 스카파, 글렌버기, 밀튼더프(Miltonduff), 글렌토커스(Glentauchers), 토모어(Tormore), 롱몬 등

풍미가 풍부하며 축하주로도 인기

BELL'S 벨즈

스코틀랜드

블렌디드 위스키

영국에서 가장 많이 마시는 위스키가 벨즈 위스키다. 영국 북부의 퍼스(Perth)에 있던 주류상에, 훗날 명 블렌더로 이름을 떨친 아서 벨(Arthur Bell)이 세일즈맨으로 경영에 참여한 것이 그 시작이 되었다. 오랫동안 홍보도 하지 않고 브랜드 이름도 붙이지 않은 채 조용히 판매하다가, 「벨즈」라는 이름을 붙여 판매하기 시작한 것은 아들이 이어받고 나서부터이다. 보틀넥에는 「afore ye go(그대여, 나아가자)」라고 아서가 건배할 때 자주 입에 올리던 문장이 쓰여 있다. 이 문장과 「벨=종(鐘)」이 웨딩 벨을 연상시킨다고 해서, 영국에서는 결혼식 축하주로 인기가 많다.

BELL'S ORIGINAL

벨즈 오리지널

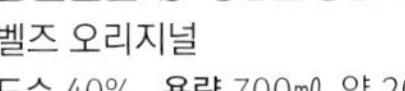
도수 40% **용량** 700㎖ 약 20,000원

허물없는 친구와 편하게 마시고 싶다

스탠더드 클래스의 블렌디드 위스키지만 퀄리티는 높다. 아로마는 몰티하며 매우 온화하다. 허브와 꿀, 바닐라, 서양 자두 등도 느껴진다. 입안에 머금으면 과일 케이크, 견과류, 맥아의 향이 나타나고, 연기의 여운이 살짝 남는다.

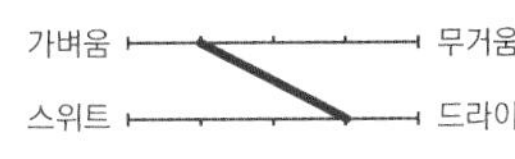

마시는 방법	
온더락	★★★☆☆
미즈와리	★★★☆☆
하이볼	★★★★☆

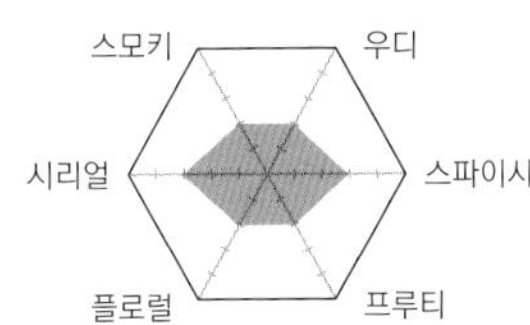

DATA ● **제조원** 아서 벨&선즈 사 ● **창업연도** 1825년 ● **주요 몰트** 블레어 아솔, 더프타운, 인치고워, 블라드녹 등

무라카미 하루키의 소설에도 등장하는 최고의 위스키

CHIVAS REGAL 시바스 리갈

스코틀랜드

블렌디드 위스키

위스키를 테마로 스코틀랜드를 순회하는 여행기를 출간한 적도 있는 작가 무라카미 하루키. 그의 소설에는 위스키가 자주 등장하는데, 대표작 『노르웨이의 숲』에서는 풍로에 구운 열빙어의 단짝으로 시바스 리갈이 나온다. 현재 시바스 리갈의 마스터 블렌더인 콜린 스콧은 3대에 걸쳐 위스키를 만든 집안에서 태어나, 오크니제도의 증류소에서 자란 인물. 그야말로 「위스키를 철두철미하게 알고 있는」 남자다. 그가 탄생시킨 「18년」은 2015년 IWSC에서 최고상 트로피를 받았다.

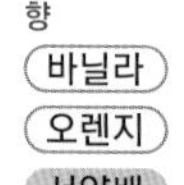

향: 바닐라, 오렌지, 서양배

맛: 백도, 살구, 시리얼

CHIVAS REGAL aged 18 years

시바스 리갈 18년

도수 40% **용량** 700㎖ 약 160,000원

과일맛이 가득한 프리미엄 스카치

매우 완성도가 높은 최고의 블렌디드 위스키. 오렌지필, 말린 살구, 바닐라 등의 아로마가 기분 좋다. 입안에 머금으면 마멀레이드, 비터 초콜릿, 어렴풋한 연기의 풍미. 꼭 스트레이트로 마셔보자.

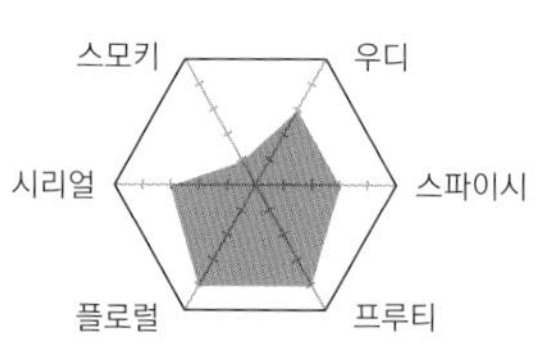

마시는 방법	
온더락	★★★★★
미즈와리	★★★★★
하이볼	★★★★★

Other Variations

CHIVAS REGAL MIZUNARA aged 12 years (시바스 리갈 미즈나라 12년)
일본산 물참나무인 미즈나라로 만든 오크통을 사용하여, 일본인의 입맛에 맞게 12년 이상 숙성한 원액을 블렌딩.
도수 40% **용량** 700㎖ 약 100,000원

CHIVAS REGAL aged 12 years (시바스 리갈 12년)
대표적인 보틀. 바닐라와 헤이즐넛의 풍미를 즐길 수 있다. 닭고기나 파스타와 궁합이 잘 맞는다. **도수** 40% **용량** 700㎖ 약 60,000원

DATA ● **제조원** 시바스 브라더스사 ● **창업연도** 1801년 ● **주요 몰트** 스트라스아일라 등

파도가 일으키는 하얀 물보라가 연상되는 풍미

CUTTY SARK 커티 삭

스코틀랜드

블렌디드 위스키

라벨에 그려진 배는 중국에서 영국으로 홍차를 운반하는, 「티 클리퍼(Tea Clipper)」로 활약했던 커티 삭이라는 범선이다. 이 이름을 위스키에 붙인 사람은 화가 제임스 멕베이(James McBey)로, 라벨의 그림도 그의 작품이다. 균형감 좋은 「맥캘란」, 「글렌로시스」 등의 스페이사이드 몰트를 메인으로 블렌딩하여, 순하고 고급스러운 품질로 완성하였다. 배에 올라타 바닷바람을 맞는 듯한 상쾌한 풍미가, 세계적인 판매량을 보유한 실력을 보여준다.

향
바닐라
맥아당
사과

맛
시트러스
플로럴
시리얼

CUTTY SARK ORIGINAL

커티 삭 오리지널

도수 40% **용량** 700㎖ 약 20,000원

훌륭한 균형감과 경쾌한 풍미가 특징

라이트 바디에 부드러워서 매우 마시기 편한 블렌디드 위스키. 꽃향기가 나는 탑 노트, 그리고 허브, 커스터드, 어린 풀의 향 등이 나타난다. 맛은 부드러우며 시트러스필이나 맥아 등의 풍미가 느껴진다. 여운은 가볍고 드라이.

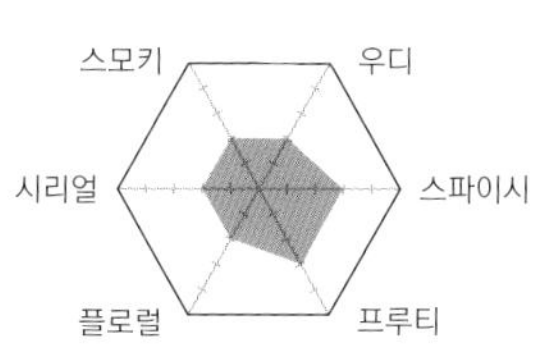

마시는 방법	
온더락	★★★☆☆
미즈와리	★★★☆☆
하이볼	★★★★★

Other Variations

CUTTY SARK aged 12 years DELUXE(커티 삭 12년 디럭스)

커티삭의 특징인 밝은 호박색과 우아한 풍미에, 깊이를 더하였다.

도수 40% **용량** 700㎖ 약 참고상품

DATA ● **제조원** 글렌 터너사 ● **창업연도** 1923년 ● **주요 몰트** 맥캘란, 글렌로시스 등

미국에서 꽃핀 유명 브랜드

DEWAR'S 듀어스

스코틀랜드

블렌디드 위스키

창업자인 존 듀어는 스카치를 처음 병입하여 판매한 것으로도 유명하다. 그리고 「듀어스」를 더욱 널리 알린 사람은 그의 아들 토미 듀어다. 세계 최초로 음료의 영화 광고와 유럽 최대의 네온 광고를 만드는 등 홍보 능력이 뛰어났다. 1891년에는 스코틀랜드 출신으로 「철강왕」이라 불린 사업가 앤드류 카네기(Andrew Carnegie)가 당시 미국 대통령 벤자민 해리슨(Benjamin Harrison)에게 듀어스를 오크통째로 보냈는데, 이것이 미국 전역에서 큰 화제가 되었다. 그 이후 미국에서는 스카치라고 하면 듀어스를 꼽게 되었고, 현재까지 이어지는 유명 브랜드가 되었다.

향
꿀
서양배
시리얼

맛
사과
오렌지
바닐라

DEWAR'S aged 12 years
듀어스 12년
도수 40% **용량** 700㎖ 약 60,000원

키몰트의 풍미가 살아 있다

즙이 많은 과일과 향기로운 꽃을 연상시키는 숙성향. 허니 타르트와 건포도, 아몬드 등의 아로마도 느껴진다. 맛은 버터 토스트, 시나몬, 초콜릿. 원액으로 사용한 애버펠디를 연상시키는 풍미.

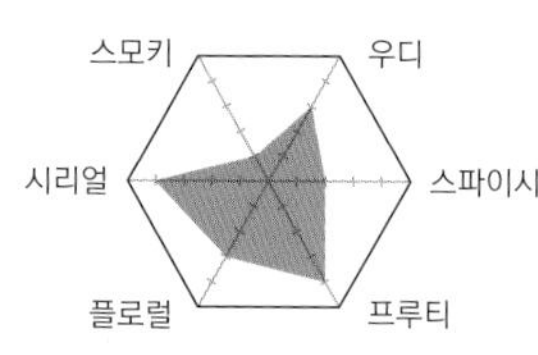

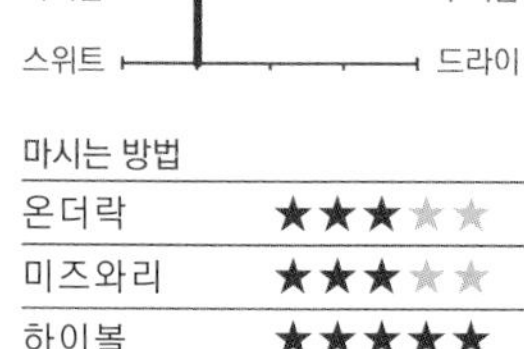

마시는 방법	
온더락	★★★☆☆
미즈와리	★★★☆☆
하이볼	★★★★★

Other Variations

DEWAR'S WHITE LABLE(듀어스 화이트 라벨)
「애버펠디」 등 몰트의 함유율을 높여서 블렌딩. 마일드하고 스파이시하며 피니시는 드라이하다. **도수** 40% **용량** 700㎖ 약 40,000원

DEWAR'S aged 18 years(듀어스 18년)
블렌딩한 뒤 다시 오크통에 넣고 숙성시키는, 전통적인 에이징 프로세스로 만든다. **도수** 40% **용량** 750㎖ 약 150,000원

DATA ● **제조원** 존 듀어스&선즈 ● **창업연도** 1846년 ● **주요 몰트** 애버펠디, 로열 브라클라, 크라이겔라키, 올트모어 등

나도 모르게 뚜껑을 열고 싶어지는 호박색 위스키

DIMPLE 딤플

스코틀랜드

블렌디드 위스키

향
시나몬
민트
사과

맛
후추
살구
시리얼

딤플은 「움푹 패임, 보조개」라는 뜻. 그 이름대로 살짝 움푹한 3면의 보틀은 윤기가 흐르는 호박색에 둥그스름한 모양이다. 「숙성된 몰트만 사용해야 한다」라는 창업자 존 헤이그(John Haig)의 신념을 바탕으로 만드는, 순한 품질의 위스키.

DIMPLE aged 12 years

딤플 12년

도수 40% **용량** 700㎖ 약 50,000원

아저씨들을 취하게 하는 캐러멜. 토피와 말린 과일을 연상시키는 달콤한 향과 약간 쌉쌀한 뒷맛으로 한 잔씩 계속 마시게 된다. 온더락 글라스가 너무나 잘 어울리는 독특한 보틀.

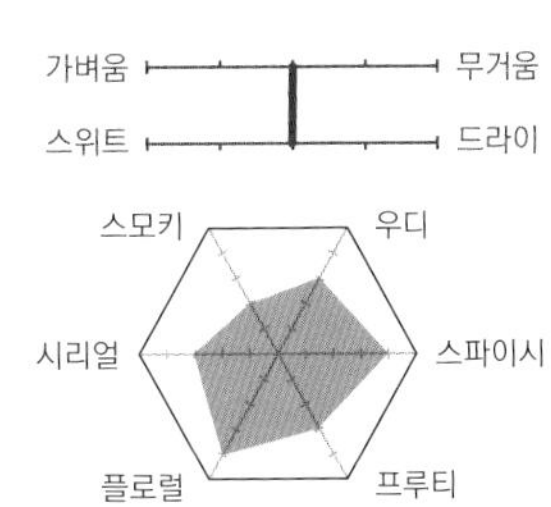

DATA ● **제조원** 존 헤이그사 ● **창업연도** 1890년 ● **주요 몰트** 글렌킨치 등

전통을 계승한 삼각 보틀

GRANT'S 그란츠

스코틀랜드

블렌디드 위스키

향
시리얼
시트러스
플로럴

맛
바닐라
맥아
서양배

제조원인 윌리엄그랜트앤선즈사는 싱글몰트 「글렌피딕」을 만드는 회사이다. 원래는 모든 몰트 원액을 블렌딩용으로 출하했으나, 경영 위기에 빠지면서 블렌디드 위스키도 만들기 시작했다. 현재는 영국에서도 손꼽히는 매출을 자랑하는 브랜드이다.

GRANT'S TRIPLE WOOD

그란츠 트리플 우드

도수 40% **용량** 700㎖ 약 30,000원

아메리칸 오크통, 빈티지 오크통, 리필 버번 오크통 등 3종류의 오크통에서 숙성된 원액을 블렌딩. 몰티함이 더해진 바닐라의 단맛과 어렴풋한 꽃향기. 여운은 길고 달콤하다.

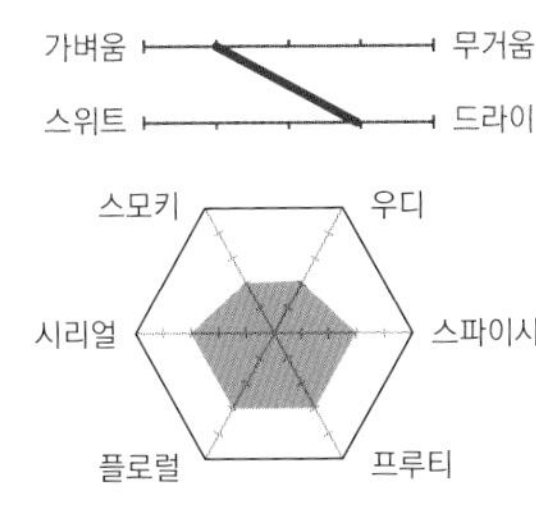

DATA ● **제조원** 윌리엄그랜트앤선즈 ● **창업연도** 1887년 ● **주요 몰트** 글렌피딕, 발베니, 키닌비(Kinninvie) 등

세계로 비상하는 스코틀랜드의 국조(國鳥)

THE FAMOUS GROUSE 더 페이머스 그라우스 스코틀랜드

블렌디드 위스키

브랜드 이름에 「유명한」이라고 붙어 있으니 얼마나 기세등등한 자세인가. 발매 당시에는 「더 그라우스(뇌조 = 스코틀랜드의 국조)」라는 이름이었는데, 상류층 사람들 사이에서 인기가 높아지자, "「그 유명한」 뇌조 위스키"를 달라는 주문이 쇄도했다. 그 모습을 본 3대 오너가 「더 페이머스 그라우스」라고 브랜드 이름을 바꿨다고 한다. 창업자가 만든 광고 카피도 재치 있다. "밤을 함께하는 연인처럼 그윽한 풍미……, 위스키 한 잔 외에는 아무것도 원하지 않는다." 홀로 외로운 밤에도 뇌조는 늘 곁에 있어준다.

향
사과
시리얼
민트

맛
스파이스
맥아당
초콜릿

THE FAMOUS GROUSE FINEST

더 페이머스 그라우스 파이니스트

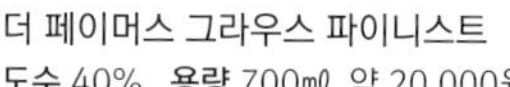

도수 40% 용량 700㎖ 약 20,000원

정통파 스탠더드 스카치!

아로마는 달콤하고 경쾌하다. 갓 구운 쇼트브레드(스코틀랜드식 사블레 비스킷), 사과, 허브, 민트 등의 향. 풍미는 매우 균형감이 좋아서, 과일과 맥아의 하모니를 즐길 수 있다. 여운은 드라이하며 깔끔하다. 온더락으로 마시기를 추천.

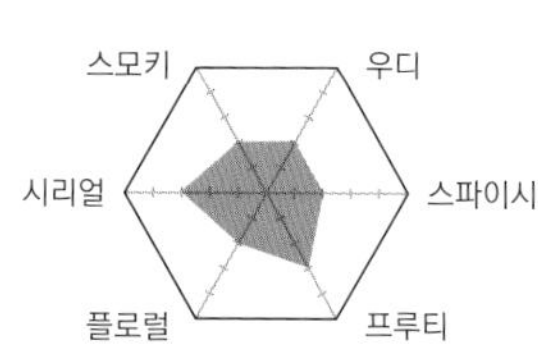

마시는 방법	
온더락	★★★☆☆
미즈와리	★★★★☆
하이볼	★★★★★

Other Variations

THE NAKED GROUSE(더 네이키드 그라우스)

「더 페이머스 그라우스 파이니스트」를 4년 이상 셰리 오크통에서 추가 숙성. 심플한 보틀 디자인도 매력적이다.

도수 40% 용량 700㎖ 약 60,000원

DATA ● **제조원** 매슈 글로그 & 선즈사 ● **창업연도** 1896년 ● **주요 몰트** 하일랜드 파크, 맥캘란, 글렌터렛, 탐듀 등

애니메이션에도 등장하는 그 위스키

JOHNNIE WALKER 조니 워커

스코틀랜드

블렌디드 위스키

무라카미 하루키의 『해변의 카프카』에는 「조니 워커」라는 이름의 인물이 등장하며, 일본의 국민 애니메이션 『사자에상』에도 고급술의 대명사로 「조니 워커 블랙 라벨」이 등장한다. 원래는 19세기 초 창업자인 조니 워커가 식료품점에서 위스키를 팔기 시작한 것이 시초가 되었다. 2대째인 알렉산더 워커는 수완이 더욱 좋아서, 사각형 병과 24도 기울기로 붙인 라벨은 그가 만든 스타일이다. 트레이드마크인 「스트라이딩 맨(Striding Man, 걸어가는 신사)」은 시대에 맞추어 모델을 바꾼다고 한다. 노포의 거만하지 않은 자세가 믿음직하다.

JOHNNIE WALKER DOUBLE BLACK

조니 워커 더블 블랙

도수 40% **용량** 700㎖ 약 70,000원

더 스모키하고 풍부한 향

세련된 멋쟁이는 "더블로". 조니 워커 블랙보다 스모키하며 풍미가 진해서, 느긋하게 온더락으로 몇 잔 마시고 싶은 멋쟁이들에게 추천. 다만 바에서 그냥 "더블로"라고 하면 양이 「2배」가 되므로 주의한다.

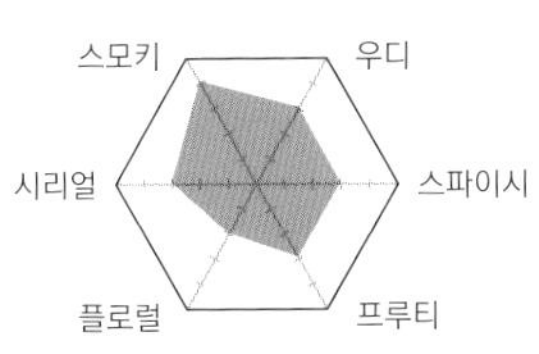

가벼움 — 무거움

스위트 — 드라이

마시는 방법	
온더락	★★★★☆
미즈와리	★★★★☆
하이볼	★★★★★

Other Variations

JOHNNIE WALKER BLACK LABLE aged 12 years (조니 워커 블랙 라벨 12년)

『위스키 바이블』의 저자 짐 머레이는 「블렌디드 위스키의 최고봉」이라고 평가.

도수 40% **용량** 700㎖ 약 50,000원

JOHNNIE WALKER BLUE LABLE (조니 워커 블루 라벨)

"1만 개의 오크통 중 1개 오크통의 기적"이라는 궁극의 블렌딩. 더할 나위 없이 향기롭고 강렬하며, 어렴풋이 스모키한 풍미, 오래도록 기분 좋게 이어지는 여운이 특징이다. **도수** 40% **용량** 750㎖ 약 300,000원

DATA ● **증류소** 비공개 ● **창업연도** 1909년 ● **주요 몰트** 비공개

비스듬히 기울여도 쓰러지지 않는 독특한 디자인

OLD PARR 올드 파

스코틀랜드

블렌디드 위스키

올드 파의 보틀은 4개의 모서리 중 1개를 바닥 삼아 비스듬히 세우는 것이 가능하다. 이처럼 쓰러지지 않고 서 있는 모습이 「절대 쓰러지지 않는」, 「점점 발전하는」 모습을 상징한다고 해서, 일본에서는 오래전부터 많은 사랑을 받아왔다. 병에 얽힌 이야기도 있지만, 병 외에도 이야깃거리가 넘친다. 라벨에 그려진 노인에 주목해보자. 그는 무려 152세까지 살았다는 토머스 파라는 잉글랜드 사람인데, 올드 파라는 이름은 이 인물에서 유래되었다. 참고로 이 초상화를 그린 사람은 바로크 시대의 거장 루벤스다.

OLD PARR SUPERIOR

올드 파 슈피리어

도수 43% **용량** 750㎖ 약 120유로

One Pick!

취침 전에 책을 읽으면서……

말린 과일을 연상시키는 깊은 아로마가 매력적. 코코아, 오렌지 케이크, 라즈베리, 오크 등의 향이 느껴진다. 입안에 머금으면 올로로소 셰리의 뉘앙스가 퍼지며, 견과류향이 나는 따스한 여운이 뒤를 잇는다. 스트레이트로 즐기기를 추천.

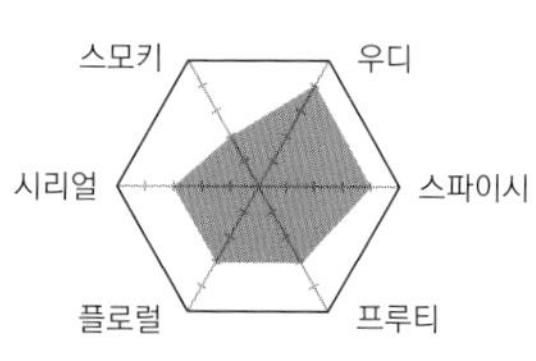

마시는 방법	
온더락	★★★★★
미즈와리	★★★★☆
하이볼	★★★☆☆

Other Variations

OLD PARR aged 12 years (올드 파 12년)

산뜻한 과일의 단맛과 어렴풋한 꿀의 향이 특징. 혀끝에 닿는 매끄러운 감촉 뒤에, 따스한 여운이 이어진다.

도수 40% **용량** 750㎖ 약 70,000원

OLD PARR aged 18 years (올드 파 18년)

희미한 몰트의 단맛과 오크통에서 비롯된 그윽한 바닐라향. 혀끝에 닿는 매끄러운 감촉과 긴 여운은 장기 숙성한 위스키답다.

도수 40% **용량** 750㎖ 약 200,000원

DATA ● **제조원** 맥도널드 그린리스사 ● **창업연도** 1871년경 ● **주요 몰트** 크라간모어, 글렌듀란(Glendullan)

이탈리아 남자로부터 이어진 정열

J & B 제이엔비

스코틀랜드

블렌디드 위스키

창업자는 자코모 저스테리니(Giacomo Justerini)라는 이탈리아인인데, 짝사랑했던 오페라 가수를 따라 영국에 온 뒤 와인상으로 성공하였다. 「J&B」의 탄생은 1933년으로, 노란 바탕에 붉은색 글자가 선명한 라벨은 바의 선반에서 눈에 띄기 쉽게 만든 것이다. 미국과 스페인 등에서 인기가 높다.

J & B RARE

제이엔비 레어

도수 40% **용량** 700㎖ 약 40,000원

아로마는 가벼우며 이스티(Yeasty)하다. 바닐라와 메이플 시럽, 시트러스 계열의 과일향도 느껴진다. 풍미는 오렌지, 연꽃꿀, 어린 풀의 뉘앙스. 미즈와리나 하이볼로 가볍게 즐기기 좋다.

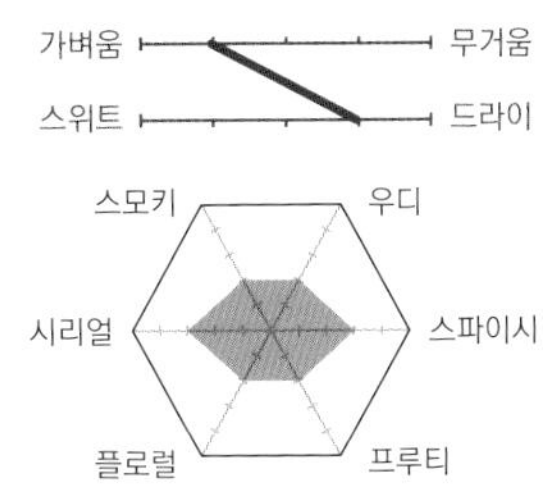

DATA ● **증류소** 저스테리니 & 브룩스 사 ● **창업연도** 1933년 ● **주요 몰트** 비공개

45종의 원액으로 구성된, 기품 있는 위스키

ROYAL HOUSEHOLD 로열 하우스홀드

스코틀랜드

블렌디드 위스키

향
바닐라
건초
서양배
맛
생강
시트러스
시리얼

달위니를 키몰트로 사용하고, 45종에 이르는 원액을 블렌딩한다. 특별하게 선별된 원액을 사용하여, 섬세하고 기품 있는 풍미와 품격이 느껴지는 스카치.

ROYAL HOUSEHOLD

로열 하우스홀드

도수 43% **용량** 750㎖ 약 350파운드

최고급 프리미엄 스카치로서 부동의 지위를 쌓았다. 그 비밀은 정교하게 만들어진 풍미와 깔끔한 뒷맛. 과음하게 되는 술이 아니라, 대화하면서 몇 잔씩 마시게 되는 훌륭한 풍미다.

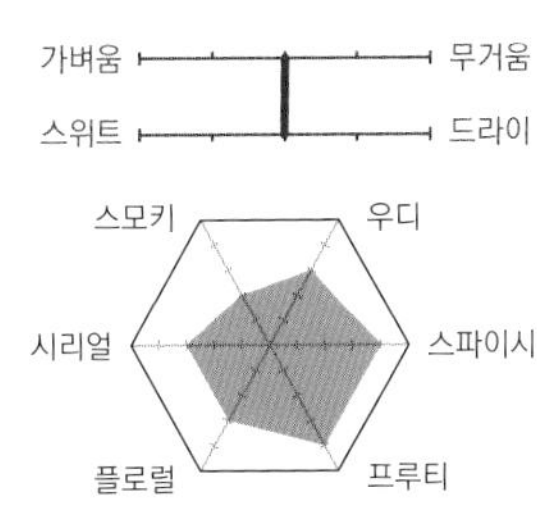

DATA ● **제조원** 제임스 뷰캐넌사 ● **창업연도** 1897년 ● **주요 몰트** 달위니, 글렌토커스 등

평소 마시기에 적합한 대표적인 블렌디드 위스키

TEACHER'S 티처스

스코틀랜드

블렌디드 위스키

향
토스트
스파이스
오렌지

맛
플로럴
시리얼
사과

글래스고 출신의 윌리엄 티처(William Teacher)가 탄생시킨 위스키. 그는 와인과 스피릿을 판매하는 상인에서 독학으로 블렌더가 되었다. 티처스는 45%라는 높은 몰트 비율을 자부하지만, 가격은 그야말로 합리적. 이 정도로 가성비가 좋은 블렌디드 위스키는 찾아보기 어렵다.

TEACHER'S HIGHLAND CREAM

티처스 하일랜드 크림

도수 40% **용량** 700㎖ 약 17유로

아드모어를 원액으로 사용하기 때문인지, 블렌디드 위스키치고는 피티하고 스모키하다. 그러나 비교적 가벼운 풍미와 합리적인 가격은, 남자들 모임에 안성맞춤이다.

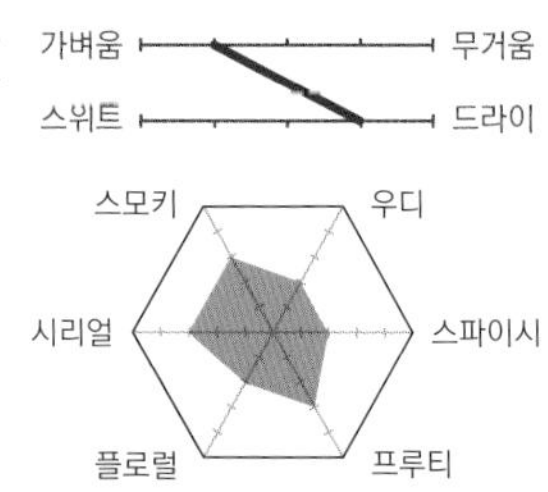

DATA ● **제조원** 윌리엄 티처&선즈사 ● **창업연도** 1830년 ● **주요 몰트** 아드모어, 글렌드로낙 등

트리플 머추어드 제조법이 풍미를 살린다

WHYTE & MACKAY 화이트 앤 맥케이

스코틀랜드

블렌디드 위스키

향
캐러멜
시리얼
초콜릿

맛
가죽
스파이스
오렌지

가장 큰 특징은 「트리플 머추어드(Triple Matured) 제조법」. 먼저 몰트와 그레인 원액을 각각 숙성시키고, 다음으로 몰트 원액만 배팅하여 셰리 오크통에서 숙성시킨다. 마지막으로 배팅한 몰트와 그레인을 블렌딩하여 다시 셰리 오크통에서 숙성. 이렇게 정성 들인 숙성 과정이 매끄럽고 달콤한 풍미를 낳는다.

WHYTE & MACKAY SPECIAL

화이트 앤 맥케이 스페셜

도수 40% **용량** 700㎖ 약 19파운드

베테랑 증류소 달모어와 페터캔(Fettercairn)을 소유한 숙달된 기량으로, 합리적인 가격임에도 리치한 색조와 풍미로 완성. 다양한 방법으로 즐길 수 있다.

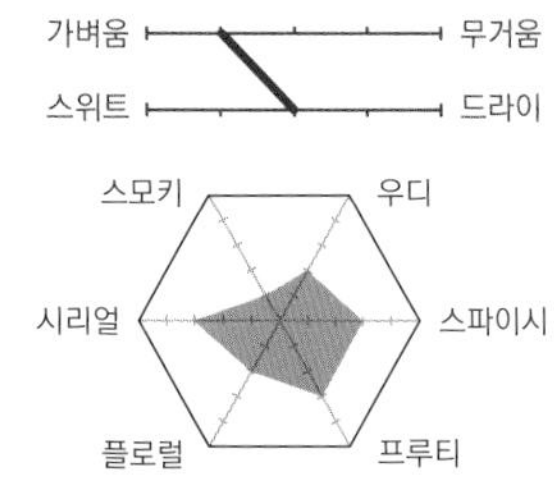

DATA ● **제조원** 화이트 앤 맥케이사 ● **창업연도** 1844년 ● **주요 몰트** 달모어, 페터캔 등

개성에 꽃향기를 더한 매끄러운 풍미

WHITE HORSE 화이트 호스

스코틀랜드

블렌디드 위스키

라벨에 그려진 백마와 위스키 이름은 스코틀랜드 에든버러에 실제로 있던 「화이트 호스 셀러(Celler)」라는 오래된 양조장 겸 여관에서 딴 것이다. 이 여관은 당시 스코틀랜드 독립군의 숙소로 사용되어, 자유와 독립을 상징하였다. 1908년에 영국 왕실 납품업자 인증을 받았다. 블렌디드 위스키는 무엇보다 조화가 중요한데, 화이트 호스가 특별한 점은 개성이 강한 아일레이 몰트를 키몰트로 사용한다는 것이다. 피티하고 스모키한 아일레이 특유의 풍미를 내세우면서, 함께 블렌딩한 스페이사이드 몰트가 단맛과 과일맛에 꽃향기를 더하여, 절묘하게 균형을 이룬 풍미를 만들어낸다.

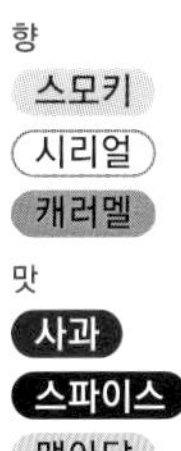

WHITE HORSE aged 12 years

화이트 호스 12년

도수 40% **용량** 700㎖ 약 2,000엔(일본 한정품)

초보자도 충분히 탈 수 있다!

제멋대로 날뛰지 않는 온순한 백마. 남성적인 탄 나무의 숙성향에 비해, 맛은 달콤하고 품질도 우아하다. 장벽이 높지 않아 초보자도 안심하고 탈 수 있는 백마. 미즈와리, 하이볼로 즐겨도 좋다. 대화가 중요한 회식자리에도 잘 어울린다.

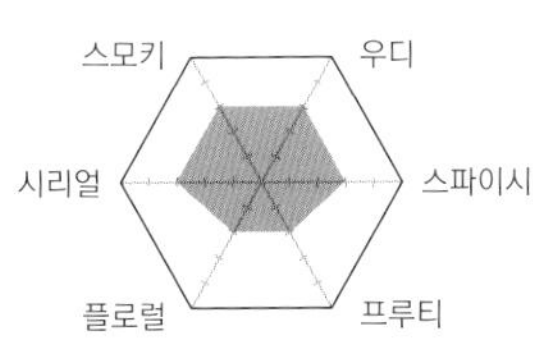

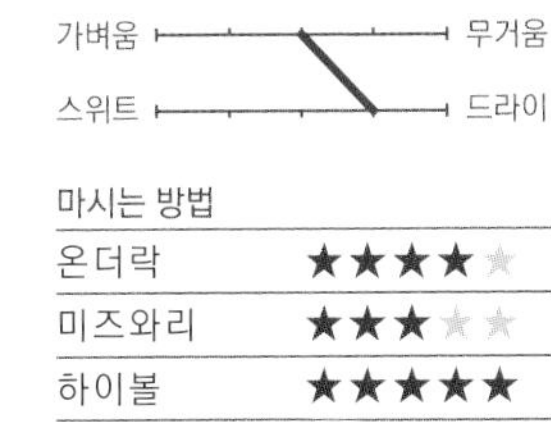

마시는 방법	
온더락	★★★★☆
미즈와리	★★★☆☆
하이볼	★★★★★

Other Variations

WHITE HORSE FINE OLD(화이트 호스 파인 올드)

꽃과 꿀을 연상시키는 신선한 향이 스모키한 향을 감싼다. 어떤 방법으로 마시든 잘 어울린다.

도수 40% **용량** 200㎖/700㎖/1000㎖/1750㎖ 약 1,700~3000엔

DATA ● **증류소** 비공개 ● **발매연도** 1890년 ● **주요 몰트** 비공개

지금껏 보지 못한 아이디어로 새로운 위스키 제조에 도전

COMPASS BOX 컴파스 박스

잉글랜드/런던

블렌디드 위스키

향
오일리
견과류
해초
맛
스모키
약품
시트러스

조니 워커의 글로벌 마케팅 디렉터로 활약했던 존 글레이저(John Glaser)가, 자신이 생각하는 이상적인 위스키를 만들고 싶다는 열정으로, 2000년 컴파스 박스 위스키를 설립하였다.

COMPASS BOX THE PEAT MONSTER

컴파스 박스 더 피트 몬스터

도수 46% **용량** 700㎖ 약 130,000원

새로운 라벨과 새로운 레시피. 아일레이 37%, 기타 63%이던 비율을, 아일레이 몰트(쿨일라 & 라프로익) 99%로 변경하였다. 잘 만든 블렌디드 몰트여서 잡스러운 맛이 없다. 온화한 스위트, 피트, 스모크 풍미. 양심적인 괴물.

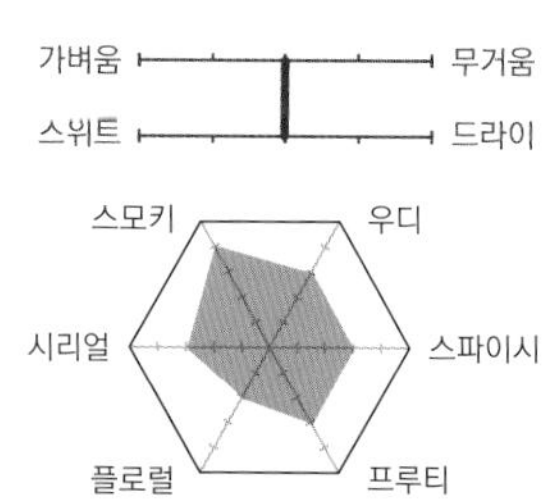

DATA ● **제조원** 컴파스 박스 위스키사 ● **창업연도** 2000년 ● **소재지** Chiswick Studios 9 Power Road London W4 5PY UK

3종류의 스페이사이드 몰트 원액을 정교하게 블렌딩

MONKEY SHOULDER 몽키 숄더

스코틀랜드

블렌디드 위스키

향
오렌지
꿀
바닐라
맛
버터
서양배
시리얼

몽키 숄더는 엄선된 스페이사이드 몰트 원액만으로 만드는 「블렌디드 몰트」가 특징인데, 오크통이 27개밖에 안 되는 스몰 배치(소량 생산)로 배팅을 진행한다. 사용하는 몰트 원액은 스페이사이드의 글렌피딕, 발베니, 키닌비, 같은 회사에 속한 증류소 등에서 선별한다.

MONKEY SHOULDER

몽키 숄더

도수 40% **용량** 700㎖ 약 60,000원

엄선된 스페이사이드 몰트로 이루어진 블렌디드 몰트는 바닐라, 꿀, 달콤한 과일의 풍미. 인류의 시작은 어차피 원숭이였다. 귀여운 캐릭터처럼 붙임성 있는 명랑함이 있다. 마시기 편해서 몰트를 시작할 때 안성맞춤이다.

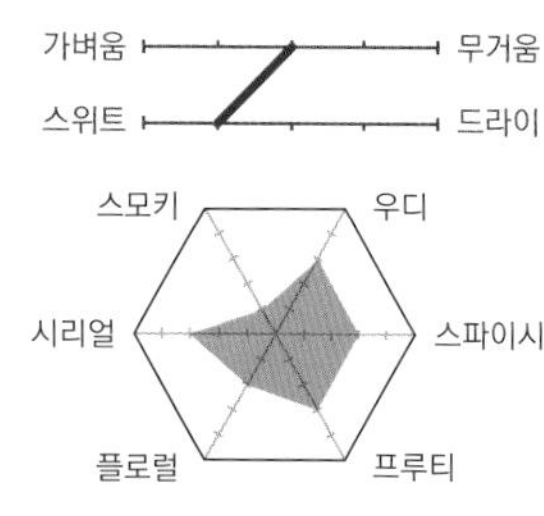

DATA ● **제조원** 윌리엄그랜트앤선즈 ● **창업연도** 1887년 ● **소재지** Girvan, Scotland

STEP 4

재패니즈 위스키

재패니즈 위스키는 현재 세계적으로 높은 평가를 받으며,
수요도 계속 증가하고 있다.
오랜 세월 갈고 닦은 기술로 두터운 신뢰를 얻은 주인공들을 소개한다.

재패니즈 위스키

세계가 극찬하는 재패니즈 위스키의 다음 행보는 크래프트 증류소 개설

다케쓰루 마사타카가 설립한 니카 위스키 홋카이도 공장·요이치 증류소.

니카 위스키 창업자 다케쓰루 마사타카.

요이치 증류소의 포트 스틸.

일본에서 처음 위스키가 만들어진 것은 1870년경이다. 그리고 본격적인 생산이 시작된 것은 1924년. 산토리의 창업자 도리이 신지로와 「일본 위스키의 아버지」 다케쓰루 마사타카가 함께 힘을 모아 1929년에 발매한 「시로후다(현재의 산토리 화이트)」가, 최초의 본격적인 재패니즈 위스키다. 이 위스키를 만들기 전 다케쓰루가 스코틀랜드의 헤이즐 번 증류소 등에서 실습을 하며 경험을 쌓았기 때문에, 재패니즈 위스키의 뿌리는 스카치에 있다고 할 수 있다.

전통적으로 일본에서는 스카치를 모델로 삼은 몰트 위스키와, 몰트에 그레인 위스키를 혼합한 블렌디드 위스키가 주류를 이루었다. 또한 일본인의 입맛에 맞게 스카치보다 스모키한 풍미를 억제한 것도 재패니즈 위스키의 특징이다. 2차대전이 끝난 뒤 고도성장기를 맞이한 일본에서는 위스키의 수요도 함께 증가하며 위스키 붐이 일었지만, 1980년대 중반 이후로는 상황이 바뀌면서 수요가 줄어들었다. 그러나 2000년대 이후 하이볼이 크게 유행하면서 다시 증가하는 추세로 바뀌고 있다.

현재 일본 국내에 있는 주요 대형 증류소로는 산토리(야마자키 증류소/오사카, 하쿠슈 증류소/야마나시), 니카 위스키(요이치 증류소/홋카이도, 미야기쿄 증류소/미야기), 기린 디스틸러리(후지고텐바 증류소/시즈오카) 등이 있다. 또한 소규모이기는 하지만 독자적인 장인정신으로 위스키를 만드는 증류소(크래프트 디스틸러리)도 해마다 늘어나고 있다. 그런데다가 2001년 니카 위스키의 「싱글 캐스크 요이치(SINGLE CASK YOICHI) 10년」이 영국 위스키 매거진 콘테스트에서 1위, 산토리의 「히비키(HIBIKI) 21년」이 2위로 상위를 독점하였다. 이를 비롯하여 해외에서 많은 상을 수상하는 등 재패니즈 위스키는 세계적으로 점점 더 높은 평가를 받고 있다.

일본 증류소 지도(2022년 2월 현재)

홋카이도 ❶ 겐텐 실업 아케시 증류소 ❷ 니카 위스키 요이치 증류소 ❸ 핫카이 양조 니세코 증류소
미 야 기 ❹ 니카 위스키 미야기쿄 증류소
야마가타 ❺ 긴류 유자 증류소
후쿠시마 ❻ 사사노카와 주조 아사카 증류소
이바라키 ❼ 기우치 주조 누카다 증류소 ❽기우치 주조 야사토 증류소
사이타마 ❾ 도아 주조 하뉴 증류소 ❿ 벤처 위스키 지치부 증류소
니 가 타 ⓫ 니가타 가메다 증류소 ⓬ 니가타 맥주 시노부 증류소
도 야 마 ⓭ 와카쓰루 주조 사부로마루 증류소
야마나시 ⓮ 산토리 하쿠슈 증류소
나 가 노 ⓯ 혼보 주조 마르스 신슈 증류소
시즈오카 ⓰ 기린 디스틸러리 후지고텐바 증류소 ⓱ 이카와 증류소
⓲ 가이아플로 시즈오카 증류소
아 이 치 ⓳ 기요스자쿠라 양조 ⓴ 산토리 치타 증류소
사 가 ㉑ 나가하마 로만 맥주 나가하마 증류소
오 사 카 ㉒ 산토리 야마자키 증류소
효 고 ㉓ 롯코산 증류소 ㉔ 아카시 주류양조 가이쿄 증류소
㉕ 에이가시마 주조
와카야마 ㉖ 프라우 식품 기슈쿠마노 증류소
돗 토 리 ㉗ 마쓰이 주조 구라요시 증류소
오카야마 ㉘ 미야시타 주조 오카야마 증류소
히로시마 ㉙ 사쿠라오 B & D 사쿠라오 증류소
후쿠오카 ㉚ 후쿠토쿠초 주류
오 이 타 ㉛ 쓰자키 상사 구주 증류소
미야자키 ㉜ 오스즈야마 증류소
가고시마 ㉝ 고마사가노스케 증류소 주식회사 가노스케 증류소 ㉞ 혼보 주조 마르스 쓰누키 증류소 ㉟ 니시 주조 온타케 증류소

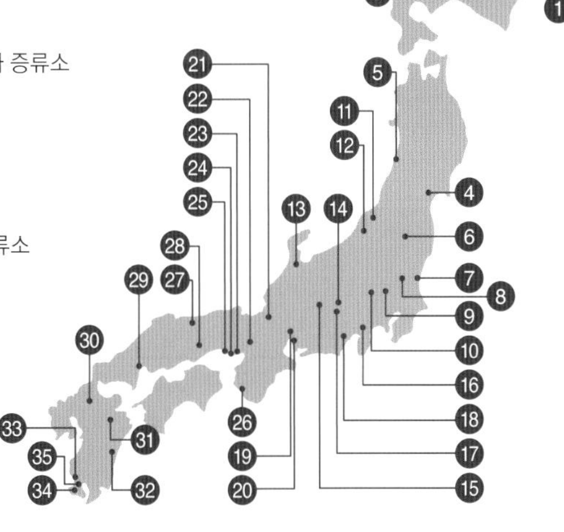

테이스팅 ⑧

대표적인 일본 크래프트

최근 재패니즈 위스키의 인기 덕분에 새로운 증류소가 계속 설립되고 있다. 또한 야마자키, 하쿠슈, 요이치, 미야기쿄, 지치부 등 싱글몰트는 모두 품귀 상태가 이어지고 있다. 여기서는 가동을 시작하고 3년 이상 경과한 크래프트 증류소의 대표적인 브랜드 5가지를 선택하였다.

시즈오카
Single Malt Japanese Whisky

SINGLE MALT JAPANESE WHISKY SHIZUOKA PROLOGUE K

싱글몰트 재패니즈 위스키 시즈오카 프롤로그 K

부드러운 과일맛이 있는 소박한 풍미

2016년 9월 위스키 제조 면허를 취득한 시즈오카 증류소가, 2020년 12월에 처음 발매한 싱글몰트. 폐쇄된 가루이자와 증류소에서 이전하여 설치한 증류기 「K」로 만든 원액을 사용하여 주목을 받았다. 부드러운 과일맛과 뚜렷한 보리 뉘앙스를 머금은 소박한 풍미로, 첫 발매라고 생각하기 힘든 완성도를 자랑한다.

사가
Single Malt Japanese Whisky

SINGLE MALT NAGAHAMA BOURBON CASK CASK STRENGTH

싱글몰트 나가하마 버번 캐스크 캐스크 스트렝스

몰티한 단맛과 바디감을 즐길 수 있다

크래프트 맥주를 계속 만들어 온 나가하마 로만맥주 양조장과 레스토랑에 병설된 나가하마 증류소는, 2016년에 가동을 시작했다. 싱글몰트 시리즈 제2탄으로 2020년 12월에 발매된 이 위스키는, 버번 캐스크 숙성에 의한 몰티한 단맛, 리치한 바디감, 뒤이어 따라오는 과일 풍미가 인상적이다.

가고시마
Single Malt Japanese Whisky

SINGLE MALT KANOSUKE 2021 FIRST EDITION

싱글몰트 가노스케 2021 퍼스트 에디션

기후에 의한 응축감과 쇼추 오크통이 주는 단맛

고마사 양조가 설립한 가노스케 증류소는 2017년 11월에 오픈하였다. 2021년 6월에 발매한 퍼스트 에디션은 고마사에서 고메쇼추를 재웠던 오크통에 숙성시킨 원액을 메인으로, 여러 오크통의 원액을 배팅한 것이다. 진하게 우려낸 시나몬 애플티, 조린 오렌지와 구운 보리 느낌, 호화로운 오크의 단맛. 그리고 가고시마 기후에 의한 빠른 숙성이 느껴지는 오크통향과 응축감이 있다.

증류소 브랜드 5

홋카이도

Single Malt Japanese Whisky

AKKESHI SINGLE MALT JAPANESE WHISKY BOSHU

아케시 싱글몰트 재패니즈 위스키 보슈

도수 55%

추구하는 길이 뚜렷하게 보이는 위스키

아일레이섬의 증류소 같은 위스키 제조를 목표로 설립된 아케시 증류소는, 2016년 10월부터 가동을 시작했다. 보슈[芒種]는 24절기 시리즈의 제3탄으로 2021년 5월에 발매되었는데, 앞으로도 싱글몰트와 블렌디드를 번갈아 발매할 예정이다. 쌉쌀한 카카오와 설탕에 절인 레몬 필의 풍미에, 피트에서 비롯된 모닥불 같은 스모키한 느낌과 몰티한 여운. 그 향과 맛에서 증류소가 추구하는 길이 뚜렷하게 보이는 위스키다.

도야마

Single Malt Japanese Whisky

SABUROMARU 0 THE FOOL

마지막으로!

사부로마루 제로 더 풀

도수 48%

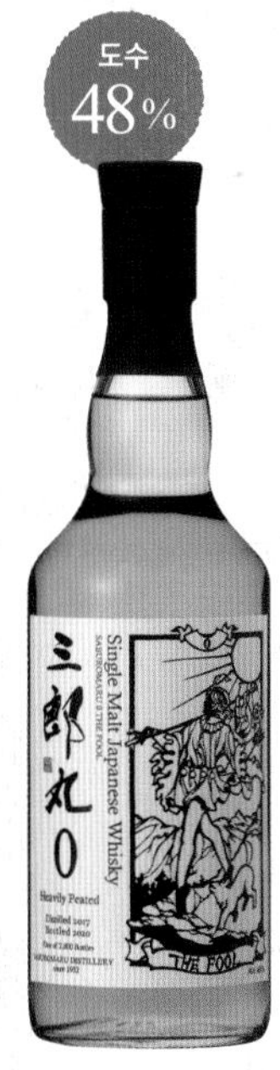

선대의 생각을 계승한 헤비 피트

사부로마루 증류소는 1952년에 위스키 제조 면허를 취득하였다. 그리고 이듬해 일어난 화재를 극복하면서 약 64년에 걸쳐 개조 프로젝트를 실행하였다. 이 위스키는 개조를 완료한 2017년 시점에 옛날 설비로 만든 것으로, 2020년 11월에 발매되었다. 선대부터 이어져온 헤비 피트 위스키 제조법을 그대로 따른 묵직한 위스키에는, 일본의 라가불린이라 표현하고 싶은 매혹적인 개성이 있다. 2019년에는 주물기술을 이용한 세계 최초의 포트 스틸 「ZEMON」을 도입하였는데, 제몬으로 만든 3년 숙성 위스키도 주목을 받고 있다.

재패니즈 위스키의 새로운 시작

2021년 4월 1일부터 일본양주주조조합(Japan Spirits & Liquors Makers Association)이 정한 재패니즈 위스키에 대한 자주기준이 시행되면서, 해외 원액을 이용한 것이나 위스키 이외의 양조 알코올 등을 블렌딩한 것, 3년 이상 숙성하지 않은 것은 「재패니즈 위스키」라고 표시할 수 없게 되었다. 여기서 소개한 위스키는 모두 틀림없는 싱글몰트 재패니즈 위스키로, 오크통에서 바로 꺼낸 원액에 가까운 높은 도수로 병입하기 때문에 각 증류소의 개성이나 방향성을 제대로 느낄 수 있다. 또한 스코틀랜드에서 많이 이루어지는 원액 교환이 일본 크래프트 증류소를 중심으로 시행되어, 이미 마르스 증류소와 지치부 증류소, 사부로마루 증류소와 나가하마 증류소 등이 협업으로 만든 위스키를 발매하였다.

니혼슈 기술자가 만드는 세토나이카이 출신 위스키

EIGASHIMA DISTILLERY 에이가시마 증류소

일본 / 효고 아카시

싱글몰트 & 블렌디드 위스키

눈앞에 펼쳐지는 것은 바다 내음이 나는 세토나이카이[瀬戸内海]. 에이가시마 증류소는 일본에서 가장 바다와 가까운 증류소다. 에도시대부터 양조를 시작하여 1919년에 위스키 제조 면허를 취득한, 선견지명이 뛰어난 증류소이기도 하다. 위스키를 만드는 사람이 니혼슈(사케) 기술자라는 점도 에도시대부터 이어진 술도가만의 특징이다. 롯코산에서 흐르는 복류수(伏流水, 지하수의 일종)와 라이트 피티드 맥아를 사용한다. 최근에는 싱글몰트 제조에도 힘을 쏟고 있어서, 해외의 바에서도 만날 수 있다. 입안에 머금으면 청사과, 리코리스, 바닐라의 향이 나고, 풍미는 라이트하면서 마일드하다. 바다 출신이어서 그런지 해산물과 잘 어울려서, 저녁 반주로 곁들이기 좋다.

향: 맥아, 살구, 생강
맛: 견과류, 꿀, 오렌지

WHITE OAK SINGLE MALT AKASHI

화이트 오크 싱글몰트 아카시

도수 46% **용량** 500㎖ 약 4,000엔

One Pick!

경험이 풍부한 노포의 매력

셰리 오크통과 버번 오크통의 복합적인 우드 풍미와 약간의 피트. 여운이 길지는 않지만 몰트향, 쌉쌀함, 메이저 위스키의 화려함과는 확연히 다른 소박한 풍미가 느껴진다. 무리하게 개성을 내세우지 않는 것이 노포의 노련함이다.

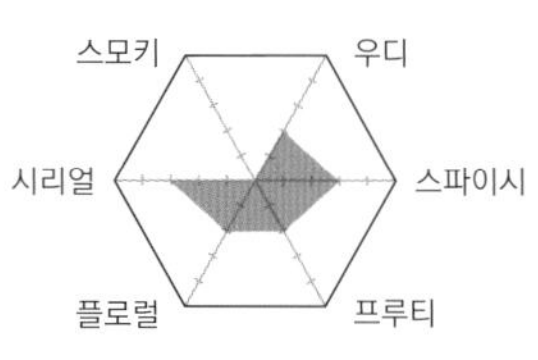

마시는 방법	
온더락	★★★☆☆
미즈와리	★★★★☆
하이볼	★★★★☆

Other Variations

WHITE OAK BLENDED WHISKY AKASHI
(화이트 오크 블렌디드 위스키 아카시)

100% 영국산 맥아로 만든 스카치 타입의 블렌디드 위스키. 화려한 몰트향과 깔끔하고 매끄러운 감촉, 조금 드라이한 풍미가 인상적이다. 온더락이나 하이볼 등으로 편하게 즐기는 것을 추천한다.

도수 40% **용량** 500㎖ 약 40,000원

DATA

● **제조원** 에이가시마 증류소 ● **발매연도** 1919년(증류공장 준공 · 위스키 제조 면허 취득) ● **소재지** 兵庫県 明石市 大久保町
● **소유자** 에이가시마 주조

100% 현지 재료로 만든 「아케시 올스타즈」를 추구

AKKESHI DISTILLERY 아케시 증류소

일본 / 홋카이도 아케시

싱글몰트 & 블렌디드 위스키

평범한 위스키 애호가에 지나지 않았던 실업가가 오랫동안 동경하던 「아일레이 몰트」의 풍미를 재패니즈 위스키에서 실현하기 위해 2013년에 설립하였다. 개업 장소로 선택한 홋카이도 아케시초는 한랭한 기후, 바다의 습기를 머금은 짙은 안개, 청명한 공기에 더하여, 아일레이 몰트에서 빼놓을 수 없는 이탄도 풍부하다. 2016년 증류를 시작하여 2020년 초에 풀 보틀(Full Bottle, 700~750㎖)을 발매. 홋카이도산 보리 품종 「료후」 등 현지 원료를 도입하고, 오크통도 홋카이도 원시림의 미즈나라로 만드는 등, 모방이 아닌 철저한 아케시산 위스키를 고집하며 해마다 라인업을 확대하고 있다.

향
스모키
맥아
클로브

맛
생강
흙토
시트러스

AKKESHI SINGLE MALT JAPANESE WHISKY "BOSHU"

아케시 싱글몰트 재패니즈 위스키 "보슈"

도수 55% **용량** 700㎖ 약 17,000엔

One Pick!

외길을 걷는 청렴함과 풍미의 일체감에 반하다

습한 바닷바람과 여름의 아스팔트, 피트향에 싸인 사과, 태운 보리, 바닐라와 클로브, 고추의 매콤함과 생강, 쌉쌀한 카카오와 설탕에 절인 레몬필, 모닥불 연기와 드라이한 몰트의 감촉이 남는다.

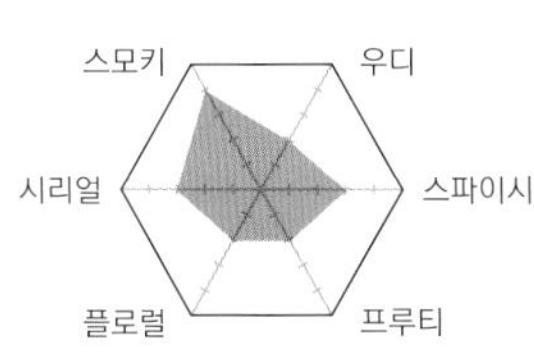

가벼움 — 무거움
스위트 — 드라이

마시는 방법	
온더락	★★★★☆
미즈와리	★★★☆☆
하이볼	★★★★☆

Other Variations

AKKESHI BLENDED WHISKY "USUI"

(아케시 블랜디드 위스키 "우스이")

24절기 시리즈의 제2탄, 블렌디드 위스키 우스이. 그레인 원액에서 비롯된 조화로운 느낌과 셰리 오크통과 와인 오크통이 주는 리치한 풍미가 인상적이다. **도수** 48% **용량** 700㎖ 약 11,000엔

DATA ● **제조원** 아케시 증류소 ● **발매연도** 2016년 증류 개시 ● **소재지** 北海道 厚岸郡 厚岸町 ● **소유자** 겐텐 실업

도호쿠에서 가장 오래된「크래프트 위스키 증류소」

ASAKA DISTILLERY 아사카 증류소 일본 / 후쿠시마 고리야마

싱글몰트 위스키

1765년 후쿠시마현 고리야마시에서 창업한 니혼슈 양조장 사사노카와 주조가 토대가 되었다. 2차 대전 직후인 1946년부터 소규모지만 꾸준히 위스키를 만들어 왔으며, 일본산 위스키의 인기가 높아진 2015년에 창업 250주년을 기념하는 신규 사업으로 몰트 위스키 증류소 신설을 결정. 이듬해 본격 가동하였다. 2대의 포트 스틸은 일본산으로 미야케제작소에서 만들었고, 몰트의 분쇄부터 증류까지 모든 과정이 회사의 저장고 일부를 이용한 작은 공간에서 이루어진다.「야마자쿠라 아사카 디 퍼스트 피티드」는 처음 만든 피티드 타입으로, 페놀 수치 50ppm의 스모키한 풍미가 매력이다.

YAMAZAKURA ASAKA THE FIRST PEATED

야마자쿠라 아사카 더 퍼스트 피티드

도수 50% **용량** 700㎖ 약 9,000엔

스위트 포테이토의 향기로움에 넋을 잃다

뉴 메이크(갓 증류한 원액)의 냄새는 적으며, 피트향은 달콤하고, 스위트 포테이토 같은 향을 느낄 수 있다. 풍미도 피트가 적당히 느껴지며 알싸한 짠맛도 난다. 앞으로 오크통에서 숙성될 위스키의 맛이 매우 기대되는 증류소다.

향
스모키
오렌지
맥아

맛
바닐라
후추
살구

마시는 방법	
온더락	★★★☆☆
미즈와리	★★★★☆
하이볼	★★★★☆

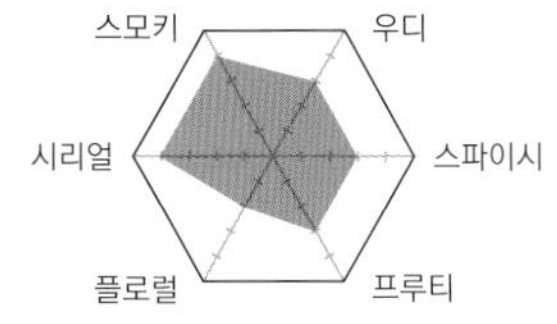

DATA ● **제조원** 아사카 증류소 ● **발매연도** 2020년 ● **소재지** 福島県 郡山市 笹川 ● **소유자** 사사노가와 주조 주식회사

지치부에서 시작된, 독자적인 개성으로 세계를 매료

ICHIRO'S MALT 이치로즈 몰트 일본 / 사이타마 지치부

싱글몰트 & 블렌디드 위스키

경영 위기로 폐업 직전이었던 아버지의 증류소에서 원액을 인수한 아쿠토 이치로는, 직접 위스키 제조를 시작하여 일본 굴지의 위스키 증류소로 성장시켰다. 그의 이름을 내건 위스키는 발매하자마자 해외에서도 높은 평가를 받으며, 업계에 새로운 바람을 불어넣었다. 이치로즈 몰트는 스코틀랜드의 제조법을 그대로 따르며 「기본으로 돌아가는 것」을 목표로 한다. 오래전부터 일본에서 재배된 미즈나라를 발효조에 사용하는 독창성도 매력 중 하나. 또한 최근에는 자체적으로 오크통을 만들기 시작했으며, 현지 보리를 사용한 맥아 제조에 힘을 쏟는 등 도전은 계속 이어지고 있다.

향
- 오렌지
- 시리얼
- 바닐라

맛
- 플로럴
- 살구
- 시나몬

ICHIRO'S MALT & GRAIN WHITE LABEL

이치로즈 몰트 & 그레인 화이트 라벨

도수 46% **용량** 700㎖ 약 4,000엔

One Pick!

낮부터 밤까지 쭉

해가 지기 전부터 마실 수 있다. 밝은 낮부터 어두운 밤까지 오래 마실 수 있는(?) 직장인의 친구. 몰트에서 비롯된 풍부한 향과 산뜻한 감귤류를 연상시키는 깔끔한 맛이 좋다. 하이볼은 물론 오유와리로 마셔도 잘 어울린다.

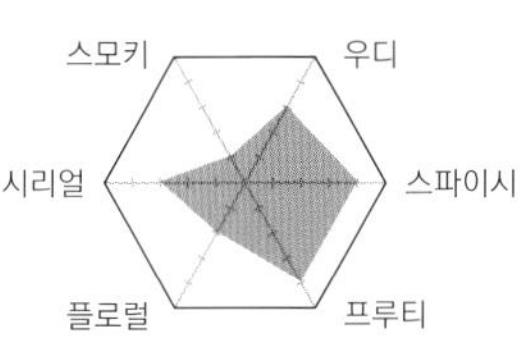

마시는 방법	
온더락	★★★★☆
미즈와리	★★★★☆
하이볼	★★★☆☆

Other Variations

ICHIRO'S MALT MIZUNARA WOOD RESERVE MWR
(이치로즈 몰트 미즈나라 우드 리저브)
순한 단맛과 복잡하고 깊이 있는 풍미. 허브와 서양배를 연상시키는 과일 풍미. 그리고 피트 느낌. **도수** 46% **용량** 700㎖ 약 8,000엔

ICHIRO'S MALT CHICHIBU THE FIRST TEN
(이치로즈 몰트 지치부 더 퍼스트 텐)
10년 숙성 싱글몰트 위스키. 알코올 도수가 높고, 냉각여과하지 않았으며, 내추럴 컬러로 병입. **도수** 50.5% **용량** 700㎖ 약 20,000엔(품절)

DATA ● **제조원** 벤처 위스키 ● **발매연도** 2005년 ● **증류소** 사이타마·지치부 증류소

시즈오카가 자랑하는 크래프트 위스키 증류소

GAIAFLOW SHIZUOKA DISTILLERY

가이아플로 시즈오카 증류소 일본 / 시즈오카

싱글몰트 위스키

2012년부터 위스키 수입과 판매를 시작, 본격적으로 자체 제작에 착수한 것은 2016년이다. 그 뒤로 스타일이 다른 1차 증류기 2대와 2차 증류기 1대를 조합하여, 시즈오카의 풍토를 살린 개성적인 위스키를 제조하고 있다. 「시즈오카 프롤로그 K」는 가루이자와 증류소에서 이전하여 설치한 증류기(K라고 부른다)를 사용하며, 200개가 넘는 3년 숙성 오크통에서 엄선한 31가지 원액을 블렌딩해서 만든다. 한편, 1차 증류기 「W」는 유서 깊은 증류기 제조회사 포사이스(Forsyths)에 특별 주문한 것으로, 장작을 때서 가열한다. W로 만드는 제품도 증류소를 대표하는 「얼굴」이다.

향
오렌지
맥아
클로브
맛
살구
토스트
스모키

SHIZUOKA PROLOGUE K

시즈오카 프롤로그 K

도수 55.5% **용량** 700㎖ 약 9,000엔

앞으로의 성장도 기대되는 귤 소년

2012년에 완전 폐쇄된 가루이자와 증류소의 전설적인 포트 스틸로 만든 위스키는, 시즈오카답게 귤이 연상되는 향기 속에 가벼운 피트와 나무 향이 느껴진다. 3년 숙성다운 순진한 소년 같은 몰트.

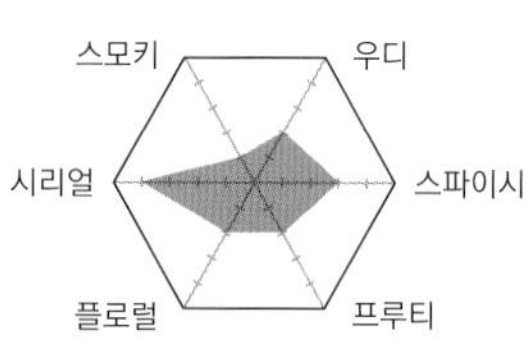

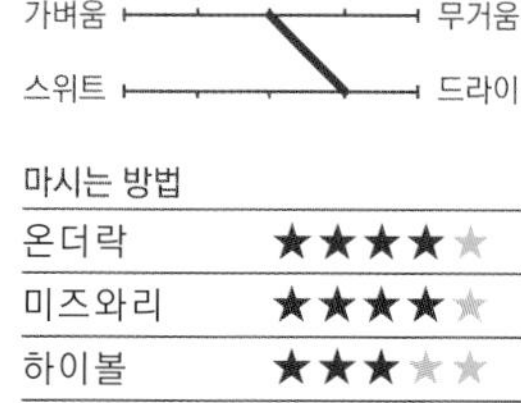

마시는 방법	
온더락	★★★★☆
미즈와리	★★★★☆
하이볼	★★★☆☆

Other Variations

SHIZUOKA PROLOGUE W(시즈오카 프롤로그 W)

섭씨 800℃의 고온으로 가열하는 증류기 「W」로 증류한 인기 제품.

도수 55.5% **용량** 700㎖ 약 9,000엔

DATA ● **증류소** 가이아플로 시즈오카 증류소 ● **창업연도** 2016년 ● **소재지** 静岡県 静岡市 葵区 ● **소유자** 가이아플로 디스틸링

KANOSUKE DISTILLERY 가노스케 증류소

일본 / 가고시마

싱글몰트 위스키

증류소 이름 가노스케는 토대가 된 고마사 양조 2대 오너의 이름이다. 고마사 양조는 1883년 가고시마에서 창업하여 특산품인 쇼추(일본 소주)로 발전했다. 고마사 가노스케는 일본 고유의 증류주인 쇼추의 노하우를 진화시켜 세계에 알리기 위해, 1957년 6년 동안 오크통에서 숙성시킨 고메쇼추(쌀소주) 「멜로 코즈루(Mellowed Kozuru)」를 선보였다. 그 정신을 이어받은 4대 오너 요시쓰구가 만든 것이 가노스케 증류소다. 「싱글몰트 가노스케 2021 퍼스트 에디션」은 증류소가 개설된 2017~2018년에 증류한 원액을 사용한 첫 발매품. 오랜 세월 증류주를 만들어온 마음이 담겨 있다.

SINGLE MALT KANOSUKE 2021 FIRST EDITION

싱글몰트 가노스케 2021 퍼스트 에디션

도수 58% **용량** 700㎖ 약 14,000엔

오크통의 농후한 풍미가 특징

신선한 목재, 계피사탕, 과육이 들어 있는 살구잼의 향. 풍미는 화려한 오크의 단맛과 시나몬 애플 티, 조린 오렌지, 꿀을 바른 스콘. 클로브가 여운을 뚜렷이 남긴다. 빠른 숙성에서 비롯된 오크통의 농후한 풍미가 인상적이다.

향
톱밥
시나몬
살구

맛
꿀
생강
오렌지

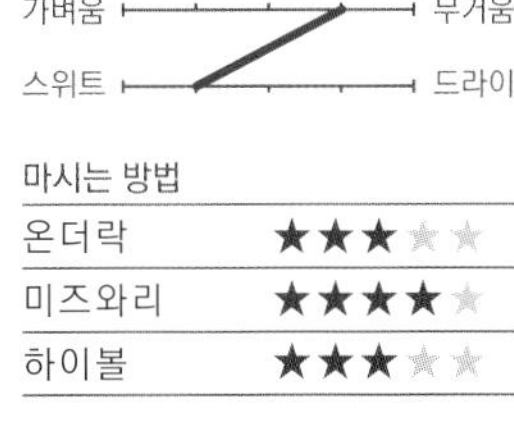

마시는 방법

온더락	★★★☆☆
미즈와리	★★★★☆
하이볼	★★★☆☆

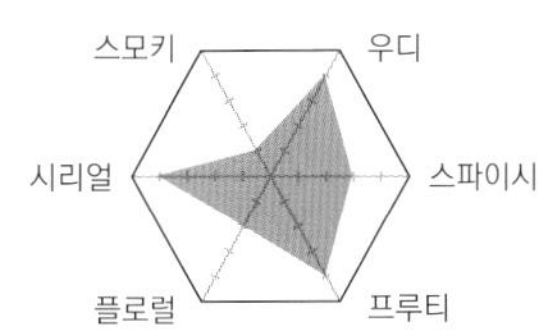

DATA ● **증류소** 가노스케 증류소 ● **창업연도** 2017년 ● **소재지** 鹿児島県 日置市 日吉町 ● **소유자** 고마사 양조

호쿠리쿠에서 유일. 도야마에서 반세기 이상 이어진 증류소

SABUROMARU DISTILLERY 사부로마루 증류소

일본 / 도야마

싱글몰트 위스키

도야마현에서 1862년에 창업한 와카쓰루 주조는 2차대전 뒤 쌀이 부족하자 증류주를 연구하여, 1952년에 위스키 제조 면허를 취득하였다. 그 뒤로 호쿠리쿠(니가타현, 도야마현, 이시카와현, 후쿠이현) 지역에서 유일한, 본격적인 위스키 증류소로 뿌리를 내리고 발전했다. 스코틀랜드의 전통적인 제조법을 따라 50ppm의 헤비 피트 맥아를 사용하여 증류한 원액은 스모키한 향기가 매력이다. 동시에 맥주의 에일 효모와 위스키 효모를 혼합 발효시켜 과일향을 끌어내는 등, 양조장만의 특색도 살렸다. 현재는 버번 오크통을 중심으로 셰리 오크통과 도야마현산 미즈나라 오크통 등에서 숙성시킨, 여러 종류의 라인업을 갖추고 있다.

SABUROMARU 0 THE FOOL

사부로마루 제로 더 풀

도수 48% **용량** 700㎖ 약 10,000엔(완판)

피트의 존재감, 따스한 몰티함

흙 느낌의 피트, 검은 후추와 바닐라, 오크에서 비롯된 리치한 단맛, 먼지 같은 스모크, 연필심과 맥아, 연기에 싸인 시트러스가 고개를 든다. 존재감 있는 묵직한 피트향과 폭신하며 따스한 몰티함이 인상적인 위스키.

마시는 방법

온더락	★★★★☆
미즈와리	★★★★☆
하이볼	★★★☆☆

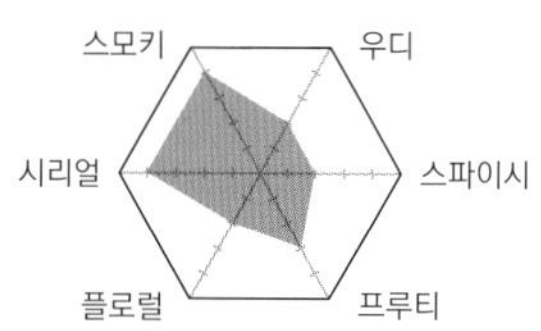

DATA ● **증류소** 사부로마루 증류소 ● **창업연도** 1952년(위스키 제조 면허 취득) ● **소재지** 富山県 砺波市 三郎丸 ● **소유자** 와카쓰루 주조

히로시마 노포 주류 메이커의 새로운 변신

SAKURAO DISTILLERY 사쿠라오 증류소

일본 / 히로시마

싱글몰트 위스키

1918년 하쓰카이치 사쿠라오에서 창업하여 증류주와 청주 등을 만들어온 사쿠라오 B&D(구 주고쿠 양조)가, 2017년 창업 100주년을 기념하여 설립한 크래프트 증류소이다. 오랜 세월 쌓아온 증류 기술과 노하우를 살려 히로시마 풍토에 뿌리내린 풍부한 풍미의 진과 위스키를 생산하고 있다. 2018년 진에 이어, 2021년 드디어 「사쿠라오」, 「도고우치」라고 이름 붙인 첫 싱글몰트 위스키를 발매하였다. 각각 해변과 산간 지역이라는 다른 조건의 저장고에서 숙성시켜 맛의 폭을 넓혔고, 모두 물을 추가하지 않은 캐스크 스트렝스로 만들어 갈고 닦은 원액의 감칠맛이 그대로 살아 있다.

◀ SINGLE MALT SAKURAO 1ST RELEASE CASK STRENGTH

싱글몰트 사쿠라오

도수 54% **용량** 700㎖ 약 9,000엔(영업용 한정 판매)

세토나이카이 숙성의 진가는?

바다 내음은 아직 약하지만, 세토나이카이의 오렌지 향 나는 스모키함이 느껴진다. 도수는 강하지만 바디는 말랑말랑한 어린아이처럼 부드럽다. 바닷바람과 산바람에 의한 기온차를 겪으면서 자라, 골격이 완성되면 세토나이카이 숙성의 진가를 보고 싶다.

향: 클로브, 오렌지, 스모키

맛: 오일리, 맥아, 드라이

SINGLE MALT TOGOUCHI 1ST RELEASE CASK STRENGTH ▶

싱글몰트 도고우치

도수 52% **용량** 700㎖ 약 9,000엔(영업용 한정 판매)

사과, 살구, 신록의 풍미

서늘한 산간 터널에 살짝 숨어 있는 원액은, 막 사온 사과나 살구처럼 은은한 단맛과 떫은맛이 느껴진다. 배경으로는 신록의 풍미. 개성 강한 위스키가 버거운 사람에게는 이런 무난한 품질이 안성맞춤일지도.

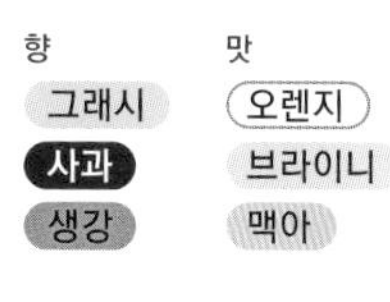

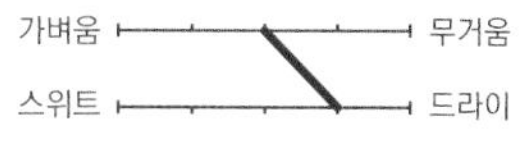

DATA ● **증류소** 사쿠라오 증류소 ● **창업연도** 2017년 ● **소재지** 広島県 廿日市市 桜尾 ● **소유자** 사쿠라오 B&D

일본에서 가장 작은 증류소가 세계 제일의 큰 꿈을 좇다!

NAGAHAMA DISTILLERY 나가하마 증류소

일본 / 사가

싱글몰트 위스키

증류소의 토대가 된 것은 1996년에 시작된 비와호 북부의 크래프트 맥주 브루어리다. 맥주를 만들면서 "100년 뒤에도 즐길 수 있는 위스키를 만들자"라는 생각으로, 2016년부터 부지 내에서 위스키 증류를 시작했다. 원래부터 아담한 브루어리여서 그 안에 세운 증류소의 규모는 더 작다. 1,000ℓ짜리 1차 증류기 2대와 2차 증류기 1대를 설치하여, 일본에서 가장 작은 위스키 증류소가 탄생하였다. 「싱글몰트 나가하마」는 셰리, 버번, 아일레이 쿼터 캐스크 등 다양한 오크통을 이용한 싱글캐스크를 캐스크 스트렝스로 병입한 회심작이다.

SINGLE MALT NAGAHAMA BOURBON BARREL CASK STRENGTH

싱글몰트 나가하마 버번 배럴 캐스크 스트렝스

도수 50.5% **용량** 500㎖ 약 20,000엔

One Pick!

작은 증류소의 용기 있는 도전

작은 알랑빅(Alembic) 증류기로 만들어서 특유의 몰트와 꿀 향기가 나며, 강렬한 첫맛 속에 바닐라와 꿀이 중심이 된 단맛이 느껴진다. 순간적으로 날아올라 흩어지는 풍미. 물을 더해도 시럽 같은 단맛과 녹진한 질감이 특징이다.

마시는 방법

온더락	★★★☆☆
미즈와리	★★★★☆
하이볼	★★★★☆

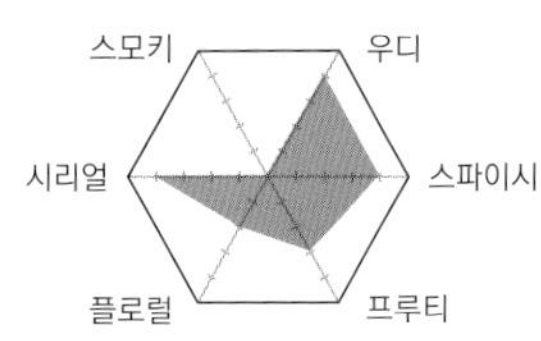

향: 맥아, 바닐라, 살구

맛: 코코넛, 시나몬, 오렌지

DATA ● **증류소** 나가하마 증류소 ● **창업연도** 2016년 ● **소재지** 滋賀県 長浜市 朝日町 ● **소유자** 나가하마 로만 맥주

FUJI GOTEMBA DISTILLERY 후지고텐바 증류소 일본 / 시즈오카 고텐바

싱글몰트 & 블렌디드 위스키

1973년 기린 맥주가 타사와 합병하여 탄생한 새로운 회사가, 위스키 제조를 위해 「후지고텐바 증류소」를 설립하였다. 몰트와 3종류의 그레인 등 4종의 원액을 만들 수 있는 후지고텐바는 세계적으로도 찾아보기 힘든 증류소이다. 2020년 발매한 「리쿠」는 후지고텐바의 그레인 원액과 해외에서 조달한 그레인 원액을 블렌딩한 뒤, 후지고텐바의 몰트를 넣어 조절한 그레인 중심의 새로운 위스키다. 감귤 같은 화려한 향, 바디감이 뚜렷한 풍미는 하이볼 등 다양한 방법으로 즐길 수 있으며, 「자유롭게 위스키를 즐기기 바랍니다」라는 바람이 담겨 있다.

KIRIN WHISKEY RIKU

기린 위스키 리쿠

도수 50% **용량** 500㎖ 약 1,500엔

순함과 고집스러움

오크에서 비롯된 리치한 바디와 향신료향, 폭신한 곡물 같은 느낌. 물을 넣으면 매우 잘 어울리고, 오크통의 단맛이 녹아나와 부드러운 목넘김을 연출한다. 50%로 조절된 알코올 도수에서도 집념이 느껴진다. 가성비가 뛰어난 감미로운 위스키.

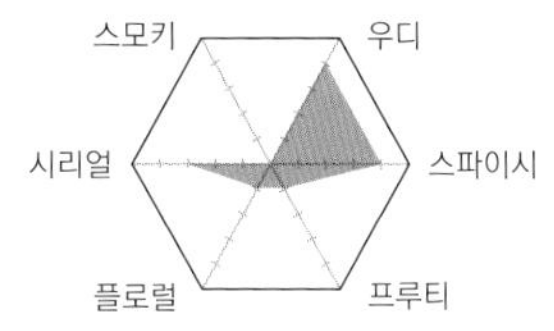

DATA ● **제조원** 기린 디스틸러리 ● **발매연도** 2020년 ● **증류소** 기린 디스틸러리 후지고텐바 증류소

재패니즈 위스키의 초창기 영웅이 탄생시킨 증류소

MARS SHINSHU DISTILLERY

마르스 신슈 증류소

일본 / 나가노 미야다무라

싱글몰트 & 블렌디드 위스키

마르스 위스키는 이와이 기이치로를 빼고 이야기할 수 없다. 이와이는 니카 위스키의 창시자 다케쓰루 마사타카의 상사로 알려진 인물이다. 스코틀랜드 유학에서 돌아온 다케쓰루가 제출한 이른바 「다케쓰루 노트」 등을 바탕으로, 당시 혼보[本坊] 주조의 고문이었던 이와이가 증류소 설계와 지도에 참여하면서 마르스 위스키가 탄생하였다. 싱글몰트는 「고마가다케[駒ケ岳]」산의 이름을 땄다. 또한 마르스 신슈 증류소는 2020년에 리뉴얼 공사를 마친 뒤, 새로운 관광명소로 국내외의 주목을 받고 있다.

SINGLE MALT KOMAGATAKE IPA CASK FINISH

싱글몰트 고마가다케 IPA 캐스크 피니시

도수 52% **용량** 700㎖ 약 10,000엔

감귤류의 향, 단맛, 쌉쌀함

홉(Hop, 맥아의 향미제)에서 비롯된 상쾌한 시트러스와 허브의 향, 감귤류의 깨끗한 단맛, 깔끔하고 쌉쌀한 여운으로, 하이볼과의 궁합도 상당히 좋은 위스키.

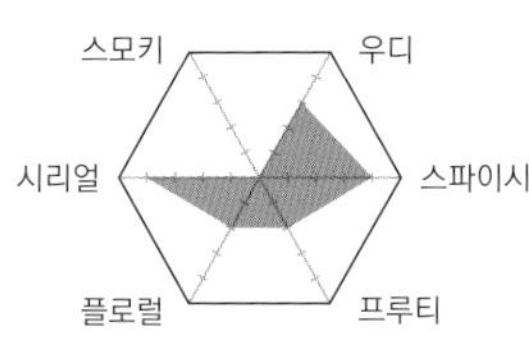

가벼움 — 무거움

스위트 — 드라이

마시는 방법	
온더락	★★★☆☆
미즈와리	★★★☆☆
하이볼	★★★☆☆

Other Variations

MARS MALTAGE COSMO(마르스 몰티지 코스모)

여러 가지 몰트 원액을 배팅. 꿀을 연상시키는 달콤한 향.

도수 43% **용량** 700㎖ 약 5,000엔

Another One

IWAI TRADITION(이와이 트레디션)

이와이 기이치로에 대한 존경과 감사를 담아 만든, 중후한 블렌디드 위스키.

도수 40% **용량** 750㎖ 약 90,000원

DATA ● **증류소** 마르스 신슈 증류소 ● **발매연도** 2021년 ● **소재지** 長野県 上伊那郡 宮田村 ● **소유자** 혼보 주조

「일본 최남단」의 위스키 증류소

MARS TSUNUKI DISTILLERY

마르스 쓰누키 증류소

일본 / 가고시마 미나미사쓰마시

싱글몰트 위스키

혼보 주조가 제2의 위스키 증류소로 2016년에 개설하였다. 혼보 주조의 발상지이기도 한 「쓰누키[津貫]」는 사쓰마 반도 남서쪽의 녹음이 우거진 산골짜기에 있다. 주위가 산으로 둘러싸인 분지로 여름에는 덥고 겨울에는 추워서, 기온차가 큰 환경에서 위스키 원액이 숙성된다. 「쓰누키」라는 이름의 첫 싱글몰트 「쓰누키 더 퍼스트」는 묵직한 목넘김과 부드러운 여운이 빼어난 위스키다. 일본에서 한 기업이 여러 개의 증류소를 소유한 것은, 산토리, 니카에 이어 혼보주조가 3번째이다. 마르스 위스키는 재패니즈 위스키의 한 축을 담당하는 존재로서 국내외의 주목을 받고 있다.

SINGLE MALT TSUNUKI THE FIRST

싱글몰트 쓰누키 더 퍼스트

도수 59% **용량** 700㎖ 약 11,000엔

One Pick!

빠른 숙성이 느껴지는 응축된 풍미가 인상적

시나몬 풍미의 흑당빵, 부순 견과류와 생강, 살구, 리치한 오크의 부드러운 단맛에서 초콜릿 같은 타닌, 감과 비파, 바닐라로 달콤하게 졸인 복숭아의 풍미까지. 여운은 알코올이 남는다.

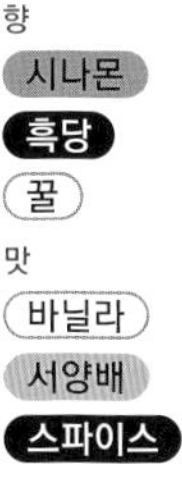

마시는 방법

온더락	★★★★☆
미즈와리	★★★☆☆
하이볼	★★★☆☆

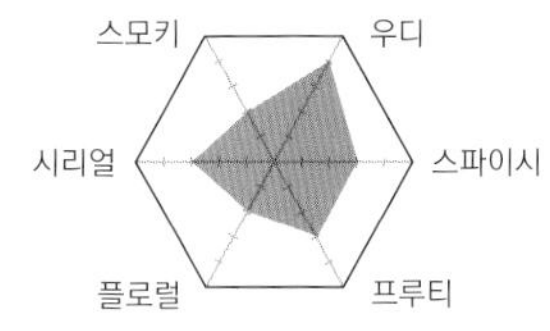

DATA ● **제조원** 마르스 쓰누키 증류소 ● **발매연도** 2020년 ● **소재지** 鹿児島県 南さつま市 加世田津貫 ● **소유자** 혼보 주조

보기 드문 「싱글 그레인 위스키」

CHITA 치타

일본 / 아이치현 치타

블렌디드 위스키

산토리가 블렌디드 위스키용으로 몰트 원액과 블렌딩할 그레인 위스키를 생산하기 위해 만든 증류소로 1972년에 설립되었다. 옥수수를 원료로 사용하는 그레인 위스키는 보통 몰트의 개성을 살려주는 조연을 담당하는 경우가 많다. 그런데 이 증류소에서는 그레인 원액을 세밀하게 나누어 생산하는 기술을 통해, 2015년 10종류 이상의 그레인 원액을 사용한 싱글 그레인 위스키 치타를 발매하였다. 그레인 특유의 감칠맛과 향, 맛을 완벽하게 추출한 경쾌한 풍미가 호평을 받으며, 야마자키와 하쿠슈의 그늘에 가려질 뻔한 「치타」라는 이름을 널리 알렸다.

SUNTORY WHISKY CHITA

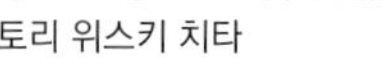

산토리 위스키 치타

도수 43% **용량** 700㎖ 약 100,000원

하이볼로 즐기는 것이 정답!

바닐라와 마시멜로, 생크림, 리치, 시럽에 절인 복숭아와 코코넛, 민트 케이크, 꿀을 뿌린 쿠키의 풍미. 달콤하고 가벼우며 탄산과의 궁합도 좋아서, 질리지 않고 마실 수 있는 그레인 위스키이다.

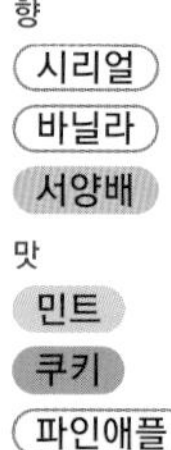

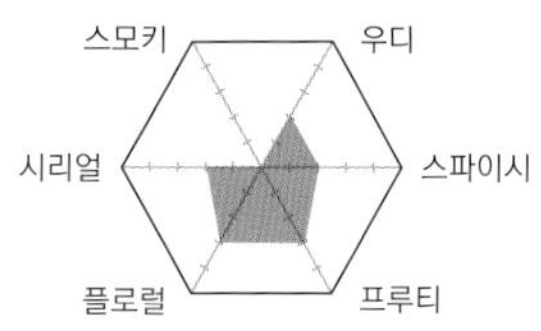

DATA ● **증류소** 산토리 치타 증류소 ● **창업연도** 1972년 ● **소재지** 愛知県 知多市 北浜町 ● **소유자** 산토리 스피릿

세계가 인정한 블렌디드 위스키의 걸작

HIBIKI 히비키

일본

블렌디드 위스키

산토리의 창업 90주년인 1989년에 탄생한 프리미엄 블렌디드 위스키. 산토리가 소유한 약 80만 개의 저장 오크통에서 「히비키」에 어울리는 다채로운 장기 숙성 몰트 원액을 엄선하여, 잘 숙성된 그레인 원액과 블렌딩하였다. 일본의 풍토에서 자라 섬세한 감성과 심혈을 기울인 작업으로 완성된 맛은 섬세함 그 자체이다. 2004년부터 국제적 품평회에서 수상을 거듭하고 있으며, 2015년에는 영국의 세계적인 주류 품평회 「ISC」의 위스키 부문에서 「히비키 21년」이 3년 연속 「최고상 트로피」를 받았다.

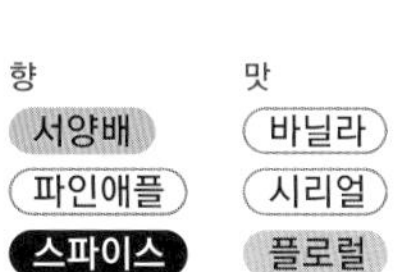

HIBIKI JAPANESE HARMONY

히비키 재패니즈 하모니

도수 43% **용량** 700㎖ 약 200,000원

화려하고 달콤한 향, 우디하고 스파이시한 여운

세계 최고의 블렌디드 위스키 「히비키」 시리즈의 논 빈티지는, 레드와인 오크통의 블렌딩이 절묘하게 살아 있는 미디엄 라이트 바디. 걸작 「17년」의 후계라고들 하지만 느낌이 다르다. 매력적이고 화려하며 달콤한 향과 우디하고 스파이시한 여운.

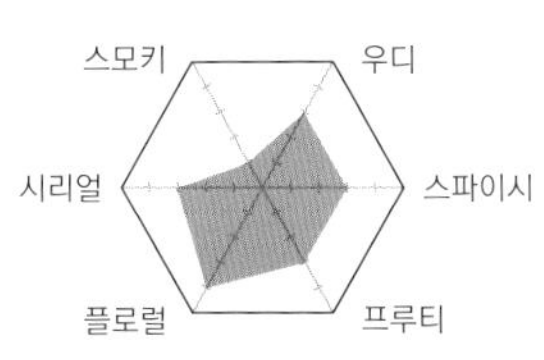

가벼움 — 무거움

스위트 — 드라이

마시는 방법	
온더락	★★★★★
미즈와리	★★★★☆
하이볼	★★★★★

Other Variations

HIBIKI 21 years old (히비키 21년)

꽃을 연상시키는 매우 감미로운 숙성향. 입안에 닿는 감촉은 매끄럽다. 21년만의 기품 있는 감칠맛. **도수** 43% **용량** 700㎖ 약 1,300,000원

HIBIKI BLENDER'S CHOICE (히비키 블렌더스 초이스)

폭넓은 숙성 연수를 구비한 산토리의 다채로운 원액과 장인의 기술로 완성한, 화려하고 세련된 위스키. **도수** 43% **용량** 700㎖ 약 300,000원

DATA

● **제조원** 산토리 스피릿 ● **발매연도** 1989년

● **증류소** 오사카 산토리·야마자키 증류소 + 야마나시·산토리 하쿠슈 증류소 + 아이치·산그레인 치타 증류소

숲속 증류소에서 탄생한 산뜻하고 경쾌한 풍미

HAKUSHU 하쿠슈

일본 / 야마나시 하쿠슈

싱글몰트 위스키

산토리가 위스키 제조를 시작한 지 50주년 되는 해를 기념하여, 가이코마가타케의 산기슭에 하쿠슈 증류소를 세웠다. 주위에는 약 82만㎡(도쿄돔 그라운드 약 64개의 면적)의 숲이 펼쳐지고, 세계적으로도 드물게 고지대에서 다채로운 원액을 생산하고 있다. 「하쿠슈」의 매력을 꼽는다면 산뜻하고 경쾌한 풍미. 예전부터 내려오는 나무통을 발효조로 사용함으로써, 자연적인 유산균이 활동하여 독자적인 풍미를 만들어낸다. 또한 증류소에서는 견학 프로그램을 시행하고 있는데, 증류소 안에 조류 보호 구역과 관찰 오두막도 있어서 숲을 산책하고 위스키를 즐기는 휴일을 보낼 수 있다.

향: 숲, 민트, 스모키

맛: 자몽, 그래시, 민트

THE HAKUSHU SINGLE MALT WHISKY

싱글몰트 위스키 하쿠슈

도수 43% **용량** 700㎖ 약 150,000원

신록의 계절에 맛보는 위스키

그린 민트 위스키라고 하면 과장일까. 호감을 부르는 신록의 향과 맛은 순수한 청년이나 젊은 여성에게 추천할 만하다. 봄과 여름에 마시기 좋으며, 야외 활동에 함께해도 좋다. 하이볼이나 미즈와리로 마셔도 좋고 식사에 곁들여도 괜찮다.

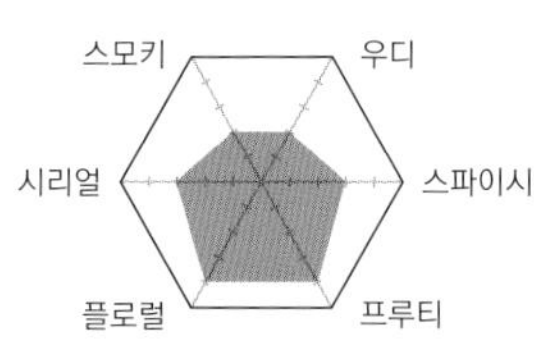

마시는 방법	
온더락	★★★★★
미즈와리	★★★★★
하이볼	★★★★★

Other Variations

THE HAKUSHU SINGLE MALT WHISKY aged 18 years
(싱글몰트 위스키 하쿠슈 18년)
하쿠슈다운 상쾌함은 그대로 살아 있고, 장기 숙성 위스키다운 깊이 있는 풍미가 느껴진다. **도수** 43% **용량** 700㎖ 약 1,400,000원

DATA ● **제조원** 산토리 스피릿 ● **발매연도** 1994년 ● **증류소** 야마나시·산토리 하쿠슈 증류소

다도의 성자 센 리큐도 매료시킨 물을 사용

YAMAZAKI 야마자키

일본 / 오사카 야마자키

싱글몰트 위스키

산토리 야마자키 증류소는 1923년, 일본의 위스키 역사에 처음 이름을 남긴 증류소다. 창업자 도리이 신지로는 "좋은 물이 좋은 원액을 만들고, 좋은 자연환경 없이 좋은 숙성은 있을 수 없다"라는 확신을 바탕으로, 교토 교외의 야마자키를 증류소 부지로 선택했다. 다도의 성자 센 리큐도 이곳의 물로 차를 끓였다고 한다. 한편, 야마자키[山崎]의 한자 「崎」는 본래 「山」과 「奇」로 이루어져 있는데, 라벨에는 「奇」가 아니라 「寿」를 흘려서 써놓았다. 이것은 산토리가 예전에 「寿屋」라는 사명을 썼던 데서 유래된 것이다. 라벨을 읽으며 역사를 생각하는 것도 위스키를 즐기는 방법이다.

THE YAMAZAKI SINGLE MALT WHISKY

싱글몰트 위스키 야마자키

도수 43% **용량** 700㎖ 약 240,000원

One Pick!

다중주를 즐길 수 있는 싱글몰트

해가 저문 뒤 느긋하게 맛을 음미하고 싶은 위스키. 프룬과 코코아, 나무 등의 향이 나서 싱글몰트인데도 복잡한 다중주를 즐길 수 있다. 제철인 가을과 겨울에 마시면 몸이 훈훈해지고, 오프 시즌에는 온더락으로 즐겨도 좋다.

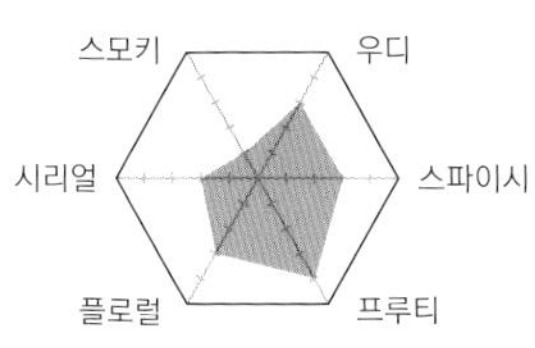

마시는 방법	
온더락	★★★★★
미즈와리	★★★★★
하이볼	★★★★★

향: 베리류, 토스트, 맥아

맛: 꿀, 스파이스, 살구

Other Variations

THE YAMAZAKI SINGLE MALT WHISKY aged 12 years
(싱글몰트 위스키 야마자키 12년)
ISC에서 일본 위스키로는 처음으로 금상을 수상. 복숭아, 익은 감, 코코넛, 바닐라 등의 달콤한 향. **도수** 43% **용량** 700㎖ 약 400,000원

THE YAMAZAKI SINGLE MALT WHISKY aged 18 years
(싱글몰트 위스키 야마자키 18년)
셰리 오크통에서 숙성한 주령(酒齡) 18년 이상의 몰트를 중심으로 배팅. 숙성감을 만끽할 수 있는 풀바디 계열이다. **도수** 43% **용량** 700㎖ 약 1,400,000원

DATA ● **제조원** 산토리 스피릿 ● **발매연도** 1984년 ● **증류소** 오사카·산토리 야마자키 증류소

요이치 & 미야기쿄 배팅의 묘미를 만끽할 수 있다

TAKETSURU 다케쓰루

일본 / 홋카이도 요이치 + 미야기 센다이

퓨어몰트 위스키

니카 위스키의 창업자이자 「일본 위스키의 아버지」라고 불리는 다케쓰루 마사타카의 이름을 붙인 위스키다. 가장 큰 특징은 「퓨어 몰트(100% 몰트)」라는 것. 홋카이도 요이치 증류소에서 만든 요이치 몰트와 센다이 미야기쿄 증류소에서 만든 미야기쿄 몰트를 배팅하였다. 그래서 강렬한 요이치 몰트와 화려한 미야기쿄 몰트의 조화를 즐길 수 있다. 첫 발매는 2000년이며, 2006년에는 「다케쓰루 21년 퓨어 몰트」가 ISC에서 금상을 수상하였다. 그 뒤로도 국제적인 품평회에서 계속 수상을 이어가고 있다. 다케쓰루의 이야기를 다룬 드라마의 영향으로 품절되는 경우가 많은 만큼, 만나게 된다면 꼭 한 번 마셔보자.

TAKETSURU PURE MALT

다케쓰루 퓨어 몰트

도수 43% **용량** 700㎖ 약 190,000원

향기롭고, 마시기 편하며, 풍성한 풍미

살구처럼 새콤달콤한 과일향과 바닐라처럼 달콤한 오크통 숙성향. 라임을 방불케 하는 경쾌한 풍미. 뚜렷한 몰트의 바디감과 피트의 감칠맛도 느껴진다. 비터 초콜릿처럼 살짝 씁쌀한 여운이 피트향, 부드러운 오크향과 함께 기분 좋게 이어진다.

마시는 방법

온더락	★★★★☆
미즈와리	★★★★☆
하이볼	★★★★☆

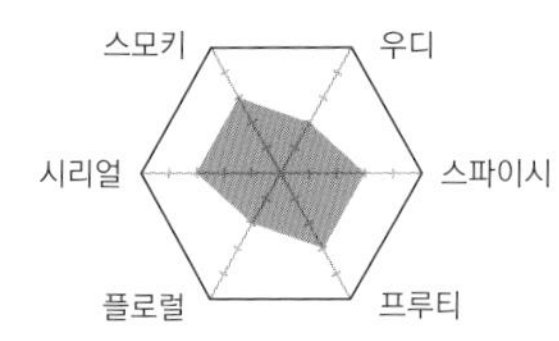

DATA ● **제조원** 니카 위스키 ● **발매연도** 2000년 ● **증류소** 홋카이도·니카 위스키 요이치 증류소 + 미야기 니카 위스키 미야기쿄 증류소

다케쓰루 마사타카를 감탄시킨 맑은 물을 사용

MIYAGIKYO 미야기쿄

일본 / 미야기 센다이

싱글몰트 위스키

미야기쿄는 p.180에 나오는 요이치의 뒤를 이은 니카 위스키 제2의 증류소로, 센다이 시가지 서쪽에 있다. 니카 위스키의 창업자 다케쓰루 마사타카가 이 지역을 방문하여 닛카와[新川]의 물을 맛보고는, 맑고 깨끗한 맛에 감탄했다고 한다. 미즈와리로 맛을 확인한 뒤 바로 공장 건설을 결정하고, 1969년에 창업하였다. 참고로 요이치에서 만드는 몰트 원액은 스코틀랜드의 하일랜드처럼 강렬한 풍미지만, 미야기쿄의 원액은 롤런드처럼 화려하고 섬세하다. 한편, 미야기쿄 증류소에서는 카페식 연속식 증류기(아일랜드의 한 카페가 특허를 낸 연속식 증류기)를 갖추고 고품질의 그레인 위스키도 만들고 있다.

SINGLE MALT MIYAGIKYO

싱글몰트 미야기쿄

도수 45% **용량** 700㎖ 약 4,600엔

One Pick!

온화하고 따스한 풍미

「요이치」가 다케쓰루 마사타카의 신념과 각오에서 태어난 위스키라면, 「미야기쿄」는 노년의 마사타카가 주는 부드러움이 느껴지는 위스키라 할 수 있다. 히로세가와[広瀬川]와 닛카와의 맑게 흐르는 물을 원료로 만든 위스키는 니카 기업을 일으킨 과일(=사과, 니카 위스키의 전신인 「대일본과즙주식회사」는 사과주스를 주로 판매했다)을 연상시키는 감미로움과 따스함이 느껴지는 우디한 풍미다.

마시는 방법	
온더락	★★★★☆
미즈와리	★★★☆☆
하이볼	★★★★☆

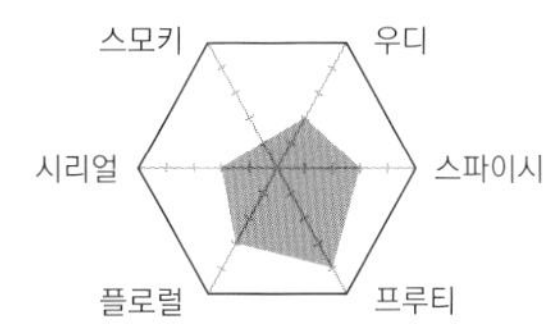

DATA ● **제조원** 니카 위스키 ● **발매연도** 1989년 ● **증류소** 미야기·니카 위스키 미야기쿄 증류소

석탄 직화 증류가 만들어낸 마초적인 풍미

YOICHI 요이치

일본 / 홋카이도 요이치

싱글몰트 위스키

스코틀랜드에서 위스키 제조를 배운 다케쓰루 마사타카가 위스키의 이상향을 찾아 다다른 곳이 홋카이도 요이치다. 1934년에 설립된 요이치 증류소에서는, 다케쓰루가 기술을 배운 롱몬 증류소를 따라 전통적인 석탄 직화 증류 방식을 채택하였다. 그로 인해 「싱글몰트 요이치」는 강렬하고 중후한 풍미로 완성되었다. 참고로 "재패니즈 위스키 여기 있음"이라고 하듯이 처음으로 존재감을 드러낸 것은 「싱글캐스크 요이치 10년」이다. 2001년에는 영국의 위스키 전문지 〈위스키 매거진〉이 실시한 테이스팅 대회에서 세계 최고점을 받았다.

SINGLE MALT YOICHI

싱글몰트 요이치

도수 45% **용량** 700㎖ 약 150,000원

북쪽 대지의 위스키

조건 좋은 땅이 얼마든지 있었을 텐데, 다케쓰루 마사타카는 이상적인 맛을 찾아 북쪽 대지에 다다랐다. 그곳에서 신념이 낳고 추위가 키운 것은 따뜻함과 풍부함. 맥아의 단맛과 스모키한 풍미의 조화가 몸을 따스하게 해준다. 사람에 비유하자면 과묵하지만 참을성 많고 부드럽다.

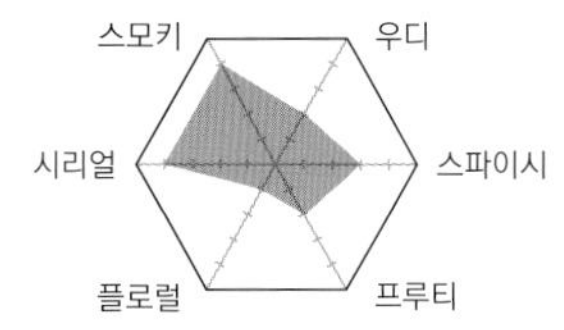

DATA ● **제조원** 니카 위스키 ● **발매연도** 1989년 ● **증류소** 홋카이도·니카 위스키 요이치 증류소

STEP 5

아이리시 위스키
아메리칸 위스키
캐나디안 위스키
그 밖의 위스키

스코틀랜드 이상으로 역사가 긴 아일랜드,
일본의 뒤를 이어 위스키 생산에 열정을 쏟고 있는 타이완 등,
세계를 무대로 다양한 호박색 꽃이 어우러져 피어난다.

아이리시 위스키

쇠퇴의 길을 걷고 있었지만, 최근 재평가되며 부활하기 시작

가장 오랜 역사를 가진 아이리시 위스키. 그레이트브리튼섬 서쪽에 있는 아일랜드공화국과 영국령 북아일랜드에서 만드는 위스키가 여기에 속한다.

이 지방의 전통적인 제조법인 싱글 포트 스틸(또는 퓨어 포트 스틸) 기술은 발아하지 않은 보리를 중심으로 호밀과 밀을 원료로 사용하며, 논피트 맥아를 더하여 당화(매싱) 및 발효를 진행한다. 이 재료들을 대형 포트 스틸(단식 증류기)에 넣고 3번 증류하는데, 맥아를 만들 때 피트(이탄)를 사용하지 않기 때문에 스모키하지는 않지만 풍미가 풍부하다. 또한 3번 증류로 인해 가벼운 것이 특징이다. 스카치처럼 싱글몰트도 있지만 그레인 위스키를 섞은 블렌디드 위스키로 시장에 나오는 것이 많아서, 전체적으로 스카치보다 마시기 편한 것이 특징이다.

18세기 아일랜드에는 2천여 개의 증류소가 있었는데, 그 뒤로 통합이 진행되어 1970년대에는 단 2개만 남았다. 먼저 북아일랜드에 있는 세계에서 가장 오래된 부시밀즈 증류소(1608년 창업)는, 전통적인 3번 증류로 완성하는 논피트 몰트 위스키를 오랜 기간 블렌딩용으로만 생산했는데, 최근에

웨일스를 포함한 잉글랜드와 스코틀랜드가 합병한 「그레이트브리튼 왕국」에 아일랜드가 합류하여, 1801년 「그레이트브리튼 및 아일랜드 연합왕국」이 탄생했다. 하지만 1920년 아일랜드 남부의 26개 주가 독립하며, 영국은 정식 명칭을 「그레이트브리튼 및 북아일랜드 연합왕국」으로 개정했다.

는 싱글몰트도 유통되고 있다.

나머지 한 곳은 세계 최대의 포트 스틸을 갖춘 아일랜드공화국 남부의 미들턴 증류소다. IDG(아이리시 디스틸러스 그룹)의 핵심 증류소이며, 제임슨, 레드브레스트 등 유명 브랜드를 소유하고 있다. 또한 1987년에 설립된 독립 계열의 쿨리 증류소에서는, 아일랜드에서는 드물게 피트를 사용한 싱글몰트 「카네마라」 등을 생산하고 있다. 그리고 세계적으로 위스키 붐이 일면서 2010년 이후 30개 이상의 새로운 증류소가 설립 또는 설립을 준비 중이다. 아이리시의 역습이 시작되었다.

아일랜드섬 북단, 영국령 북아일랜드의 앤트림(Antrim)주에 있는 부시밀즈 증류소.

테이스팅 ⑨

대표적인 아이리시

세계적으로 위스키 붐이 일면서, 최근 몇 년 사이에 아일랜드 국내에도 증류소 건설이 줄을 잇고 있다. 여기서는 역사가 긴 부시밀즈, 미들턴(뉴 미들턴), 쿨리, 틸링 등 4곳의 증류소에서 만드는 대표적인 위스키 5가지를 선택하였다

Blended Islish Whiskey

JAMESON STANDARD

제임슨 스탠더드

가볍게 마시는 대표적인 위스키

제임슨은 뉴 미들턴 증류소가 만드는 대표적인 블렌디드 아이리시 위스키로, 맥아, 보리, 곡물을 원료로 한다. 서양과자처럼 달콤한 바닐라향, 경쾌한 곡물 느낌, 백도나 리치 같은 과일풍미, 아이리시답게 오일리하고 민트의 뉘앙스가 있는, 가볍고 마일드한 위스키.

Blended Islish Whiskey

BUSUMILLS BLACK BUSH

부시밀즈 블랙 부시

셰리 오크통에서 비롯된 향과 맛이 깃든 풍미

부시밀즈 증류소에서는 싱글몰트 위스키 「부시밀즈」 외에, 블렌디드 위스키도 제조한다. 블랙 부시는 그레인 위스키를 블렌딩했는데, 올로로소 셰리 오크통과 버번 오크통에서 최대 7년 동안 숙성시킨 몰트 원액을 80% 이상 사용한다. 셰리 오크통 숙성에 의한 오렌지와 살구의 부드러운 단맛, 견과류와 말린 과일, 카카오 등의 리치하고 깊은 향과 맛이 특징이다.

Pot Still Islish Whiskey

REDBREAST aged 12 years

레드브레스트 12년

풍부한 과일맛과 폭신한 바디

뉴 미들턴 증류소에서 만드는 아이리시 포트 스틸 위스키. 원료는 맥아와 발아하지 않은 보리로, 올로로소 셰리 오크통에서 숙성된 원액을 사용한다. 오일리하고 입에 닿는 감촉이 매끄러우며, 리치하고 폭신한 바디감이 있다. 12년은 크리미한 서양배, 오렌지와 파인애플, 패션프루트 같은 과일풍미, 그리고 생강이나 리코리스 같은 향신료의 복잡한 향과 맛이 느껴진다.

위스키 브랜드 5

Pot Still Islish Whiskey

TEELING SINGLE POT STILL

틸링 싱글 포트 스틸

도수 46%

살짝 풋풋한 느낌과 과일, 보리의 풍미

틸링은 쿨리 증류소의 창업자 존 틸링의 두 아들이, 2015년에 설립한 증류소이다. 원료는 맥아와 발아하지 않은 보리를 사용하며, 새 오크통(버진 오크), 와인 오크통, 버번 오크통에서 숙성시킨 원액을 배팅한다. 녹색 허브, 은은한 뉴 메이크(갓 증류한 원액) 느낌에서 뚜렷한 보리의 터치가 느껴진다. 리치, 오일리한 오렌지, 사과와 서양배, 바닐라의 풍미. 뒤로 갈수록 클로브나 민트, 건초, 곡물 느낌이 강해진다.

Malt Irish Whiskey

CONNEMARA

카네마라

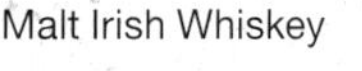

도수 40%

가벼운 스모크와 부드러운 과일의 단맛

쿨리 증류소가 만드는 카네마라는 4년, 6년, 8년 등 숙성 연수가 다른 몰트 원액을 배팅한 몰트 아이리시 위스키다. 많은 스카치 증류소가 선택한 2번 증류와 피트 풍미가 특징으로, 가벼운 피트 스모크와 함께 부드럽고 우아한 과일의 단맛이 기분 좋게 퍼진다. 모래사장에서 모닥불 냄새를 느끼며 시트러스나 사과를 베어 무는 듯한 느낌. 그래시(Grassy)하며 바닐라와 민트, 보리의 단맛도 느껴진다.

아이리시의 전통적인 포트 스틸 위스키

아이리시의 전통적인 포트 스틸 위스키는 맥아와 발아하지 않은 보리를 각각 전체의 30% 이상 사용하고, 피트 맥아를 사용하지 않으며, 대개의 경우 3번 증류한다. 두툼한 바디, 폭신한 시리얼 느낌, 남국을 연상시키는 즙이 많은 과일 풍미가 특징으로, 깊고 다양한 풍미를 느낄 수 있다. 2번 증류하는 몰트 아이리시 위스키는 다른 아이리시에 비해 입안에 닿는 감촉이 폭신하고, 스카치 싱글몰트와 비슷한 볼륨감이 느껴진다. 아일랜드와 스코틀랜드 중 어느 곳이 위스키의 발상지인지에 대해서는 현재도 논쟁이 이어지고 있다. 두 나라의 위스키를 시음하면서 비교해보자.

세계에서 가장 오래된 증류소의 경쾌한 풍미

BUSHMILLS 부시밀즈

영국령 북아일랜드 / 앤트림

블렌디드 위스키

아일랜드에서 현재 가동 중인 증류소 중 가장 오랜 역사를 지닌 부시밀즈 증류소. 1608년에 이미 공식적으로 증류 면허를 받았는데, 선교사인 성 패트릭(증류 기술을 전파한 아일랜드의 수호성인)과 인연이 깊은 곳이기 때문이다. 제조법은 아이리시 위스키답게 트리플(3번) 증류를 실시하며, 논피트 몰트와 100% 몰팅한 보리를 조합하여 사용한다. 그 결과 경쾌하고, 스모키하거나 흙내가 나지 않으며, 입안에 닿는 감촉이 부드러운 스타일이 탄생하였다. 「부시밀즈(숲속의 물레방아)」라는 이름이 인상깊음으로 느껴지는 산뜻한 풍미다.

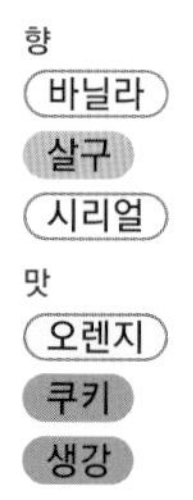

BUSHMILLS THE ORIGINAL

부시밀즈 디 오리지널

도수 40% **용량** 700㎖ 약 40,000원

나도 모르게 계속 마시게 되는 편안함

스탠더드 클래스의 부시밀즈지만 가성비가 훌륭하다. 특히 아로마는 곡물과 과일의 균형이 뛰어나서 질리지 않는다. 초콜릿과 허브, 사과의 풍미도 느껴진다. 여운은 경쾌하다.

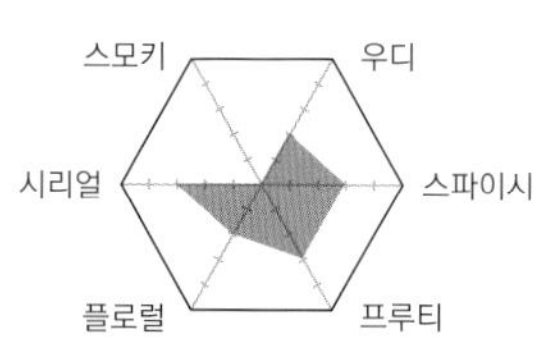

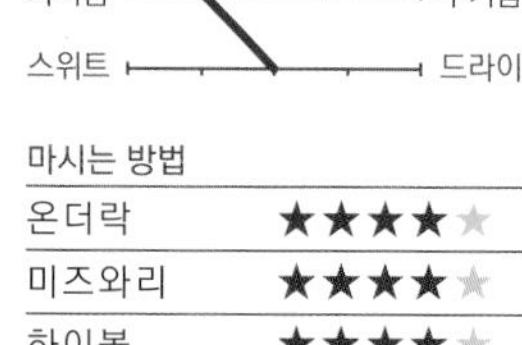

마시는 방법	
온더락	★★★★☆
미즈와리	★★★★☆
하이볼	★★★★☆

Other Variations

BUSUMILLS BLACK BUSH (부시밀즈 블랙 부시)

오래된 올로로소 셰리 오크통에서 숙성시킨 싱글몰트를 사용. 감칠맛 있는 풍미와 셰리의 향. **도수** 40% **용량** 700㎖ 약 50,000원

BUSUMILLS SINGLE MALT aged 10 years (부시밀즈 싱글몰트 10년)

트리플 증류의 개성이 잘 느껴지는 달콤하고 스파이시한 아로마. 여운도 길어서 충분히 즐길 수 있다. **도수** 40% **용량** 700㎖ 약 80,000원

DATA

● **증류소** 디 올드 부시밀즈 증류소 ● **창업연도** 1608년
● **소재지** Bushmills, county Antrim, Ireland ● **소유자** 디 올드 부시밀즈 디스틸러리 사

독특한 존재감을 발산하는 아이리시의 이단아

CONNEMARA 카네마라

아일랜드공화국 / 라우스

싱글몰트 위스키

쿨리 증류소는 1987년 아일랜드 공화국의 국가 정책에 의해 설립되었다. 그곳에서 탄생한 브랜드 중 가장 「아이리시답지 않은」 위스키가 「카네마라」다. 그도 그럴 것이 19세기 무렵 아이리시 위스키는 쿠프탄 사용으로 인해 피트향이 있었지만, 요즘은 논피트가 주류이다. 카네마라는 옛날 제조법을 따라 피트로 건조시킨 맥아를 사용하고, 아이리시의 전통인 3번 증류가 아니라 2번 증류를 선택하였다. 다른 아이리시 위스키와는 다른 스모키한 향과 맛을 즐길 수 있는 까닭이다.

향
- 스모키
- 오렌지
- 맥아

향
- 서양배
- 건초
- 바닐라

CONNEMARA ORIGINAL

카네마라 오리지널

도수 40% **용량** 700㎖ 약 30유로

하이볼도 추천!

피트 맥아를 사용해 2번 증류하고 4~8년 동안 버번 캐스크에서 숙성한 아이리시의 이단아는, 신선한 과일향과 흙, 피트가 느껴진다. 초록색병이 말해주는 것처럼, 상쾌하고 스모키하며 스파이시한 위스키. 하루 일과 후 첫 잔으로 카네마라 하이볼을 추천한다.

마시는 방법	
온더락	★★★☆☆
미즈와리	★★★☆☆
하이볼	★★★★☆

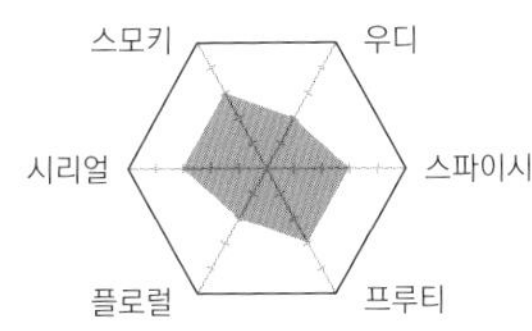

DATA ● **증류소** 쿨리 증류소 ● **창업연도** 1987년 ● **소재지** Riverstown, Dundalk, Co. Louth, Ireland ● **소유자** 빔 산토리사

아일랜드에서 가장 낡고 가장 새로운

KILBEGGAN 킬베간

아일랜드공화국 / 라우스

블렌디드 위스키

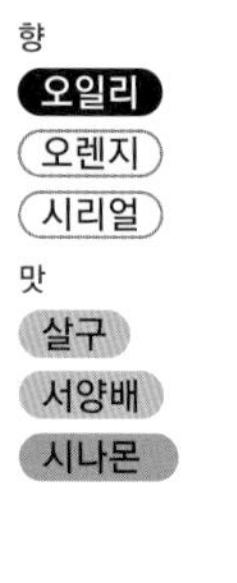

아일랜드에는 현재 부시밀즈, 쿨리, 뉴 미들턴, 킬베간 증류소가 있다. 킬베간은 1757년[당시 이름은 브루스나(Brusna)]에 설립되었는데, 부시밀즈는 1608년에 증류 면허를 받았지만 공식적으로 증류소가 설립된 것은 1784년으로, 증류소 설립은 킬베간이 먼저다.

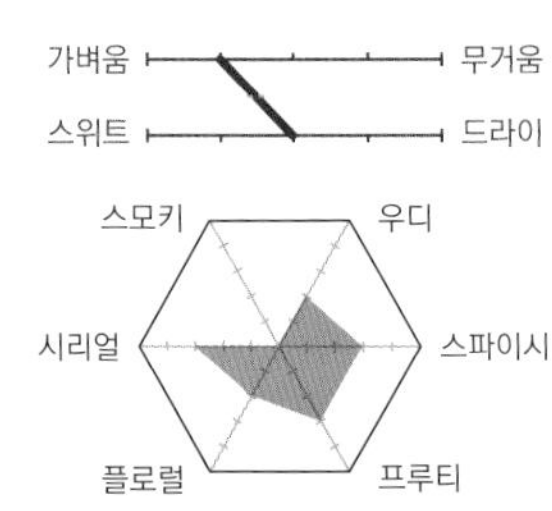

KILBEGGAN

킬베간

도수 40% **용량** 700㎖ 약 60,000원

초원을 방불케 하는 상쾌한 향과 질주하는 듯한 경쾌한 풍미. 그렇다고 해서 경박하게 들떠 있는 인상은 없으며, 평소에 마시기 좋은 술이다. 파티의 웰컴 드링크로도 좋다.

DATA ● **증류소** 쿨리 증류소 ※ 창업연도, 소재지는 p.187와 같다. 또한 저장 및 숙성의 일부는 웨스트미스주의 킬베간 증류소에서 이루어진다. ● **소유자** 빔 산토리사

기적적으로 승리를 거머쥔 경주마에서 딴 이름

TYRCONNELL 티어코넬

아일랜드공화국 / 라우스

싱글몰트 위스키

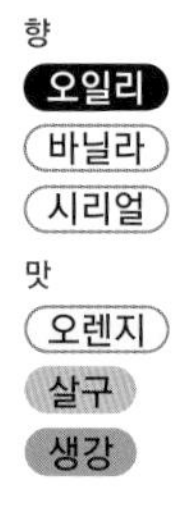

티어코넬이라는 이름은 라벨에 그려진 말에서 유래되었다. 1876년 증류소 경영자 왓트(Watt)가 소유한 밤색 경주마 「Tyrconnell」이, 아이리시 클래식 더비에 출전하여 무려 100대 1의 배당금으로 우승하자, 기쁨에 찬 와트가 기념 라벨을 붙인 보틀을 발매하였다.

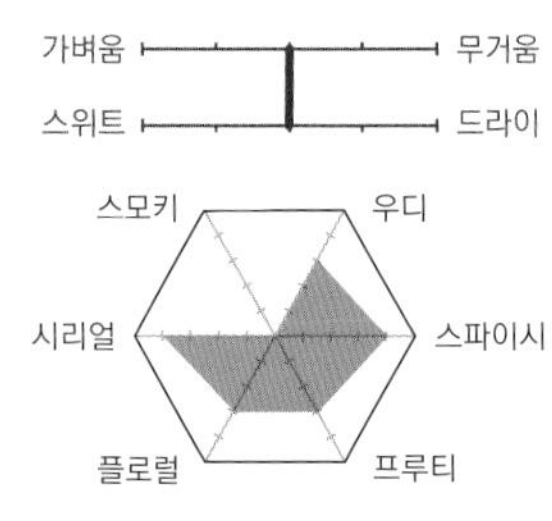

TYRCONNELL

티어코넬

도수 40% **용량** 700㎖ 약 33파운드

꽃향기가 나며 시원한 톱 노트. 서양배와 망고, 어린 풀, 시트러스, 민트의 향도 난다. 풍미는 맥아의 단맛과 기분 좋은 쓴맛, 여운은 드라이하며 따스하다. 식전주로 어울리는데, 스트레이트를 추천한다.

DATA ● **증류소** 쿨리 증류소 ※ 창업연도, 소재지는 p.187와 같다. ● **소유자** 빔 산토리사

아이리시 특유의 생산방식이 낳은 풍부한 감칠맛

GREEN SPOT 그린 스팟

아일랜드공화국 / 코크

싱글 포트 스틸 위스키

아이리시 위스키 애호가에게는 익숙한 인기 브랜드. 세계 최대의 증류기를 갖춘 뉴 미들턴 증류소(올드 미들턴 증류소는 1975년까지)의 원액을 8년 동안 숙성시켜 만든다. 주목할 점은 아이리시 특유의 「싱글 포트 스틸 위스키」라는 점. 발아한 보리와 발아하지 않은 보리를 모두 사용함으로써, 가벼운 블렌디드 아이리시 위스키와는 다른, 오일리하고 감칠맛 있는 풍미로 완성된다. 그 특징을 최대한 즐기고 싶다면 부디 「니트(Neat)」로 마셔보자. 영국에서는 「스트레이트」를 니트라고 한다.

GREEN SPOT
그린 스팟
도수 40% **용량** 700㎖ 약 50유로

One Pick!

혼자서도 즐겁게 마신다

느긋하게 자리를 잡고 두 잔, 세 잔 마시고 싶은 위스키. 입안에 닿는 감촉이 오일리하고 마시기 편하지만, 셰리, 코코아, 치즈, 과일 등의 향과 맛이 복잡하게 얽혀 있어 우왕좌왕, 종횡무진 즐길 수 있는 위스키다.

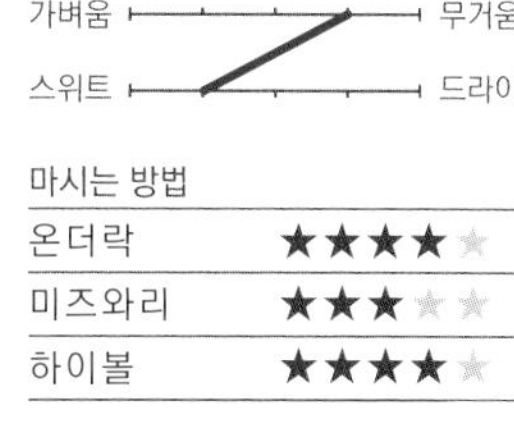

마시는 방법	
온더락	★★★★☆
미즈와리	★★★☆☆
하이볼	★★★★☆

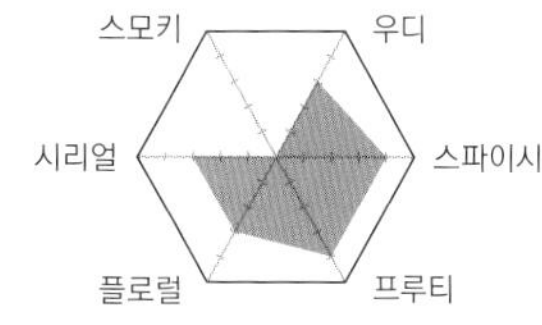

DATA
- **증류소** 미들턴 증류소 ● **창업연도** 1975년(올드 미들턴 증류소: 1825~1975년)
- **소재지** Midleton, County Cork, Ireland ● **발매연도** 1933년

세계에서 가장 많이 마시는 대표적인 아이리시 위스키

JAMESON 제임슨

아일랜드공화국 / 코크

블렌디드 위스키

출하량 No.1 아이리시 위스키 「제임슨」은 아이리시 위스키 역사에 이름을 새긴 존 제임슨(John Jameson)이 1780년에 만든 것이다. 피트를 사용하지 않고 밀폐 화로에서 오래 건조시킨 보리를 사용하고 3번 증류해서 만드는 풍부한 향과 부드러운 풍미가 특징이다. 아이리시 위스키다운 풍미가 응축된 브랜드. 현재 아이리시 위스키 시장이 급성장하고 있는데, 그 견인차 역할을 하고 있는 제임슨은 특히 미국에서 인기가 높다. 그대로 마셔도 좋지만 진저에일을 섞고 라임을 짜 넣어서 맛보는 방식을 추천한다.

향
오일리
바닐라
리치

맛
시리얼
오렌지
토스트

JAMESON STANDARD

제임슨 스탠더드

도수 40% **용량** 700㎖ 약 30,000원

One Pick!

세련되고 기분 좋은 풍미와 목넘김

아로마는 순하며 꽃향기가 난다. 고급스러운 과일과 어린 풀, 곡물, 허브, 퍼지 등의 향도 느껴진다. 풍미는 살짝 견과류 맛이 나며 바닐라와 오렌지필의 맛도 난다. 매끄러운 목넘김이 특징으로 여운은 드라이하며 경쾌하다.

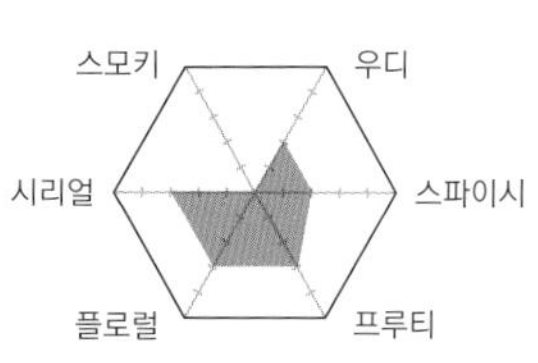

마시는 방법	
온더락	★★★☆☆
미즈와리	★★★☆☆
하이볼	★★★★☆

Other Variations

JAMESON STOUT EDITION (제임슨 스타우트 에디션)
아일랜드의 크래프트 맥주 양조장 에이트 디그리즈 브루잉과의 협업으로 탄생. **도수** 40% **용량** 700㎖ 약 70,000원

JAMESON BLACK BARREL (제임슨 블랙 배럴)
2번의 차링(Charring)으로 「검게 태운」 특별한 오크통에서 숙성. **도수** 40% **용량** 700㎖ 약 50,000원

DATA ● **증류소** 미들턴 증류소 ※ 창업연도, 소재지는 p.189와 같다. ● **발매연도** 1780년

최고급 아이리시 위스키

MIDLETON VERY RARE 미들턴 베리 레어

아일랜드공화국 / 코크

블렌디드 위스키

아일랜드를 대표하는 미들턴 증류소는 레드브레스트와 제임슨 등 몇 가지 브랜드를 만들고 있는데, 증류소 이름을 붙인 미들턴 베리 레어는 그중 대표적이라 할 수 있는 브랜드이다. 라벨에 적혀 있는 병입 연도별로 비교하면서 마셔도 재미있다.

MIDLETON VERY RARE

미들턴 베리 레어

도수 40% **용량** 700㎖ 참고상품

톱 노트는 과일향이 나고 리치하다. 바닐라와 아몬드, 토피, 포푸리, 향신료, 오크 등의 향이 차례로 나타난다. 입안에 닿는 감촉은 크리미하며, 달콤한 곡물의 풍미가 코끝을 관통한다. 스트레이트로 즐겨보자.

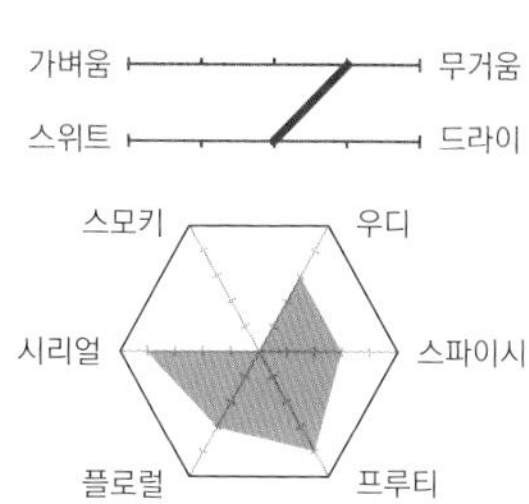

DATA ● **증류소** 미들턴 증류소 ※ 창업연도, 소재지는 p.189와 같다. ● **발매연도** 1984년

확실히 인정받은 전통적인 아이리시 위스키

REDBREAST 레드브레스트

아일랜드공화국 / 코크

싱글 포트 스틸 위스키

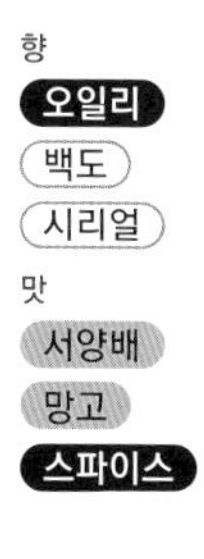

레드브레스트는 「붉은 가슴 유럽 울새」를 말하는데, 그 지역에서는 친숙한 새다. 아이리시 전통의 싱글 포트 스틸 위스키로, 발아하지 않은 보리를 사용한다. 2014년 WWA에서는 「15년」이 「월드 베스트 포트 스틸 위스키」로 선정되었다.

REDBREAST aged 12 years

레드브레스트 12년

도수 40% **용량** 700㎖ 약 120,000원

바닐라, 오크, 셰리 등의 아로마가 복잡하게 섞인 달콤한 향과, 오일리하고 크리미하게 혀에 닿는 감촉은 고전적인 아이리시 위스키 제조법을 훌륭하게 재현한 덕분. 한번은 마셔볼만한 식후주다.

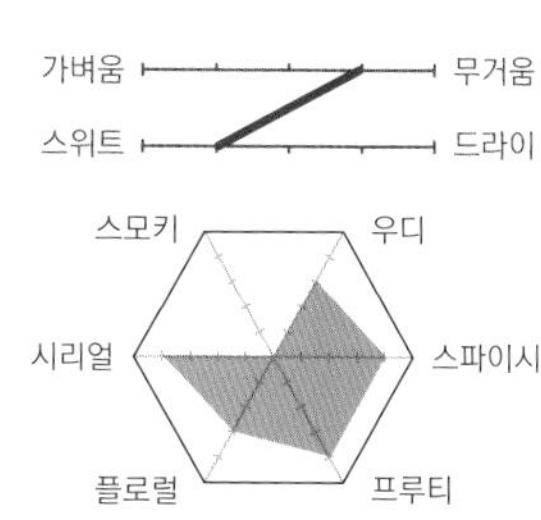

DATA ● **증류소** 미들턴 증류소 ※ 창업연도, 소재지는 p.189와 같다. ● **발매연도** 1912년경

섬세하며 매끄럽다, 아이리시 입문자에게 추천

TULLAMORE DEW 탈라모어 듀

아일랜드공화국 / 오펄리

블렌디드 위스키

p.190의 제임슨 다음으로 많이 팔리는 아이리시 위스키가 탈라모어 듀다. 「탈라모어」는 아일랜드 중부에 있는 오펄리(Offaly)주의 마을 이름. 탈라모어 듀는 원래 이곳에 있던 탈라모어 증류소에서 생산되었지만, 1950년대에 증류소가 폐쇄되면서 미들턴 증류소에서 생산되었다. 2014년부터는 새로운 탈라모어 증류소가 문을 열고 가동 중이다. 한편, 「듀」는 영어로 「이슬」을 의미하는데, 예전 경영자 다니엘 E 윌리엄스의 머리글자인 「DEW」를 의미하기도 한다. 풍미는 섬세하고 매끄러우며 몰티하다. 아이리시 위스키 입문자에게 추천하고 싶은 브랜드다.

TULLAMORE DEW
탈라모어 듀
도수 40% **용량** 700㎖ 약 20유로

아이리시 특유의 오일리함이 특징
아로마는 경쾌하지만 풍부한 곡물 느낌과 오일리한 질감이 특징으로, 다른 어떤 브랜드보다 아이리시다운 위스키를 만끽할 수 있다. 흰 무화과와 열대 과일의 뉘앙스가 있고, 여운도 매우 오일리하다.

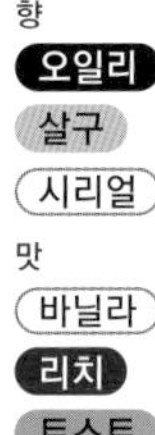

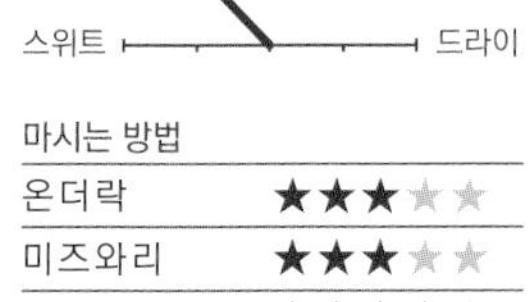

마시는 방법	
온더락	★★★☆☆
미즈와리	★★★☆☆
하이볼	★★★★☆

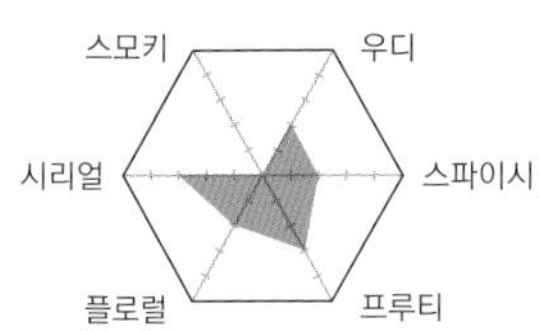

DATA
● **증류소** 탈라모어 증류소 ● **창업연도** 1829년(새 증류소는 2014년)
● **소재지** Clonminch, Tullamore, Co Offaly, Ireland ● **소유자** 윌리엄그랜트앤선즈

아이리시 위스키에 새 바람을 불어넣다

TEELING 틸링

아일랜드공화국 / 더블린

싱글 포트 스틸 위스키

틸링 증류소는 대형 아이리시 위스키 증류소 쿨리의 사장을 역임한 잭 틸링(Jack Teeling)이 만든 독립병입회사가 증류소로 발전한 것이다. 2015년에 완성된 이 증류소는 더블린에서 125년 만에 처음 탄생한 증류소라는 이유로 화제가 되기도 했다.

TEELING SINGLE POT STILL

틸링 싱글 포트 스틸

도수 46% **용량** 700㎖ 약 120,000원

어린 풀, 허브, 희미한 뉴 메이크(갓 증류한 원액) 느낌부터, 뚜렷한 보리의 터치, 리치, 오일리한 오렌지의 풍미까지. 여운은 클로브와 민트. 어린 위스키의 풋풋함은 있지만, 리치한 보리 느낌이 인상적.

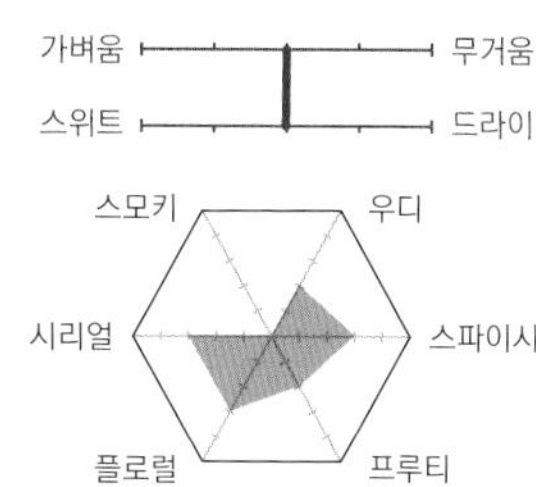

DATA ● **증류소** 틸링 증류소 ● **창업연도** 2015년 ● **소재지** 13-17 Newmarket, The Liberties, Dublin 8, D08 KD91, Ireland ● **소유자** 틸링 위스키

유기 재배 보리가 주는 풍부한 풍미

WATERFORD 워터포드

아일랜드공화국 / 워터포드

싱글몰트 위스키

2014년 워터포드시에서 창업. 스타우트 맥주로 유명한 기네스사의 공장을 매입하여 양조공장에서 증류소로 개조하였다. 각 농장의 차이(테루아)를 살리는, 섬세하고 깊이 있는 싱글몰트를 추구한다.

WATERFORD ORGANIC GAIA 1.1

워터포드 오가닉 가이아 1.1

도수 50% **용량** 700㎖ 약 200,000원

100% 아일랜드산, 단일밭, 100% 오가닉. 철저하게 토지에 집착한다. 감귤, 오일리한 꿀, 즙이 많은 보리의 풍미. 민트와 스파이스의 여운. 증류숙성주로 토지를 표현하는 위대한 실험을 지켜보고 싶다.

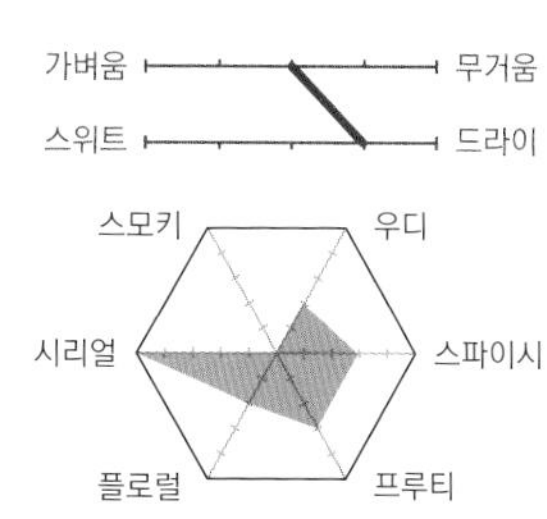

DATA ● **증류소** 워터포드 증류소 ● **창업연도** 2014년 ● **소재지** Grattan Quay, Co. Waterford, Ireland ● **소유자** 레니게이드 스피릿

아메리칸 & 캐나디안 위스키

여러 가지 곡물을 원료로 사용하는, 개성 넘치는 위스키

미국으로 이주한 스코틀랜드와 아일랜드 사람들이 만들기 시작한 아메리칸 위스키. 그중에서도 대표적인 것은 누가 뭐래도 버번 위스키다. 미합중국의 독립 후 무거운 위스키세가 부과되자, 위스키 제조업자들은 대부분 내륙에 있는 켄터키주와 테네시주로 이동하였다. 그런데 이들 지역이 옥수수 재배에 적합한 땅이었기 때문에, 옥수수를 원료로 한 위스키 제조가 발전하게 되었다.
버번은 원료 중 옥수수를 51% 이상 사용하도록 규정되어 있으며, 80% 이상 사용하면 콘 위스키라고 부른다. 또한 연속식 증류기로 증류하고, 숙성할 때는 반드시 내부를 그을려 탄화(차링)시킨 새로운 화이트 오크통을 사용해야 한다. 이로 인해 버번 특유의 구수함과 단맛, 깊은 감칠맛을 갖춘 강렬한 풍미가 생긴다. 숙성 기간이 2년 이상이면 스트레이트 버번이라고 부른다. 또한 보리를 주원료로 만든 몰트 위스키, 호밀을 주원료로 만든 라이 위스키 등도 있는데, 어느 것이든 탄화시킨 새 오크통에서 숙성시켜야 한다.

한편, 캐나디안 위스키는 미국의 금주법 시대(1920~1933년)에 생산량을 늘리면서 확고하게 자리를 잡았다. 주로 옥수수, 호밀, 보리 등의 곡물을 사용하며, 아메리칸 위스키와 마찬가지로 피트(이탄)는 쓰지 않고 연속식 증류기로 증류한다. 저장과 숙성은 내부를 태운 새로운 오크통 또는 중고 오크통으로 하는데, 캐나다 국내에서 3년 이상 숙성하지 않으면 캐나디안 위스키라고 할 수 없다. 또한 캐나다에서는 옥수수를 주원료로 만든 원액을 베이스 위스키, 보리류로 만든 원액을 플레이버링(가향) 위스키라고 부르는데, 베이스 위스키 80~90%에 플레이버링 위스키 10% 정도의 비율로 블렌딩하는 것이 일반적이다. 버번에 비해 경쾌한 풍미가 매력이다.

미국 아이오와주에 있는
템플턴 증류소.

대표적인 아메리칸

아메리칸 위스키에는 옥수수, 맥아, 밀, 호밀 등 다양한 곡물이 사용되는데, 시장에 나오는 상품의 대부분은 옥수수를 주원료로 하는 버번이다. 여기서는 버번과, 호밀을 주원료로 사용한 라이 위스키를 선택하였다.

Bourbon Whiskey

MAKER'S MARK

메이커스 마크

밀에서 비롯된 마일드한 감촉

버번은 옥수수를 51% 이상 사용해야 한다고 법으로 정해져 있는데, 메이커스 마크의 경우 옥수수 외에 밀을 함께 사용하는 것이 특징이다. 밀에서 비롯된 마일드한 감촉과 달콤함, 새 오크통으로 인한 바닐라와 꿀의 풍미가 느껴진다.

Bourbon Whiskey

FOUR ROSES BLACK

포 로제스 블랙

깔끔한 풍미의 일본 한정품

「블랙」은 일본 한정 상품으로 옥수수, 맥아, 호밀을 원료로 사용한다. 와일드하기 보다는 깔끔한 풍미. 소유주인 기린의 오리지널 효모에서 영향을 받은 것으로 추측된다. 이러한 특징과 새 오크통에서 비롯된 향과 맛이 적당히 녹아든, 균형이 잘 맞는 풍미다.

Bourbon Whiskey

WILD TURKEY aged 13 years DISTILLER'S RESERVE

와일드 터키 13년 디스틸러스 리저브

고급스러운 풍미의 13년 숙성 위스키

원료로는 옥수수 외에 맥아와 호밀을 사용. 새 오크통 내부를 가장 강하게 태우는, 앨리게이터 차링(Alligator Charing) 방식으로 처리하여 숙성한다. 오크통에서 비롯된 단맛과 토스티한 구수함이 있는데, 버번 중에서는 오래된 13년 숙성이어서 8년보다 좀 더 고급스러운 느낌이다.

위스키 브랜드 6

Bourbon Whiskey

BLANTON'S

블랜튼스

리치한 향과 맛의 싱글 배럴

1개의 오크통으로 병입한 위스키를 「싱글 배럴(캐스크)」이라고 부른다. 블랜튼스는 싱글 배럴의 선구자로 일본이나 미국에서 뿌리 깊은 인기를 자랑하는 브랜드다. 오크통에서 그대로 병입한 위스키 특유의, 바닐라와 꿀의 리치하고 깊이 있는 단맛이 느껴진다.

Rye Whiskey

TEMPLETON RYE aged 4 years

템플턴 라이 4년

호밀 비율 90% 이상, 허브의 풍미

「라이 위스키」는 원료로 호밀을 51% 이상 사용하는 아메리칸 위스키인데, 이 위스키는 호밀을 90% 이상 사용한다. 강하게 차링한 새 오크통에서 비롯된, 탄 캐러멜의 뉘앙스가 라이 위스키 특유의 허브향이 있는 드라이한 풍미와 잘 어울린다.

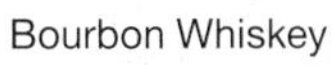

Bourbon Whiskey

KNOB CREEK

노브 크릭

향과 맛이 강렬한, 선 굵은 버번

버번 중에서도 억센 남성을 연상시키는 존재감으로, 오랫동안 인기를 끌어온 노브 크릭. 9년 숙성으로 알코올 도수도 50%로 높아서, 강렬한 바닐라와 캐러멜의 향과 맛, 견과류의 뉘앙스를 즐길 수 있다. 같은 계열로 도수가 60%인 「싱글 배럴」도 추천한다.

새 오크통 숙성에 의한 향과 맛, 원액의 하모니를 즐긴다

미국 법률에 의하면 콘 위스키 외에는, 위스키를 숙성시킬 때 내부를 태운 새 오크통을 사용해야 한다. 새 오크통의 영향은 매우 커서 바닐라, 꿀, 오렌지, 캐러멜 같은 향과 맛으로 아메리칸 위스키 특유의 단맛을 만들어낸다. 또한 오크통을 태우는 정도(차링 레벨)에 따라 타닌과 향신료의 뉘앙스, 구수함이 더해진다. 원료인 곡물의 차이 등에 의한 원액 고유의 특징과 새 오크통에서 비롯된 향과 맛의 하모니를 즐겨보자.

개척자들의 프런티어 정신을 불어넣다

BUFFALO TRACE 버팔로 트레이스

미국 / 켄터키

버번 위스키

향
바닐라
꿀
생강
맛
오렌지
민트
시나몬

「버팔로 트레이스」는 예전에 야생 버팔로가 지나가면서 자취(트레이스)를 남긴 곳에 세워진 데서 붙여진 이름이다. 또한 이 증류소는 금주법 시대에 허가를 받아 의약용 위스키를 만들었다.

BUFFALO TRACE
버팔로 트레이스
도수 45% **용량** 750㎖ 약 60,000원

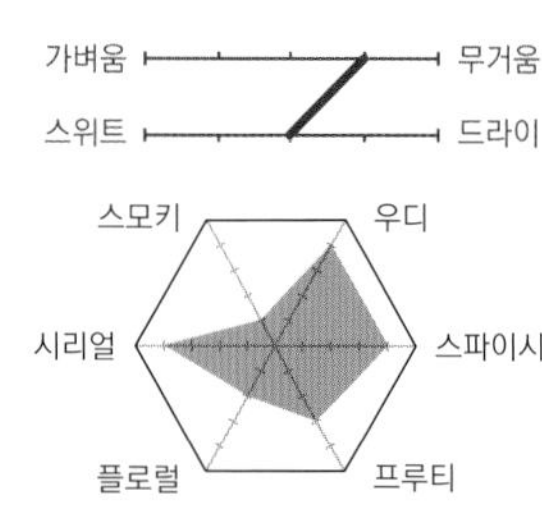

아로마는 경쾌하며 과일향이 느껴진다. 서양배, 흰 무화과, 레몬필, 넛메그 등이 차례로 나타나며, 희미하게 바닷물의 뉘앙스도 있다. 맛은 부드럽지만 복잡하다. 목넘김은 달콤쌉싸름한 코코아. 견과류의 여운이 남는다.

DATA ● **증류소** 버팔로 트레이스 증류소 ● **창업연도** 1773년 ● **소재지** Frankfort, Kentucky, U.S.A. ● **소유자** 사제락 컴퍼니

「왕도」의 맛을 즐길 수 있는 프리미엄 버번

BLANTON'S 블랜튼스

미국 / 켄터키

버번 위스키

향
아몬드
시나몬
오렌지
맛
체리
바닐라
장미

1984년 버번 위스키의 성지로 꼽히는 켄터키주의 주도 프랭크포트(Frankfort)의 자치제 시행 200주년을 기념하여 탄생한 브랜드. 이름은 버번 제조의 거장 앨버트 블랜튼(Albert Blanton) 대령의 이름을 따서 붙여졌다.

BLANTON'S
블랜튼스
도수 46.5% **용량** 750㎖ 약 200,000원

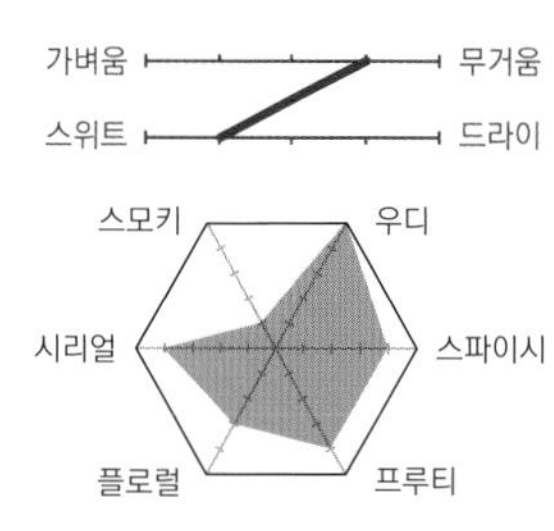

버번에 고급스러운 느낌을 더한 스몰 배치 버번의 선두 주자. 스타일리시하게 세련된 향과 맛의 밸런스. 말린 과일과 시나몬의 향이 나며, 스파이시한 느낌도 적당하다.

DATA ● **증류소** 버팔로 트레이스 증류소 ※ 창업연도, 소재지는 위와 같다.

최초로 버번을 만든 목사의 이름에서 유래

ELIJAH CRAIG 일라이저 크레이그

미국 / 켄터키

버번 위스키

향
꿀
밀크코코아
시나몬
맛
바닐라
프룬
메이플

「일라이저 크레이그」는 처음 버번을 만들었다고 전해지며, 「버번의 아버지」라고 불리는 켄터키 개척 시대의 목사를 기리기 위해 붙여진 이름이다. 기획부터 25년의 세월을 거쳐 제품화되었다.

ELIJAH CRAIG SMALL BATCH

일라이저 크레이그 스몰 배치

도수 47% **용량** 750㎖ 약 70,000원

버번계의 거인 헤븐 힐(Heaven Hill)사의 제품 중에서도 부동의 인기를 자랑한다. 황설탕과 캐러멜이 연상되는 달달한 향과 맛. 단맛을 좋아하는 사람은 스트레이트, 여러 잔 마시려면 온더락을 추천한다.

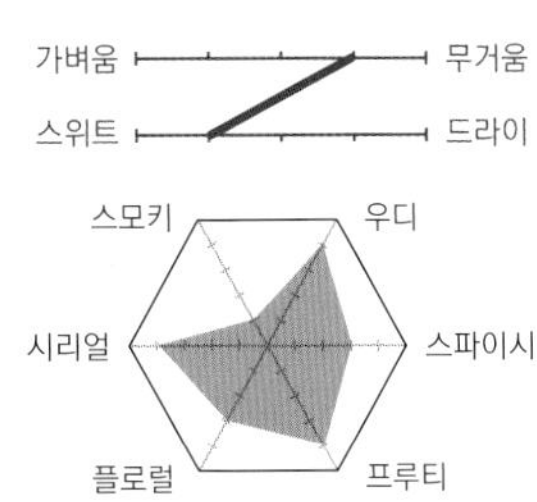

DATA ● **증류소** 헤븐 힐 증류소 ● **창업연도** 1935년
● **소재지** 1701 W Breckinridge St, Louisville, Kentucky, U.S.A. ● **소유자** 헤븐 힐사

세계 2위의 판매량을 자랑하는 버번 브랜드

EVAN WILLIAMS 에반 윌리엄스

미국 / 켄터키

버번 위스키

향
바닐라
와플
흑당
맛
꿀
민트
럼레이즌

1783년 켄터키주 루이빌의 라임스톤(석회암)에서 솟아나는 물을 발견하고, 최초로 옥수수를 원료로 사용한 위스키를 만든 에반 윌리엄스의 이름을 딴 위스키. 강렬한 풍미가 특징이다.

EVAN WILLIAMS aged 12 years

에반 윌리엄스 12년

도수 50.5% **용량** 750㎖ 약 250,000원

꽃향기가 나는 꿀, 따스하고 부드러움, 따뜻한 애플파이, 헤이즐넛, 메이플시럽을 뿌린 라즈베리 타르트의 풍미. 우아하고 매끄러우며, 뚜렷한 감칠맛과 부드러운 목넘김이 특징이다.

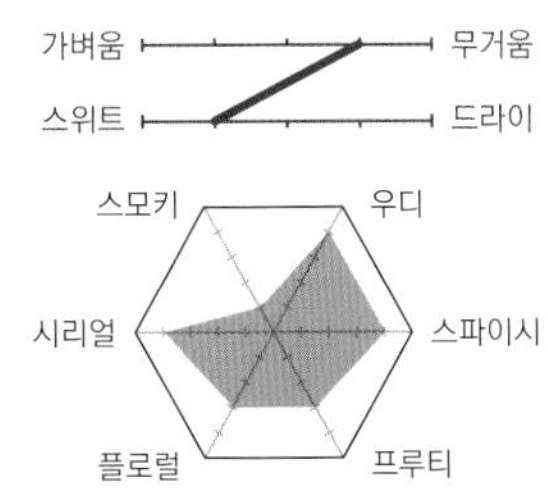

DATA ● **증류소** 헤븐 힐 증류소 ※창업연도, 소재지는 위와 같다. ● **소유자** 헤븐 힐사

켄터키주에서 가장 뛰어난, 작은 증류소

EZRA BROOKS 에즈라 브룩스

미국 / 켄터키

버번 위스키

향
- 생강
- 시나몬
- 호밀빵

맛
- 톱밥
- 아몬드
- 바닐라

버번 증류계의 오래된 가문인 메들리(Medley) 가문이 1950년대에 발매한 버번 위스키. 1966년에는 미국 정부로부터 「켄터키주에서 가장 뛰어난 작은 증류소」라고 칭송을 받은 명문이다. 매끄러운 풍미의 향기로운 버번을 만드는 것으로 유명하다.

EZRA BROOKS BLACK

에즈라 브룩스 블랙

도수 45% **용량** 750㎖ 약 50,000원

내부를 태운 새로운 화이트 오크통에서 4년 이상 숙성시켜, 풍부한 향과 입안에 닿는 마일드한 감촉이 특징이다.

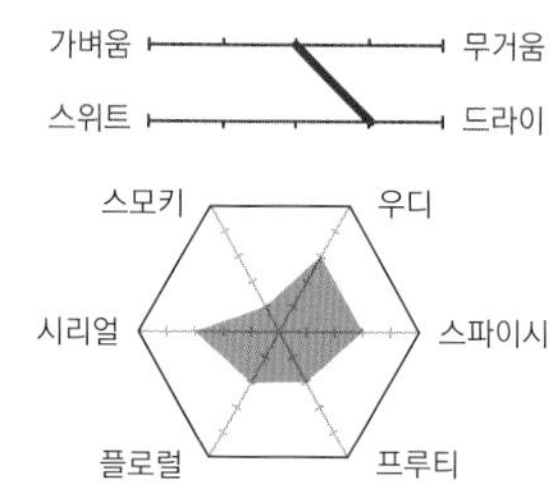

DATA ● **증류소** 에즈라 브룩스 증류소 ● **창업연도** 1950년대 ● **소재지** Owensboro, Kentucky, U.S.A. ● **소유자** 럭스 로우 디스틸러스

나무향, 감귤류향, 초콜릿향으로 변화

I.W. HARPER I.W. 하퍼

미국 / 켄터키

버번 위스키

향
- 애플파이
- 바닐라
- 토스트

맛
- 꿀
- 프룬
- 마멀레이드

1870년대에 독일에서 미국으로 이주한 아이작 울프 번하임(Isaac Wolfe Bernheim)이 만든 「I.W. 하퍼」. 그의 이니셜인 「I.W.」와 친구인 프랭크 하퍼(Frank Harper)의 이름을 땄다. 품위 있는 단맛과 감칠맛 나는 풍미가 특징으로, 향의 변화를 즐길 수 있다.

I.W. HARPER aged 12 years

I.W. 하퍼 12년

도수 43% **용량** 750㎖ 약 120유로

독특한 디캔터 보틀에 담긴 12년 숙성의 프리미엄 버번. 오래 숙성된 매끄러운 풍미, 바닐라, 캐러멜 등의 좋은 향과 균형 잡힌 부드러운 맛이 특징.

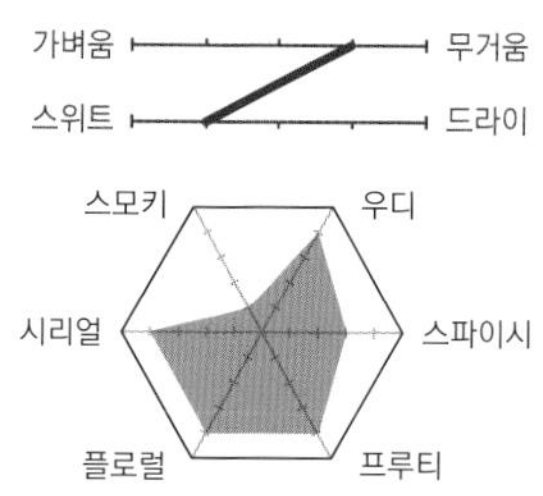

DATA ● **증류소** 번하임 증류소 ● **창업연도** 1870년대 ● **소재지** Louisville, Kentucky, U.S.A. ● **소유자** 디아지오사

장미 4송이에 얽힌 사랑의 에피소드

FOUR ROSES 포 로제스

미국 / 켄터키

버번 위스키

1888년에 탄생하여 장미향 나는 버번으로 사랑을 받아온 「포 로제스」. 이 위스키를 탄생시킨 폴 존스 주니어(Paul Jones Jr.)는 어느 날, 절세 미녀를 만나 한눈에 반해 프러포즈를 했다. 그녀는 프러포즈를 받아들인다는 표시로, 4송이의 진홍색 장미 코사지를 가슴에 달고 무도회에 나타났다. 사랑이 결실을 맺은 멋진 순간이다. 이런 로맨틱한 에피소드 덕분에 「포 로제스」라는 이름이 붙었고, 라벨에는 진홍색 장미 4송이가 그려져 있다. 도회적이며 세련된 포 로제스의 가장 큰 특징은, 과학과 경험을 융합시킨 섬세한 제조와 철저한 품질관리이다.

FOUR ROSES
포 로제스

도수 40% **용량** 700㎖ 약 19유로

10종류의 다채로운 향을 지닌 원액을 블렌딩

원료와 효모, 그리고 기술에 심혈을 기울인 개성적인 버번. 꽃, 무화과, 시나몬, 허브류 등 향이 다른 10종류의 원액을 절묘한 균형감으로 블렌딩한다. 꽃과 과일을 연상시키는 향과 매끄러운 풍미가 매력. 탄산수나 진저에일을 섞어서 마셔도 좋다.

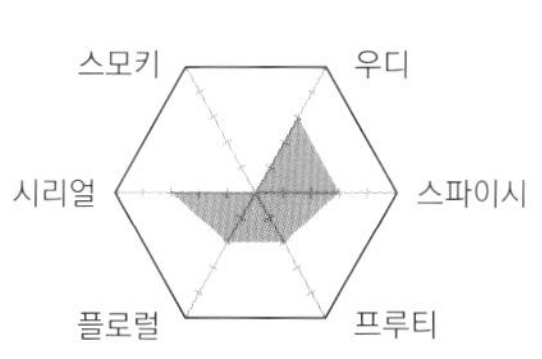

마시는 방법	
온더락	★★★☆☆
미즈와리	★★★★☆
하이볼	★★★★★

Other Variations

FOUR ROSES BLACK(포 로제스 블랙)
도수 40% **용량** 700㎖ 약 3,000엔(일본 한정품)

FOUR ROSES SUPER PREMIUM PLATINUM
(포 로제스 수퍼 프리미엄 플래티넘)
도수 43% **용량** 750㎖ 약 250유로

FOUR ROSES SINGLE BARREL(포 로제스 싱글 배럴)
도수 50% **용량** 750㎖ 약 90,000원

DATA ● **증류소** 포 로제스 증류소 ● **창업연도** 1888년 ● **소재지** Lawrenceburg, Kentucky, U.S.A. ● **소유자** 기린 맥주

향기롭고 순하며 균형 잡힌 위스키

JACK DANIEL'S 잭 다니엘스

미국 / 테네시

테네시 위스키

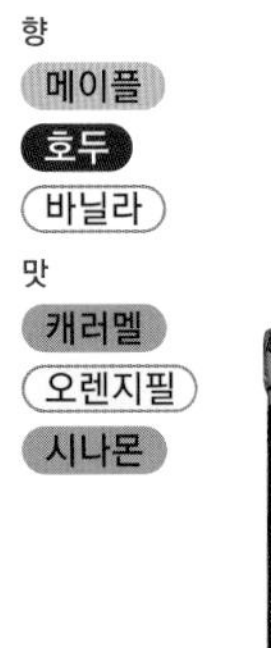

잭 다니엘스 증류소가 만드는 테네시 위스키는 창업 이래 줄곧, 한 방울 한 방울 시간을 들여 여과하는 차콜 멜로잉(Charcoal Mellowing) 기술로 만들고 있다. 100년 이상이 지난 지금도 변함없이 향기롭고 부드러우며 균형 잡힌 위스키다.

JACK DANIEL'S BLACK

잭 다니엘스 블랙

도수 40% **용량** 700㎖ 약 50,000원

버번이 아니라 「테네시 위스키」로 분류되는, 미국을 대표하는 프리미엄 위스키. 바닐라, 캐러멜 등의 그윽한 향과 순하고 균형 잡힌 풍미, 입에 닿는 부드러운 감촉이 매력.

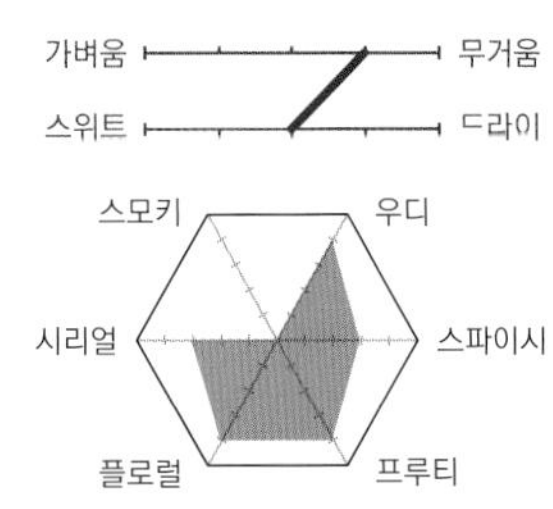

DATA ● **증류소** 잭 다니엘스 증류소 ● **창업연도** 1877년 ● **소재지** Lynchburg, Tennessee, U.S.A. ● **소유자** 브라운 포맨사

120개국 이상에서 마시는 버번 판매 세계 1위

JIM BEAM 짐 빔

미국 / 켄터키

버번 위스키

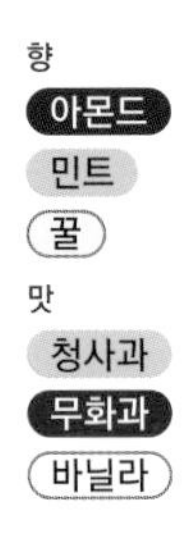

1795년에 창업하여 200년 넘는 역사를 자랑하는 증류소. 현재 책임자는 빔 가문의 7대 오너이다. 비밀리에 전수되는 제조법으로 독자적인 풍미를 만들고 많은 기술자를 배출하여, 짐 빔의 역사는 버번의 역사라고도 할 수 있다.

JIM BEAM WHITE LABEL

짐 빔 화이트 라벨

도수 40% **용량** 700㎖ 약 30,000원

그윽한 향과 뚜렷한 풍미, 매끄럽고 크리미하게 입안에 닿는 감촉. 우아한 여운이 길게 이어진다. 발매 당시의 맛을 지켜온 정통파 버번. 향이 풍부하고 지나치게 무겁지 않은 과일 풍미가 특징이다.

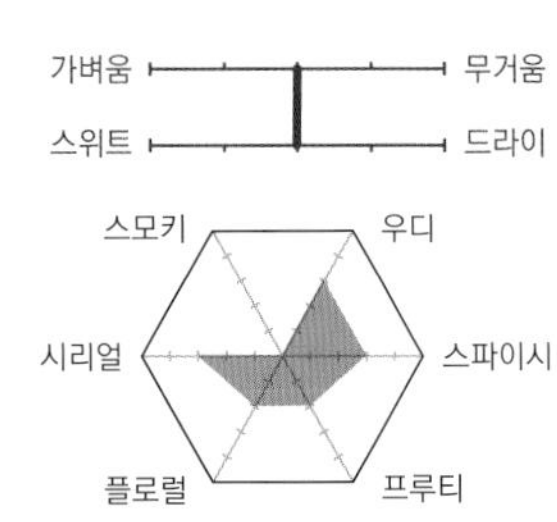

DATA ● **증류소** 짐 빔 증류소 ● **창업연도** 1795년 ● **소재지** Clermont, Kentucky, U.S.A. ● **소유자** 빔 산토리사

금주법 시대에 사용하던 플라스크 모양을 본뜬 병이 트레이드마크

KNOB CREEK 노브 크릭

미국 / 켄터키

버번 위스키

향
카시스
흑당빵
시나몬
맛
라즈베리
메이플
클로브

16대 링컨 대통령이 유소년기를 보낸, 켄터키의 작은 강에서 유래된 이름이다. 왕년의 버번을 연상시키는 리치한 풍미가 특징으로, 금주법 시대에 당국의 눈을 속이기 위해 사용했던 플라스크(수통)의 모양을 본뜬 위스키병이 트레이드마크다.

KNOB CREEK
노브 크릭

도수 50% **용량** 750㎖ 약 80,000원

흑당꿀을 바른 호밀빵, 버터맛 팝콘, 호두, 뚜렷한 산미, 농후한 체리와 바닐라의 풍미, 따뜻한 나무 느낌. 강인하고 와일드하며 리치한 바디로, 강한 버번을 좋아하는 사람들에게 추천.

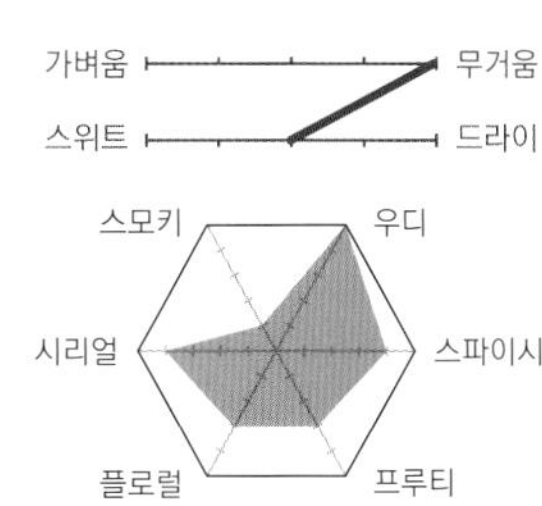

DATA ● **증류소** 짐 빔 증류소 ※창업연도, 소재지는 p.202 짐 빔과 같다. ● **소유자** 빔 산토리사

사워 매시 기술을 처음으로 채택

OLD CROW 올드 크로우

미국 / 켄터키

버번 위스키

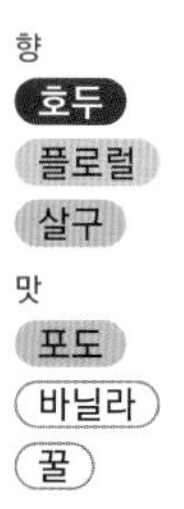

1835년 제임스 크로우(James Crow)가 세운 증류소를 기원으로, 현재는 빔 산토리사가 제조 및 판매하는 고전적인 버번. 버번 제조의 정석이 된 「사워 매시(Sour Mash, 기존에 발효시킨 원액의 일부를 다음 제조에 사용) 기술」을 처음 채택한 것으로도 유명하다.

OLD CROW
올드 크로우

도수 40% **용량** 700㎖ 약 35유로

부드러운 바닐라향과 갓 구운 빵, 라임 마멀레이드, 민트, 살구의 풍미에, 클로브의 스파이시한 쓴맛이 더해졌다. 균형감이 탁월하다. 올드 크로우로 만든 진한 하이볼은 멈출 수 없는 마력이 있다.

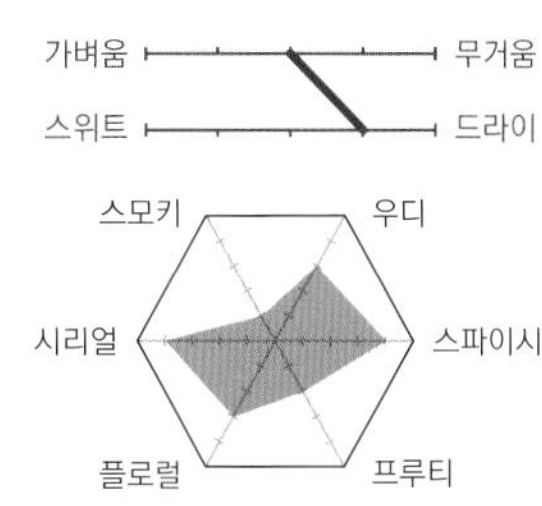

DATA
● **증류소** ① 클러몬트 증류소 ● **소재지** Kentucky, U.S.A. ● **소유자** 빔 산토리사
● **증류소** ② 보스톤 증류소 ● **소재지** Massachusetts, U.S.A. ● **소유자** 빔 산토리사

금주법 시대에 은밀하게 사랑받은 위스키를 오마주

TEMPLETON RYE 템플턴 라이

미국 / 아이오와

라이 위스키

향
살구
시나몬
꿀
맛
럼레이즌
제비꽃
토스트

호밀을 51% 이상 사용한 위스키를 라이 위스키라고 부르는데, 템플턴 라이는 90% 이상 사용하였다. 예전에는 인디애나주의 MGP (Midwest Grain Products)사에서 증류하였지만, 2018년 아이오와주에 새롭게 「템플턴 증류소」가 탄생하였다.

TEMPLETON RYE aged 4 years

템플턴 라이 4년

도수 40% **용량** 750㎖ 약 70,000원

그윽한 꽃향기가 나는 풍미에 내재된 복잡함, 허브향과 드라이함, 오렌지필과 카시스, 아니스와 클로브의 스파이시함이 풍미를 살려준다. 포트 스틸로 정성 들여 만든 최상급 라이 위스키.

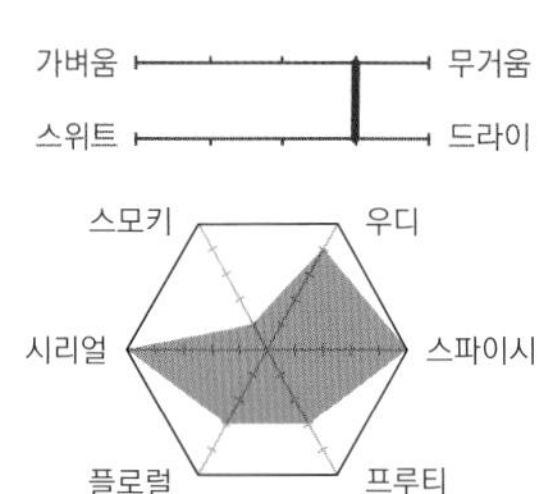

DATA ● **증류소** 템플턴 증류소 ● **창업연도** 2006년 ● **소재지** S Rye Avenue, Templeton, IA, U.S.A. ● **소유자** 인피니엄 스피릿사

스몰 배치 특유의 고품격 풍미

NOAH'S MILL 노아스 밀

미국 / 켄터키

버번 위스키

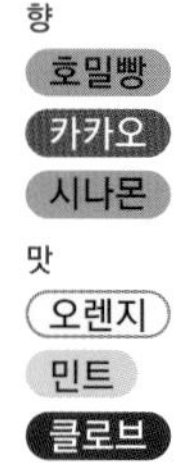

향
호밀빵
카카오
시나몬
맛
오렌지
민트
클로브

켄터키 버번 디스틸러스는 여러 개의 증류소가 흩어져 있는 켄터키주 바즈타운(Bardstown)에서 가족이 경영하는 작은 규모의 회사다. 자사의 원액을 숙성시켜 출하한다.

NOAH'S MILL

노아스 밀

도수 57.15% **용량** 750㎖ 약 170,000원

리치한 향신료, 후추, 시나몬과 아니스, 어렴풋한 제비꽃의 터치, 아메리칸 체리, 라즈베리 파이, 차가운 코코아의 풍미. 힘차고 복잡하며 드라이하다. 강렬한 존재감으로 스카치 애호가에게도 추천할 만하다.

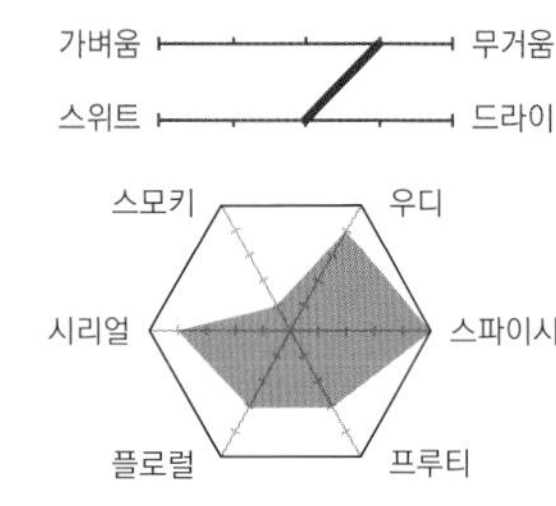

DATA ● **증류소** 윌렛 증류소 ● **창업연도** 1936년(2012년 재개) ● **소재지** 1869 Loretto Road, Bardstown, KY, U.S.A. ● **소유자** 켄터키 버번 디스틸러스

기네스가 인정한, 현존하는 세계에서 가장 오래된 버번 증류소

MAKER'S MARK 메이커스 마크

미국 / 켄터키

버번 위스키

켄터키의 작은 증류소에서 탄생한 유일무이한 핸드메이드 버번. 「메이커스 마크」라는 브랜드 이름은 「제조자의 표시」라는 뜻. 트레이드 마크인 병목 부분의 붉은색 봉랍(封蠟)은 핸드메이드 정신을 소중히 여긴다는 증표다.

MAKER'S MARK

메이커스 마크

도수 45% **용량** 700㎖ 약 60,000원

겨울밀에서 탄생한 폭신하고 실크처럼 매끄러운 풍미, 섬세하고 부드러운 단맛과 구수한 향이 특징. 꿀처럼 호박색을 띤다. 오렌지, 꿀, 바닐라 같은 향이 매력으로, 부드럽고 나긋나긋한 여운이 남는다.

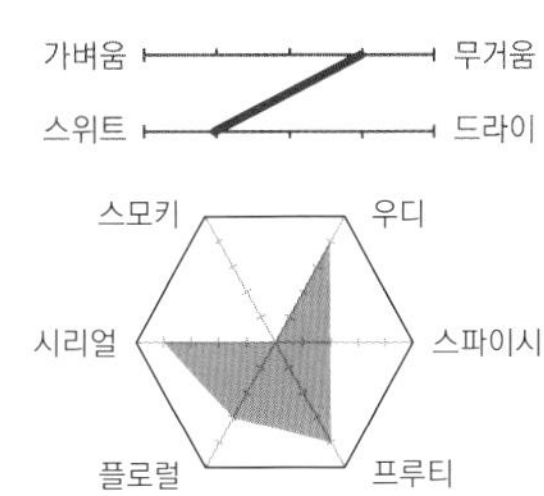

향: 바닐라, 꿀, 토스트

맛: 시나몬, 밀크캐러멜, 마멀레이드

DATA ● **증류소** 메이커스 마크 증류소 ● **창업연도** 1953년 ● **소재지** Loretto, Kentucky, U.S.A. ● **소유자** 빔 산토리사

켄터키 더비의 공식 버번

WOODFORD RESERVE 우드포드 리저브

미국 / 켄터키

버번 위스키

켄터키주에서 가장 오래된 증류소에서 만드는 「우드포드 리저브」는 슈퍼 프리미엄 스몰 배치(소량 생산)의 고급 버번이다. 우수한 품질과 전통적인 풍미 때문에 최고급 위스키로서 높은 평가를 받으며, 많은 상을 수상했다.

WOODFORD RESERVE

우드포드 리저브

도수 43.2% **용량** 750㎖ 약 80,000원

석회암 벽돌로 지은 저장고에서 숙성을 거듭한 버번은, 유난히 매끈한 풍미가 특징이다.

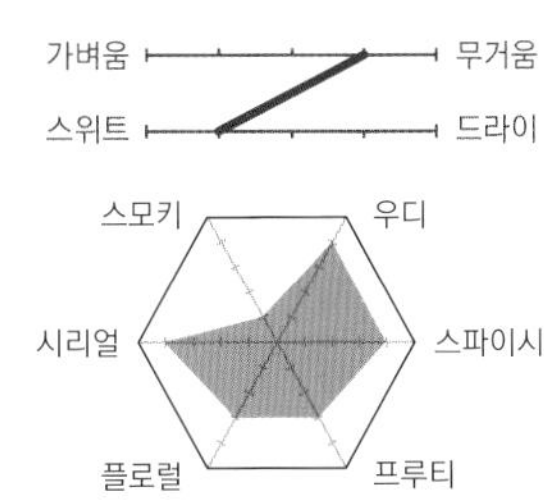

향: 바닐라, 오렌지, 카카오

맛: 건포도, 호밀빵, 아몬드

DATA ● **증류소** 우드포드 리저브 증류소 ● **창업연도** 1812년 ● **소재지** Versailles, Kentucky, U.S.A. ● **소유자** 브라운 포맨사

사냥에서 탄생한 전설의 브랜드

WILD TURKEY 와일드 터키

미국 / 켄터키

버번 위스키

와일드 터키 증류소는 1869년 토마스 리피(Thomas Ripy)가 창업한 리피 증류소가 기원이 되었다. 1855년에 창업한 오스틴 니콜스(Austin Nichols)사가 리피 증류소를 인수한 뒤, 훗날 와일드 터키 증류소로 이름을 바꾸었다. 1893년 시카고에서 열린 월드페어에서 켄터키를 대표하는 버번 위스키로 선정되었다. 「와일드 터키」라는 브랜드 이름은 1940년 니콜스사의 오너가 야생 칠면조 사냥을 나가면서 자사에서 제조한 101proof(50.5%)의 8년 숙성 버번을 가져갔는데, 이것이 지인들 사이에서 호평을 받으면서 「와일드 터키」라고 부르게 되었다.

WILD TURKEY aged 8 years

와일드 터키 8년

도수 50.5% **용량** 700㎖ 약 70,000원

달콤한 향, 진한 풍미의 본격 버번

알코올 도수가 높고 중후한 풍미, 단맛과 감칠맛의 섬세한 균형이 느껴진다. 병입할 때 물을 적게 넣기 때문에, 호밀에서 비롯된 스파이시함과 깊은 바닐라 향이 뚜렷하게 느껴진다.

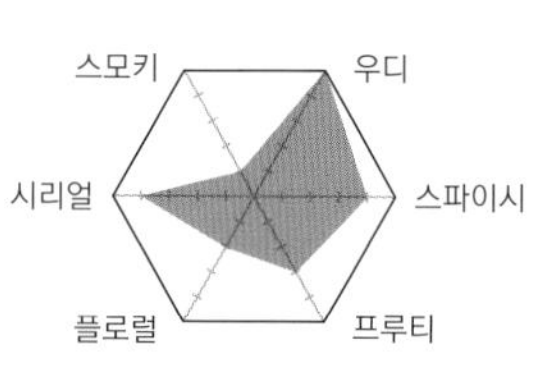

마시는 방법	
온더락	★★★★★
미즈와리	★★★☆☆
하이볼	★★★★☆

Other Variations

WILD TURKEY aged 13 years (와일드 터키 13년)
45.5% 700㎖ 약 120,000원

WILD TURKEY RYE (와일드 터키 라이)
40.5% 700㎖ 약 60,000원

WILD TURKEY RARE BREED (와일드 터키 레어 브리드)
58.4% 750㎖ 약 110,000원

WILD TURKEY AMERICAN HONEY (와일드 터키 아메리칸 허니)
35.5% 700㎖ 약 30,000원

DATA ● **증류소** 와일드 터키 증류소 ● **창업연도** 1869년 ● **소재지** Lawrenceburg, Kentucky, U.S.A. ● **소유자** 캄파리사

세계 150개국 이상에서 사랑받는 캐나디안 위스키의 대명사

CANADIAN CLUB 캐나디안 클럽

캐나다 / 온타리오

캐나디안 위스키

캐나디안 위스키는 곡물에서 비롯된 경쾌하고 마일드한 풍미가 특징이다. 「CC」라는 애칭으로 친숙한 「캐나디안 클럽」은, 이러한 캐나디안 위스키의 대명사라고 할 수 있다. 혹독한 겨울에도 숙성이 진행되도록 저장고는 1년 내내 18~19℃로 설정된다.

CANADIAN CLUB aged 20 years

캐나디안 클럽 20년

도수 40% **용량** 750㎖ 약 50유로

짙은 호박색, 달콤하고 화려한 향과 부드러운 감칠맛. 맑고 차가운 물을 사용하여 양질의 오크통에서 20년 이상 숙성시킨 최상의 풍미. 하이볼로 마셔도 좋다.

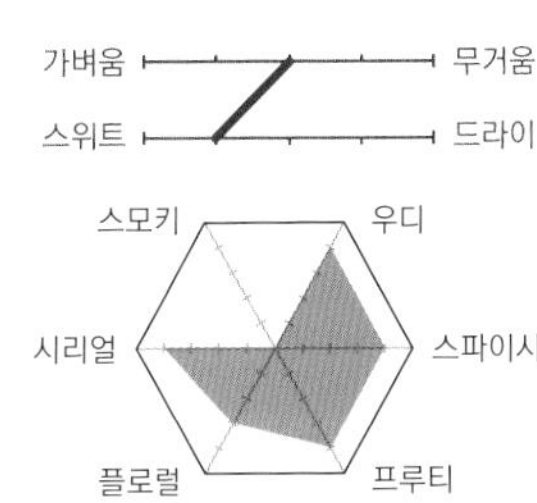

DATA ● **증류소** 캐나디안 클럽 증류소 ● **창업연도** 1856년 ● **소재지** Windsor, Ontario, Canada ● **소유자** 빔 산토리사

영국 국왕의 왕관을 모티브로 한 우아한 병모양

CROWN ROYAL 크라운 로열

캐나다 / 마니토바

캐나디안 위스키

향
바닐라
쿠키
시리얼

맛
오렌지
리치
오일리

1939년 영국 국왕으로는 처음으로 캐나다를 방문한 조지 6세에게 헌상하기 위해 만든 「크라운 로열」. 풍부한 곡물과 맑고 차가운 물이라는 자연의 혜택을 받은 증류소에서 만드는 위스키는, 그야말로 세계 제일의 캐나디안 위스키다.

CROWN ROYAL

크라운 로열

도수 40% **용량** 750㎖ 약 70,000원

개성적이면서도 취향을 크게 타지 않고, 감칠맛과 향이 느껴지는 절묘한 풍미가, 그야말로 고귀하고 격조 높은 위스키다.

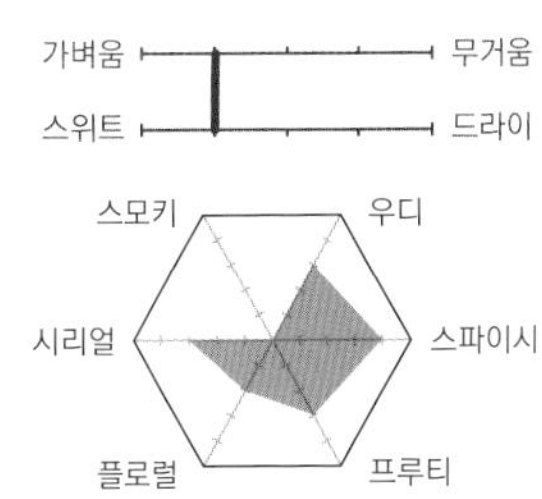

DATA ● **증류소** 크라운 로열 증류소 ● **창업연도** 1857년 ● **소재지** Gimli, Manitoba, Canada ● **소유자** 디아지오사

그 밖의 위스키

세계 각지에서 확산되는 위스키 생산 동향

마지막으로 5대 산지 이외에 다른 여러 나라의 위스키도 살펴보자. 현재 동아시아와 인도, 러시아 등에서도 경제가 발전함에 따라 위스키 수요가 급속도로 증가하고 있다. 각 나라에서 자체 생산하는 움직임도 눈에 띈다.

그중에서도 5대 산지를 추격하듯이 빠르게 발전하고 있는 나라가 세계 최대의 위스키 소비국인 인도다. 원래 인도에서는 영국의 식민지 시절부터 스카치에 준하는 위스키를 만들었는데, 1985년에는 인도 최초의 싱글몰트 「암룻」을 만들기 시작했다. 암룻은 짐 머레이의 『위스키 바이블 2011』 월드 부문에서도 3위에 올랐다. 같은 열대지역의 타이완도 스카치 싱글몰트 소비량은 세계 톱클래스이다. 2005년 창설한 카발란 증류소를 중심으로 열대지역은 위스키 제조에 적합하지 않다는 상식을 뒤엎으며, 고품질의 본격 싱글몰트를 세상에 내놓아 높은 평가를 받고 있다. 또한 한국의 경우에도 2020년 쓰리소사이어티스(Three Societies) 증류소에서 한국 최초의 싱글몰트를 발매하였다. 중국 윈난성에서는 영국의 디아지오사가 중국 시장을 겨냥한 싱글몰트 증류소 건설을 진행 중이다.

그렇다면, 영국 이외에 유럽의 다른 나라들은 어떨까. 이탈리아에서는 2010년 스위스 국경 인근의 알프스지대에, 이탈리아 최초의 위스키 증류소 「푸니 증류소」를 열었다. 높은 산에서 흘러내리는 양질의 물, 현지에서 수확한 곡물, 스코틀랜드산 포트 스틸을 사용하여, 피트향이 나는 감미롭고 순한 이탈리안 몰트 위스키를 만든다.

또한 북유럽 핀란드에서는 생산량이 많은 호밀을 활용하여, 2014년부터 라이 위스키 전문의 큐로 증류소가 조업을 시작하였다. 스파이시하고 풍미가 강한 핀란드산 호밀만 사용하여 2번 증류하고, 새로운 아메리칸 화이트 오크통에서 숙성시켜, 독특하고 참신한 풍미로 완성한다.

2012년 핀란드에서 5명의 젊은이가 설립한, 큐로 디스틸러리 컴퍼니.

타이완 이란현 위안산[員山鄉]에 있는 카발란 증류소.

원료 준비부터 숙성까지 Made in Taiwan을 관철한다

KAVALAN 카발란

타이완 / 이란

싱글몰트 위스키

「KAVALAN」이라는 이름이 각광을 받은 것은, 2010년 1월 스코틀랜드 에든버러에서 열린 세계적인 위스키 테이스팅 이벤트에서였다. 카발란 제품이 쟁쟁한 강호를 누르고 압승함으로써, 「아는 사람만 아는」 존재였던 동아시아의 새로운 브랜드는 비약의 기회를 얻었다. 카발란은 2005년 타이완 북부 이란에서 탄생하였다. 위스키 제조에 적합하지 않다고 알려진 아열대 기후를 역으로 활용한 독자적인 생산 공정을 구축하여, 2008년 처음으로 「카발란 클래식」을 발표하였다. 이후 버번과 셰리, 와인 등 다양한 오크통에서 숙성시킨, 풍미 깊은 싱글몰트를 선보이고 있다.

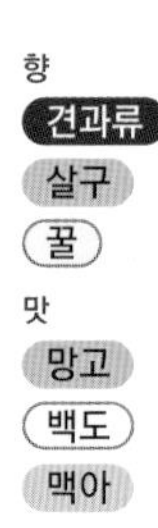

KAVALAN KING CAR CONDUCTOR

카발란 킹카 컨덕터

도수 46% **용량** 700㎖ 약 200,000원

황홀한 과일향, 기분 좋은 단맛

리치한 오크향, 바닐라, 꿀, 서양배 타르트, 복숭아향 포푸리, 시럽을 뿌린 사과, 망고 시럽, 크리미한 맥아의 터치가 드라이하게 안개처럼 흩어지고, 오크의 복잡함이 길게 이어진다. 황홀할 정도의 과일향과 오크의 기분 좋은 단맛이 인상적.

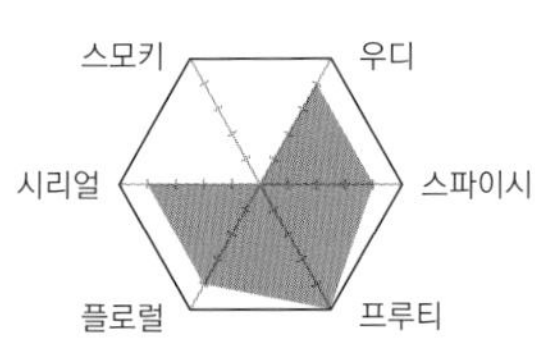

마시는 방법	
온더락	★★★☆☆
미즈와리	★★★☆☆
하이볼	★★★★☆

Other Variations

KAVALAN DISTILLERY SELECT NO.2(카발란 디스틸러리 셀렉트 No.2)
화려하고 부드럽게 말을 걸어오는 과일향. 훌륭한 품질을 다시 확인할 수 있다. **도수** 40% **용량** 700㎖ 약 100,000원

KAVALAN SOLIST OLOROSO SHERRY CASK STRENGH
(카발란 솔리스트 올로로소 셰리 캐스크 스트렝스)
싱글캐스크의 솔리스트 셰리. 풍부한 과일향과 농후한 셰리 풍미가 특징이다. **도수** 50~60% **용량** 700㎖ 약 300,000원

DATA ● **증류소** 카발란 증류소 ● **창업연도** 2005년 ● **소재지** 타이완 이란현 ● **소유자** 킹카그룹

"호박색 마음, 타이완의 정"을 내세우는 신예

OMAR 오마르

타이완 / 난터우

싱글몰트 위스키

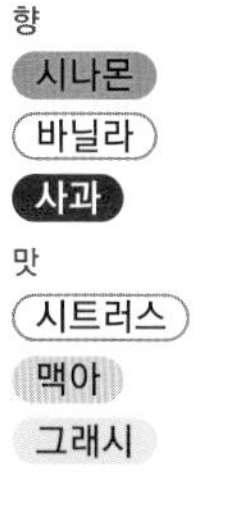

타이완에서 유일하게 바다를 접하지 않고 3,000m 이상의 산들로 둘러싸인 난터우. 이곳에 위치한 난터우 증류소에서는 2008년부터 싱글몰트 위스키 오마르를 생산하고 있다. 산지 특유의 청정한 공기와 물을 활용하고, 냉각여과하지 않는 고품격 제조법으로 완성한다.

OMAR SINGLE MALT WHISKY (BOURBON TYPE)

오마르 싱글몰트 위스키(버번 타입)

도수 46% **용량** 700㎖ 약 100,000원

바닐라, 파인애플, 서양배 시럽, 생강쿠키, 꿀을 넣은 오렌지티와 부드러운 살구의 단맛. 여운은 드라이한 몰티함이 올라와 길게 이어진다. 화려한 과일맛이 가득하다.

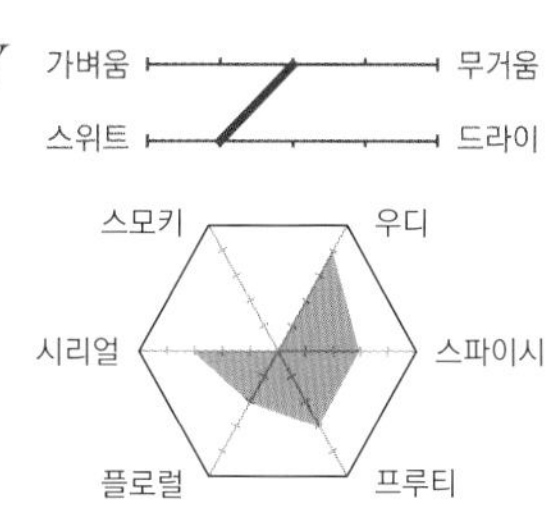

DATA ● **증류소** 난터우 증류소 ● **창업연도** 1978년(2008년 증류 개시) ● **소재지** 타이완 난터우 ● **소유자** Taiwan Tobacco & Liquor Corporation

인도산 싱글몰트의 인기를 견인

PAUL JOHN 폴 존

인도 / 고아

싱글몰트 위스키

1992년에 창업한 인도 제4위의 종합주류메이커 존 디스틸러리즈(John Distilleries)사가, 고아(Goa)에서 2012년부터 생산한 위스키 브랜드. 아일레이섬과 동하일랜드에서 피트를 수입하여 사용하는 등, 본격적인 제조법을 그대로 따른다.

PAUL JOHN CLASSIC

폴 존 클래식

도수 55.2% **용량** 700㎖ 약 160,000원

부드러운 감촉을 살려주는 인도산 여섯줄보리를 사용하며, 특별제작한 구리 포트 스틸로 증류한다. 버번 오크통에서 7년 동안 숙성시켜, 꿀을 연상시키는 그윽한 풍미와 과일향을 끌어낸 싱글몰트.

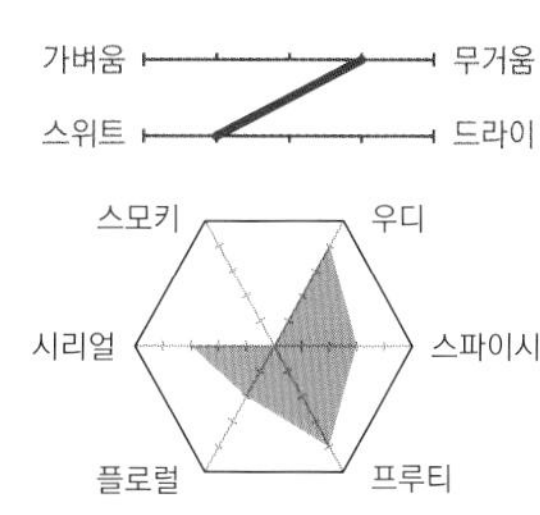

DATA ● **증류소** 폴 존 증류소 ● **창업연도** 2008년 ● **소재지** Cuncolim, Goa, India ● **소유자** 존 디스틸러리즈

인도 위스키의 개척자

AMRUT 암룻

인도 / 카르나타카

싱글몰트 위스키

세계 최대의 위스키 생산국이자 소비국이기도 한 인도의 대표적인 증류소. 인도가 독립한 이듬해인 1948년에 창업하여 당시에는 럼과 브랜디 등을 생산했지만, 1985년 위스키 사업을 개시하고 인도에서 처음으로 싱글몰트를 만들었다. 증류소는 인도 남부의 표고 920m 고지대 벵갈루루(Bengaluru)에 위치하며, 온난한 기후에 의한 빠른 숙성을 활용한 독자적인 제조 공정을 실현하였다. 원료인 맥아는 인도산 여섯줄보리를 사용하고, 냉각여과를 하지 않는 등 철저하게 개성을 살린 위스키다. 2019년에는 새로운 증류소가 완성되어, 앞으로의 전개가 주목된다.

향: 살구 / 클로브 / 스모키

맛: 오렌지 / 후추 / 맥아

AMRUT FUSION SINGLE MALT WHISKY

암룻 퓨전 싱글몰트 위스키

도수 50% **용량** 700㎖ 약 140,000원

One Pick!

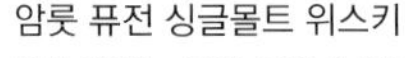

향신료 나라의 위스키

인도 위스키 업계를 이끄는 일인자. 향신료 같은 스파이시함과 단맛. 리치하고 오일리하며 오크의 스파이시함도 있다. 천사의 몫으로 인한 연간 손실이 10% 이상인 다이내믹한 조기 숙성의 영향도 있어서, 독특한 에너지가 느껴지는 위스키다.

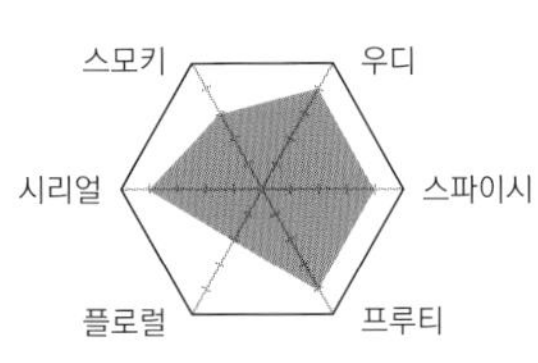

마시는 방법	
온더락	★★★☆☆
미즈와리	★★★☆☆
하이볼	★★★★☆

Other Variations

AMRUT INDIAN SINGLE MALT WHISKY
(암룻 인디언 싱글몰트 위스키)
오크통에서 숙성하여 리코리스나 달고나 같은 달콤한 향이 특징.
도수 46% **용량** 700㎖ 약 100,000원

AMRUT KADHAMBAM SINGLE MALT WHISKY
(암룻 카담밤 싱글몰트 위스키)
럼, 셰리, 브랜디 오크통에서 숙성. 열대과일을 연상시키는 맛.
도수 50% **용량** 700㎖ 약 100유로

DATA ● **증류소** 암룻 증류소 ● **창업연도** 1948년 ● **소재지** NH275, Bengaluru, Karnataka, India ● **소유자** 암룻사

그랑 크뤼로 마무리한 프리미엄 프렌치 위스키

BELLEVOYE 벨부아

프랑스

트리플 몰트 위스키

알자스, 릴, 코냑 지방에 있는 3개 증류소의 싱글몰트를 코냑 셀러(Cellar, 와인을 저장하는 곳)에 모아서, 소테른 오크통과 생테밀리옹 그랑 크뤼 샤토에서 사용된 오크통으로 1년 동안 2차 숙성한다. 보기 드문 트리플 몰트로 주목받고 있다.

BELLEVOYE RED

벨부아 레드

도수 43% **용량** 700㎖ 약 60유로

프랑스 최고의 와인 관계자가 국내의 고품질 몰트 원액을 모아 블렌딩 기술을 아낌없이 발휘하였다. 생테밀리옹의 와인 오크통에서 비롯된 섬세한 붉은 과일의 단맛, 생강과 오렌지필의 풍미. 매우 섬세하고 고급스러운 위스키다.

DATA ● **증류소** 샤랑트 데파르트망의 증류소 ● **창업연도** 2013년 ● **소유자** 레 비옝뇌뢰사

이탈리아 최초이자 유일한 위스키 증류소

PUNI 푸니

이탈리아 / 트렌티노알토아디제

★★★위스키

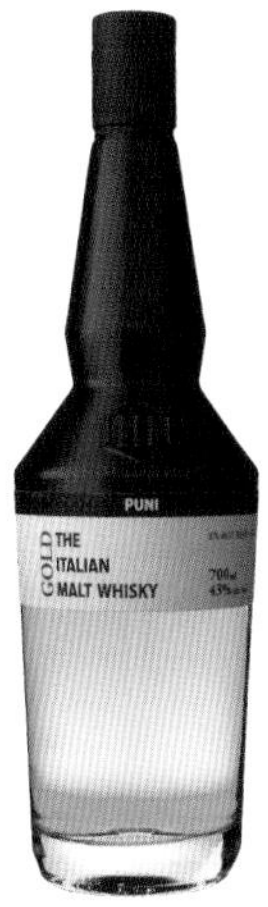

2010년 오스트리아 및 스위스와의 국경에 가까운 알프스의 작은 마을에서 탄생한, 가족경영 위스키 증류소. 처음 위스키를 발표한 것은 2015년 10월인데, 그 이후로 스코틀랜드의 전통적인 제조법에 따라 만든 제품을 차례로 생산하고 있다.

PUNI GOLD

푸니 골드

도수 43% **용량** 700㎖ 약 50유로

파인애플과 바나나, 퍼스트필 캐스크에서 비롯된 크리미한 바닐라와 꿀의 풍미. 한 모금 마시면 섬세한 과일에서 몰트가 존재감을 당당히 드러낸다. 어린 위스키라는 점은 크게 거슬리지 않는다.

DATA ● **증류소** 푸니 증류소 ● **창업연도** 2010년 ● **소재지** Via Mühlbach, 2, 39020 Glorenza BZ, Italy ● **소유자** 에벤스퍼거 가문

스카치계의 레전드가 기획에 참여!

HIGH COAST 하이 코스트

스웨덴

싱글몰트 위스키

향
바닐라
서양배
시리얼

맛
사과
민트
맥아

2010년 세계 유산 「하이 코스트」 가까이에 개설된 증류소. 라프로익 등에서 소장을 역임한 존 맥두걸(John MacDougall)을 컨설턴트로 영입하여, 스코틀랜드와 일본 등의 스타일을 도입한 라인업을 선보이고 있다.

HIGH COAST ÄLV

하이 코스트 엘브

도수 46% **용량** 700㎖ 약 70유로

신선하고 경쾌한 향기, 사과와 서양배의 기분 좋은 과일향부터 바닐라와 시나몬의 향신료향. 입안에 머금으면 폭신한 맥아의 풍미와 향으로 느낀 과일의 단맛이 계속되다가, 오크에서 비롯된 드라이한 여운으로 이어진다.

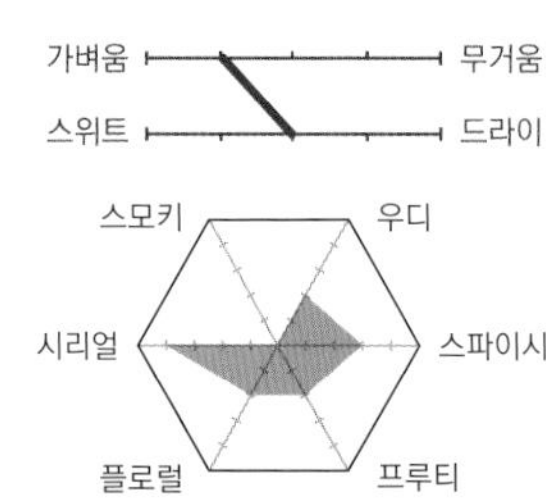

DATA ● **증류소** 하이 코스트 증류소 ● **창업연도** 2010년 ● **소재지** Sörviken 140, 872 96 Bjärtrå, Sweden

「열의」가 낳은, 북극에 가까운 위스키 증류소

HELSINKI WHISKEY 헬싱키 위스키

핀란드 / 헬싱키

싱글몰트 위스키

향
바닐라

프룬
식물

맛

캐러멜
후추

코코아

2013년 위스키 애호가 3명이 설립하고, 이듬해 헬싱키에서 최초의 증류소로 시동을 걸었다. 핀란드산 호밀을 주원료로 사용하여, 보리, 효모 등 자국의 재료를 사용한 라이몰트 위스키와 100% 라이몰트 위스키를 생산한다.

HELSINKI WHISKEY RYE MALT #20

헬싱키 위스키 라이 몰트 #20

도수 47.5% **용량** 500㎖ 약 130,000원

젖은 잎과 맑은 숲의 공기, 싱싱한 프룬과 카시스의 힌트, 클로브와 시나몬이 바로 뒤를 따르다가 따스한 여운을 남긴다. 특유의 흙내음이 나는 식물 느낌과 새 오크통에서 비롯된 다이내믹한 풍미가 인상적. 아메리칸 버진 오크통에서 5년 동안 숙성하고, 버번 캐스크에서 6개월 동안 마무리한다.

DATA ● **증류소** 헬싱키 증류소 ● **창업연도** 2014년
● **소재지** TYÖPAJANKATU 2A R3, 00580 HELSINKI, FINLAND ● **소유자** 헬싱키 디스틸링 컴퍼니

1세기에 이르는 공백을 깬 증류소

PENDERYN 펜더린

영국 / 웨일스

싱글몰트 위스키

향
사과
바닐라
맥아
맛
오렌지
시나몬
후추

약 100년 동안 위스키 생산이 중단되었던 웨일스에서, 1998년 만반의 준비를 마치고 탄생한 유일한 증류소. 단식 증류기와 연속식 증류기를 조합한 독자적인 증류기로 생산하는 싱글몰트는 그윽한 감칠맛과 향이 있다.

PENDERYN SHERRYWOOD

펜더린 셰리우드

도수 46% **용량** 700㎖ 약 50유로

병은 독특하지만 풍미는 크게 독특하지 않다. 세계적으로 유일한 증류기로 생산한 원액을 버번 오크통에서 숙성시킨 뒤, 셰리 오크통에서 추가 숙성한다. 청사과와 견과류 등이 섞인 다양한 풍미.

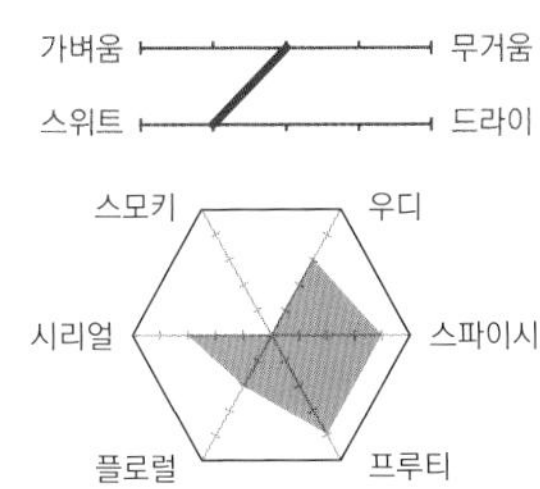

DATA ● **증류소** ① 펜더린(브레컨 비컨즈) 증류소 ● **창업연도** 1998년 ● **소재지** Pontpren, Penderyn, Rhondda Cynon Taf, CF44 0SX Wales ● **증류소** ② 펜더린(랜디드노) 증류소 ● **소유자** 펜더린사

핀란드 최초의 싱글 배치 라이 위스키

KYRÖ MALT 큐로 몰트

핀란드 / 헬싱키

싱글몰트 위스키

핀란드가 호밀을 대량 생산하는 나라임에도 불구하고, 위스키 증류소가 없다는 데 의문을 가진 5명의 젊은이들은, 2012년 「큐로 디스틸러리 컴퍼니」를 설립하였다. 2017년 처음으로 싱글 라이몰트 위스키를 발매하였다.

KYRÖ MALT RYE WHISKY

큐로 몰트 라이 위스키

도수 47.2% **용량** 500㎖ 약 100,000원

시나몬과 아니스, 다크 프루트, 고요한 숲의 정경, 오크통에서 비롯된 화려한 단맛, 그리고 아니스와 클로브의 향신료 풍미가 다시 찾아와 기분 좋은 여운으로 이어진다. 온더락으로 리드미컬하게 몇 잔 하고 싶은 즐거운 위스키.

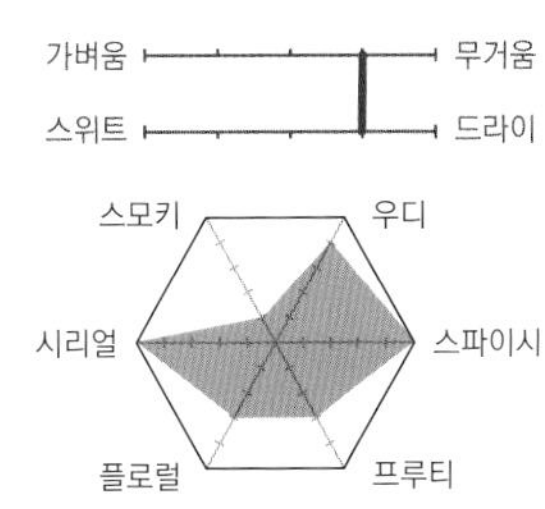

DATA ● **증류소** 큐로 디스틸러리 ● **창업연도** 2012년 ● **소재지** X9M3+P7 Isokyrö, Finland ● **소유자** 큐로 디스틸러리 컴퍼니

독립병입자 브랜드란?

어떤 세계든 애호가의 마음을 유혹하는 것이 있기 마련이다. 위스키 세계에서는 「독립병입 위스키」가 그렇다. 스카치 싱글몰트의 세계에는 「공식병입(Official) 보틀」과 「독립병입자(Independent Bottler) 브랜드)」가 있다.

공식병입 보틀이란 증류소나 증류소를 소유한 회사가 상품화한 위스키를 말한다. 모든 생산공정이 관리되며, 그 증류소가 지향하는 풍미와 특징을 알 수 있다. 비교적 구하기 쉽고 품질이 안정적인 점도 특징이다.

이에 비해 증류소는 없지만 증류소 원액을 오크통째 대량으로 사들여, 독자적인 설비로 숙성 및 병입하여 판매하는 회사가 있다. 이들을 「독립병입자」, 「인디펜던트 보틀러」라고 부르며, 이들이 상품화한 위스키를 「독립병입자 브랜드」라고 한다.

하지만 최근 위스키 붐의 영향으로 원액의 대량 매입이 어려워지면서, 독립병입자이면서 증류소를 소유하는 회사도 늘어났다. 이러한 변화가 있기는 하지만, 독립병입자 브랜드가 여전히 애호가들의 마음을 흔드는 이유는 숙성연수, 알코올 도수, 오크통 종류 등이 다채롭고, 상품의 라인업이 풍부하기 때문이다. 폐쇄 등의 사정으로 인해 공식병입 보틀을 구할 수 없게 된 증류소의 맛을 즐길 수도 있다. 또한 「캐스크 스트렝스(알코올 도수를 조절하기 위한 물을 첨가하지 않은 위스키)」 상품이 많다는 점도 독립병입자 브랜드의 매력이다. 즉, 몰트 본연의 개성을 제대로 만끽할 수 있기 때문이다.

WILLIAM CADENHEAD'S

윌리엄 카덴헤드

1842년에 창업한 스코틀랜드에서 가장 오래된 독립병입자. 스프링뱅크 증류소와 같은 그룹의 회사로, 예전부터 일관되게 캐러멜 착색이나 냉각여과를 하지 않는다. 캐스크 스트렝스 중심이며, 독립병입자 특유의 매력을 널리 알린 공로자이다.

GORDON & MACPHAIL

고든 & 맥페일

지명도 NO.1. 1895년에 창업한 고든 & 맥페일은 스코틀랜드 엘긴의 고급 델리카트슨에서 시작되었는데, 당시부터 더 글렌리벳, 스트라스아일라, 맥캘란, 롱몬 등 유명 증류소와 깊은 관계를 맺었다. 자사에서 준비한 오크통에 원액을 채워 독자적으로 숙성시키는 독립병입의 선구자이기도 하다.

SIGNATORY

시그너토리

1988년 에든버러에서 창업하였다. 역사는 짧지만 매우 합리적인 가격의 위스키를 여러 차례 발매하여 인기를 모으고 있다. 모든 위스키를 싱글캐스크 또는 소수의 오크통을 배팅하여 상품화한다. 라벨에는 캐스크 넘버 또는 보틀링 넘버가 기재된다.

DOUGLAS LAING

더글라스 랭

1948년 글래스고에 설립되었다. 「올드 & 레어 플래티넘(OLD & RARE PLATINUM)」 등으로 알려졌으나, 2013년 2개의 회사로 분열되었다. 형 스튜어트가 헌터 랭을 만들고, 동생 프레드가 신생 더글라스 랭을 이어가고 있다.

BLACKADDER INTERNATIONAL

블랙애더 인터내셔널

1995년 잉글랜드 서섹스(Sussex)에서 창업. 「오크통이야말로 모든 것」이라는 신념으로, 오크통 속의 나뭇조각도 함께 병입한다. 「RAW CASK」 시리즈로 판매 중.

THE WHISKY AGENCY

더 위스키 에이전시

독일의 새로운 독립병입자. 감정사로 유명한 카스텐 에를리히(Carsten Ehrlich)가 오크통을 선별한다. 라벨 디자인은 프로 디자이너를 기용하고 있다.

BERRY BROS & RUDD

베리 브라더스 & 러드

런던에서 1698년에 창업. 영국에서 가장 오래된 와인 스피릿 상점.

AD RATTRAY

AD 레트레이

1868년 설립. 위스키 판매대리점이었지만, 그 뒤 독립병입자로 성공.

ADELPHI

아델피

1906년에 생산을 중단했던 증류소가, 1993년에 독립병입자로 부활하였다.

KINGSBURY

킹스베리

1989년 스코틀랜드에 설립되어, 명품 위스키를 발매하고 있다.

ELIXIR DISTILLERS

엘릭서 디스틸러스

스페셜티 드링크(Specialty Drinks)사가 독립병입자 부문의 이름을 변경하였다.

위스키 구입

최근의 위스키 붐 때문인지 위스키 중에는 가격이 비정상적으로 급등한 것도 있다. 덕분에 투기의 대상이 되어, 정교한 가짜 위스키까지 나도는 지경이다. 진짜 위스키의 빈 병을 사용하고, 미개봉 상품임을 증명해주는 「캡 실(병뚜껑 등을 감싸는 비닐 포장)」까지 기계로 위조하기 때문에, 전문가가 아닌 일반인들의 경우 진위를 판별하기 힘들다.
따라서 「가끔은 좋은 위스키를 사고 싶다」라는 생각이 들 때는, 먼저 신뢰할 수 있는 가게를 선택하는 것이 중요하다.

중고 거래 사이트

중고거래 사이트나 인터넷 경매를 이용하면 위스키를 조금 저렴한 가격으로 살 수 있지만 위험성이 높다. 편리하기는 하지만 누구나 쉽게 물건을 판매할 수 있기 때문이다. 참고로 한국의 경우 주류판매업 면허를 가진 사람만 주류를 판매할 수 있기 때문에 중고거래는 불법이다.

주류상점 · 백화점

비교적 추천할 만한 곳은 백화점이나 물건을 다양하게 갖춘 주류상점이다. 인터넷에서는 아무래도 자기 취향만 검색하여 그쪽으로 치우치기 쉽지만, 오프라인 매장의 경우 취향을 초월한 의외의 만남이 있을 수도 있다. 가보지 않은 길을 가는 신선함과 즐거움을 맛볼 수 있고, 인터넷 판매를 하지 않는 소량 생산 및 소량 수입품을 만날 가능성도 있다.

온라인 스토어

아마존 등의 인터넷 스토어는 중고거래 사이트보다는 안전하다고 할 수 있지만, 그래도 판매자가 누구인지, 믿을 만한 스토어인지 주의할 필요가 있다. 「병행 수입품」이라는 표시가 있다면 더욱 주의해야 한다.
일본의 경우 위스키 한 병 전체가 아니라 시음용으로 원하는 양만큼 주문할 수 있는 온라인 스토어도 인기가 높다. 관심이 있다면 「사케트라이(https://www.saketry.com/), 히토쿠치 위스키(https://hitokutiwhisky.com/)」 등을 검색해보자.
한편, 최근에는 비대면 방식으로 온라인 시음회를 즐길 수 있다. 참가 신청하여 당첨되면 온라인 시음회를 위한 시음 키트가 전달되는데, 당일에 마실 여러 종류의 위스키 미니어처와 전용 글라스가 제공되며, 간단한 안주와 테이스팅 노트 등이 포함되기도 한다. 「위스키 온라인 시음회」로 검색하면 다양한 정보를 찾을 수 있다.

STEP 6

위스키 장인의 세계

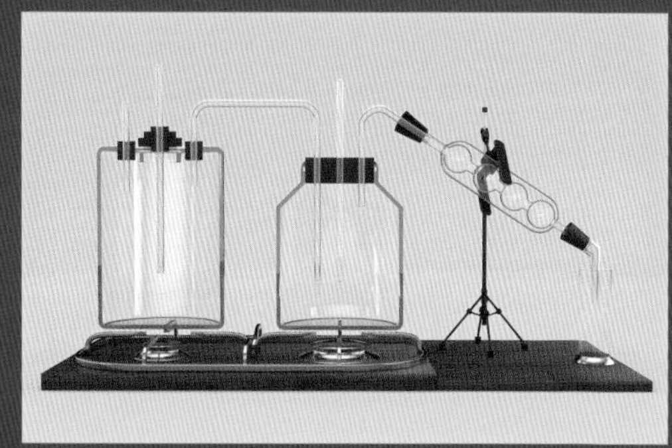

이 책의 마지막 파트에서는 위스키에 어떤 원료를 사용하고, 어떻게 만드는지 소개한다.
앞에서 간단하게 설명했지만 여기서는 좀 더 자세히 살펴보자.

몰팅~매싱

몰트 위스키 제조는 맥아(몰트)를 만드는 데서 시작되며, 이 과정을 「몰팅(Malting, 맥아 제조)」이라고 부른다. 원료인 보리에는 전분이 함유되어 있는데, 보리를 발아시킴으로써 전분이 발효에 필요한 당분으로 바뀐다.

「생명수」는 물이 생명

전통적인 맥아 제조법인 플로어 몰팅의 경우, 먼저 보리를 물이 들어 있는 침맥조(浸麥槽)에 넣고 수분을 흡수시켜 발아를 촉진한다. 여기서 중요한 것이 증류소에서 사용하는 물이다. 위스키에서 양질의 물은 빼놓을 수 없는 중요한 요소이며, 맛을 결정하는 역할을 한다. 물을 흠뻑 빨아들인 보리를 바닥에 펼쳐놓고, 나무로 만든 삽으로 뒤집어주면서 발아시킨다. 발아가 어느 정도 진행되면, 이번에는 지나치게 발효되지 않도록 맥아를 건조시키는 작업에 들어간다. 건조탑(Kiln)으로 옮겨진 맥아는 피트(이탄)나 석탄을 태워 그 열풍으로 건조시키는데, 이때 생기는 피트 연기가 스카치 위스키 특유의 스모키한 풍미를 자아낸다. 참고로 현재 몰팅은 각 증류소에서 직접 하지 않고, 몰트스타(Maltstar)라고 불리는 전문 업자에게 위탁하는 것이 일반적이다.
이렇게 완성한 건조 맥아를 잘게 분쇄하여 따뜻한 물과 함께 매시 턴(Mash Tun, 당화조)에 넣고, 「매싱(Mashing, 당화)」 과정을 진행한다. 물의 온도는 60~65℃로 관리되며, 천천히 섞음으로써 효소의 작용에 의해 전분이 점점 맥아당으로 변화한다. 이것을 여과하여 추출한 것이 맥아즙(워트, Wort)이다. 이른바 달콤한 보리즙이다. 여기서도 결정적인 역할을 하는 것은 원료로 사용하는 물이며, 일반적으로 미네랄이 적은 연수를 사용하면 순한 맛으로 완성된다.

예전부터 내려오는 방법인 플로어 몰팅.

매시 턴(당화조) 안에서 분쇄된 건조 맥아와 따뜻한 물을 섞는다.

글렌모렌지 증류소에서는 부지 안에 있는 「탈로지 스프링(Tarlogie Springs)」의 물을 사용한다. 스코틀랜드에서는 보기 드물게 미네랄을 많이 함유한 경수다.

발효~증류

매싱으로 만든 맥아즙을 일단 20℃ 정도까지 식힌 뒤, 워시 백(wash back)이라 불리는 보온성이 뛰어난 거대한 통에 넣고 「발효(Fermentation)」시킨다. 전통적인 워시 백은 낙엽송 등의 나무로 만들었지만, 현재는 스테인리스로 만든 것도 많이 있다.

이 과정에서 효모를 첨가하면 워시 백 안에서 유산균 등의 미생물이 번식하여, 맥아즙의 당분을 알코올과 탄산가스로 분해한다. 뽀글뽀글 거품이 올라오면서 48~72시간에 걸쳐 발효가 계속되고, 알코올 도수 7~8%의 발효액(워시)이 만들어진다. 증류소마다 여러 가지 효모를 조합하여 사용함으로써 풍미나 맛에 개성이 생기고, 또한 발효 시간, 온도, 워시 백의 소재 등에 따라서도 큰 차이가 생긴다.

워시 백이라고 불리는 발효조.

2번 증류하여 응축

이제 가장 중요한 과정인 「증류(Distillation)」를 시작한다. 발효를 끝낸 워시를 포트 스틸이라고 부르는 구리로 만든 단식 증류기에 넣어 증류한다.
증류는 물의 끓는점이 100℃인데 비해 알코올은 약 80℃라는 차이를 이용하는 방법이다. 워시를 가열하여 끓는점이 낮은 알코올과 풍미 성분을 먼저 기화시키고, 이를 냉각한 액체를 추출하면 무색투명한 원액(= 뉴 메이크)이 만들어진다. 증류는 보통 2번 하는데(1차, 2차), 첫 번째 증류로 알코올 도수가 약 3배인 20% 정도로 응축되고, 두 번째 증류로 약 65~70%까지 응축된다. 1차 증류에 사용하는 증류기를 워시 스틸, 2차 증류에 사용하는 증류기를 스피릿 스틸이라고 부른다. 포트 스틸은 스트레이트 넥(Straight Neck)형, 벌지(Bulge)형 등 형태와 사이즈가 증류소마다 다르고, 그에 따라 향과 맛에도 차이가 생긴다.

맥아즙에 효모를 넣어 발효시킨다.

라가불린 증류소의 포트 스틸.

저장 및 숙성

갓 증류한 원액(뉴 메이크)은 아직 무색투명한 액체이다. 오크통에 넣고(Filling) 저장고에서 재우는 「숙성」 과정을 거치면, 위스키 특유의 매혹적인 호박색으로 바뀌고 향과 풍미도 훨씬 깊어진다. 현재 위스키 업계에서 숙성에 사용하는 오크통의 약 90%는 미국산 화이트 오크통이며, 그 밖에 유럽산 오크통과 일본산 미즈나라로 만든 오크통도 드물게 있다. 미국산은 버번의 숙성에, 유럽산은 셰리의 숙성에 사용된 것이 많은데, 미국산은 내부를 강한 불로 그을려 까맣게 탄화시키는 차링(Charring) 과정을, 유럽산은 내부를 살짝 굽는 토스팅(Toasting) 과정을 거친 것이 특징이다. 각각의 오크통이 가진 특성이 위스키의 향과 맛, 색깔에 적지 않은 영향을 미친다는 것은 두말할 필

탈리스커 증류소에서 잠자는 숙성 오크통.

요도 없다. 또한 처음 위스키를 채운 오크통을 퍼스트필(First Fill) 배럴(또는 캐스크)이라고 하는데, 이 통을 사용한 위스키는 애호가들 사이에서 인기가 높다.

오크통 안에서, 잠든 아이가 자란다

숙성 기간은 5년, 10년, 15년, 그 이상 등 제각각인데, 예를 들어 스카치 위스키라고 하려면 최소 3년 이상 숙성시켜야 한다. 개중에는 수년 동안 숙성시킨 뒤 다른 오크통에 옮겨서 추가 숙성하는 「피니싱(Finishing)」으로 새로운 풍미를 더하는 경우도 있다. 아울러 기후나 지리적인 조건(바다에 가깝다, 멀다 등)에 따라서도 차이가 나타나는데, 일반적으로 숙성에는 시원하고 맑은 공기, 그리고 적당한 습도를 지닌 장소가 적합하다고 알려져 있다.

카발란 증류소의 오크통은 독자적인 「STR 공정(Shape: 깎다, Taost: 굽다, Rechar: 강한 불로 태운다)」을 거친다.

후지고텐바 증류소의 18단짜리 저장고에는 3만 5천개의 오크통이 잠들어 있다.

블렌더의 사무실에는 대량의 원액 샘플이 있으며, 이 샘플을 여러 명의 블렌더가 테이스팅한다.

배팅~병입

위스키는 아무리 같은 방법으로 증류하고 같은 시설에서 숙성시켰다고 해도, 완전히 똑같은 맛과 풍미로 완성되지 않는다. 왜냐하면 숙성 기간이 상당히 길어서, 시설 내부의 오크통 저장 위치(입구에서 가까운지 먼지, 선반의 몇 번째 칸인지 등)에 따라서도 위스키의 향과 맛이 미묘하게 달라지기 때문이다.

그래서 숙성을 끝낸 위스키를 일단 모은 뒤, 거대한 통(탱크) 안에서 혼합하는 「배팅(Vatting)」 과정을 진행한다. 이렇게 함으로써 전체적인 풍미를 고르게 만들어 제품의 품질을 유지한다. 또한 배팅 후에는 위스키가 잘 어우러지도록 숙성과는 또 다른 재저장(Marriage, 메리지) 과정을 거친다.

마지막 마무리

이러한 수고를 거쳐 드디어 마지막 단계인 「병입(Bottling)」에 이르는데, 그 전에 위스키를 걸러 불순물을 제거하는 냉각여과(Chill Filter)를 진행하기도 하며, 일부 예외(오크통에서 꺼낸 농도 그대로 병입하는 캐스크 스트렝스나 싱글캐스크 등)를 제외한 상품에는 물을 섞는다. 그대로는 알코올 도수가 너무 높기 때문에, 증류수 등을 넣어 40~46% 정도까지 낮춘다. 이처럼 섬세한 작업에서는 특히 생산자나 블렌더의 실력이 중요하다.

또한 병입 과정에는 특수한 기술이 필요한데, 스카치 위스키의 경우 직접 병입할 수 있는 시스템을 갖춘 증류소는 거의 없다. 그래서 글래스고나 에든버러 주위의 전용 공장에서 병입하는 경우가 많다.

100만 개가 넘는 오크통에서 엄선된 원액을 블렌딩한 「히비키 17년」.

INDEX

ㅈ·ㅊ

ㅋ

ㅌ

ㅍ

ㅎ

INDEX (브랜드·증류소)

감수 · 구리바야시 고키치

아는 사람은 다 아는 위스키의 전당 〈메지로 타나카야〉 점주. 〈메지로 타나카야〉는 「월드 위스키 어워드 2010」에서 단일소매점부문의 세계 최우수 소매점으로도 인정되었다. 위스키 한 병 한 병에 붙인 손으로 쓴 코멘트는 이 가게의 명물. 300곳 이상의 증류소를 방문하였고, 5,000종 이상의 위스키를 시음하였다. "술도 영화도 뒤에 남는 풍미가 중요하다"라고 이야기하며 위스키 지식보다 「우선 한 잔 마시기」를 중요시 한다.

옮긴이 · 강수연

이화여대 신문방송학과를 졸업한 뒤 십여 년간 뉴스를 취재하고 편집했다. 6년간 일본 도쿄에 거주했으며, 바른번역 소속 번역가로 원작의 결을 살려 옮기는 번역 작업에 정성을 다하고 있다. 『내추럴 와인』, 『고급와인』, 『교양으로서의 와인』, 『가르치는 힘』, 『힘 있게 살고 후회 없이 떠난다』, 『좋아하는 일만 하며 재미있게 살 순 없을까?』 등을 기획, 번역했다.

편집 지도 · 구라시마 히데아키

도쿄역 야에스 지하상가에 있는 리커스 하세가와(LIQUORS HASEGAWA) 본점 점장. 4세대 마스터 오브 위스키. 잡지 《위스키 갈루아》 디렉터. 위스키문화연구소가 주최하는 위스키 스쿨의 강사를 2년간 역임했으며 현재는 컬쳐 스쿨, 세븐아카데미위스키 강좌의 강사 등을 맡고 있다. 2012년부터 위스키 테이스팅 클럽인 「BLINDED BY FEAR」를 발족하여 다양한 이벤트를 다수 개최 중. 위스키 애호가 그룹 「글렌 머슬(Glen Muscle)」 멤버.

일본어판 스태프
협력 藤田純子, 吉村宗之, 西川大五郎, CROSSROAD LAB
집필 藤嶋亜弥, 小笹加奈子, 岡崎隆奈, 川口哲郎 / 촬영 岸田克法
얼굴 일러스트 Shu-Thang Grafix / 사진·일러스트 Shutterstock
북디자인 山本雅一, 関上麻衣子 (studio GIVE)

위스키 & 싱글몰트

펴낸이 유재영
펴낸곳 그린쿡
감수 구리바야시 고키치
옮긴이 강수연
기획 이화진
편집 박선희
디자인 임수미

1판 1쇄 2023년 12월 20일
1판 2쇄 2024년 3월 1일

출판등록 1987년 11월 27일 제10-149
주소 04083 서울 마포구 토정로 53(합정동)
전화 02-324-6130, 324-6131
팩스 02-324-6135

E-메일 dhsbook@hanmail.net
홈페이지 www.donghaksa.co.kr / www.green-home.co.kr
페이스북 www.facebook.com/greenhomecook
인스타그램 www.instagram.com/__greencook

ISBN 978-89-7190-874-7 13590

• 이 책은 실로 꿰맨 사철제본으로 튼튼합니다.
• 잘못된 책은 구매처에서 교환하시고, 출판사 교환이 필요할 경우에는 사유를 적어 도서와 함께 위의 주소로 보내주세요.

GREENCOOK은 최신 트렌드의 요리, 디저트, 브레드는 물론 세계 각국의 정통 요리를 소개합니다. 국내 저자의 특색 있는 레시피, 세계 유명 셰프의 쿡북, 전 세계의 요리 테크닉 전문서적을 출간합니다. 요리를 좋아하고, 요리를 공부하는 사람들이 늘 곁에 두고 활용하면서 실력을 키울 수 있는 제대로 된 요리책을 만들기 위해 고민하고 노력하고 있습니다.